黄土高原土壤动物及其生态作用

李同川　邵明安　魏孝荣 等　著

科 学 出 版 社

北 京

内 容 简 介

本书共 11 章，主要内容可分为两大部分。第一部分为第 1～6 章，介绍黄土高原草地和农田土壤动物群落分布特征及其影响因素，探讨刈割覆盖、氮添加、火烧、耕作措施等人为因素对土壤动物的影响。研究内容揭示黄土高原区域尺度土壤动物地理分布特征，完善黄土高原恢复生态系统生态学相关研究内容，可为相关领域学者开展土壤生态学研究提供重要基础数据。第二部分为第 7～11 章，主要介绍土壤动物的生态作用，特别是大型地栖类土壤动物对土壤结构、水分入渗和坡面水土过程的影响，对比不同体型土壤动物在枯落物分解过程中的作用，研究结果对指导黄土高原地区生态建设具有重要的科学价值。

本书可供农业生态、森林生态、自然地理、水土保持、环境保护等领域科技人员和高等院校相关专业师生参考。

图书在版编目（CIP）数据

黄土高原土壤动物及其生态作用 / 李同川等著. -- 北京 : 科学出版社, 2025. 3. --ISBN 978-7-03-079992-0

Ⅰ. Q958.113

中国国家版本馆 CIP 数据核字第 2024K37P35 号

责任编辑：祝　洁　汤宇晨 / 责任校对：王　瑞

责任印制：徐晓晨 / 封面设计：陈　敬

科学出版社 出版

北京东黄城根北街 16 号

邮政编码：100717

http://www.sciencep.com

三河市春园印刷有限公司印刷

科学出版社发行　各地新华书店经销

*

2025 年 3 月第　一　版　开本：720×1000　1/16

2025 年 3 月第一次印刷　印张：15

字数：300 000

定价：198.00 元

（如有印装质量问题，我社负责调换）

前　言

土壤动物种类多、数量大、分布广，是土壤生物多样性的重要组成部分，且对土壤有机质形成、土壤物理结构改善、微生物群落特征、物质循环及能量流动等环节都起着重要作用，被认为是维持生态系统功能稳定和发展可持续农业的关键因素。由于土壤动物的分类学、生物学和生态学知识相对匮乏，土壤动物物种多样性研究往往无法深入开展，同时土壤动物群落巨大的类群和个体数量也限制了大规模采样和多营养级类群的同步研究。因此，土壤动物被认为是继深海和热带森林树冠生物多样性之后的第三个生物多样性研究前沿领域。近年来，土壤动物在生态系统的功能和作用受到越来越多的重视，土壤动物学的研究方法、设备和技术水平不断更新和发展，极大地推动了土壤动物学的发展。我国第三次土壤普查特设了土壤生物调查专项，开展植物生长旺盛期线虫、蚯蚓等生物量、活性、多样性和功能调查。

黄土高原的气候、土壤和植被呈明显的地带性分布特征。该地区植被覆盖度从 1999 年的 31.6%上升到 2020 年的 71%，植被恢复过程中的植被类型、多样性和组成变化明显影响土壤动物的组成和结构特征，这为科研人员研究土壤动物地理分布特征提供了重要条件。土壤动物在枯落物分解、有机质转化、有机碳排放等方面发挥关键作用，在恢复生态系统中，土壤动物和环境因子之间的关系更加复杂，但是目前黄土高原土壤动物的相关研究一直未受到足够关注。

作者长期从事土壤动物生态作用研究。团队成员在黄土高原区域尺度多次调查土壤动物群落分布特征，在神木侵蚀与环境试验站和西北农林科技大学曹新庄试验农场开展多年定位试验，研究土壤动物生态功能。本书内容主要来自作者团队多年试验成果的积累。

本书相关研究工作得到了国家自然科学基金面上项目“恢复生态系统地栖性蚂蚁介导的土壤呼吸过程与机制”(项目编号：42377314)、国家重点研发计划子课题“基于新型肥料创制的碱性钙质土养分库增容调控技术”(项目编号：2023YFD1900304)、中国科学院战略性先导科技专项(B 类)子课题“侵蚀驱动的水碳氮耦合机理和模型模拟”(项目编号：XDB40020305)、中国博士后科学基金面上项目“旱地苹果园引种蚯蚓的碳汇潜力研究”(项目编号：2022M722612)和西北农林科技大学“双一流”学科群建设专项资金的资助，在此表示诚挚的感谢。马莉副教授负责蚯蚓生态作用相关内容，博士研究生杨析负责草地土壤动物相关内容，陈明玉负责农田土壤动物相关内容，甘淼负责土壤动物对枯落物分解的相关内容，参与本书相关试验研究工作的还有李智勇博士和硕士研究生宋冉冉、郭保江、龙伟，硕士研究生周也琛负责图片制作，吴柏荣负责文字排版，在此一并向他们表示诚挚的感谢。同时，向本书引用的所有参考文献作者表示衷心的感谢。

本书是对黄土高原土壤动物相关研究的有效尝试和探索，由于时间和水平有限，书中难免存在不足之处，恳请读者批评指正。

李同川

2024 年 8 月

目　　录

前言
第1章　绪论 ………… 1
1.1　土壤动物定义与分类 ………… 3
1.2　国内外土壤动物研究历程 ………… 5
1.3　土壤动物的地理分布格局 ………… 6
1.4　土壤动物的生态功能 ………… 8
第2章　土壤动物研究方法 ………… 11
2.1　中小型节肢动物的采集、分离和鉴定 ………… 11
2.2　蚯蚓的采集和引种方法 ………… 12
2.2.1　蚯蚓采集方法 ………… 12
2.2.2　蚯蚓的养殖和引种技术 ………… 13
2.3　蚂蚁的采集方法和多样性分析 ………… 14
2.3.1　蚂蚁群落结构分析 ………… 14
2.3.2　完整单巢蚂蚁获取方法 ………… 14
2.4　典型土壤动物巢穴结构分析 ………… 15
2.4.1　石膏灌注法重现蚂蚁巢穴结构 ………… 15
2.4.2　CT法量化蚁巢结构 ………… 15
第3章　草地土壤动物群落特征及其影响因素 ………… 17
3.1　土壤动物群落空间分布特征 ………… 18
3.1.1　黄土高原土壤动物群落特征 ………… 18
3.1.2　土壤动物个体数和类群数空间分布特征 ………… 20
3.1.3　土壤动物功能类群空间分布特征 ………… 29
3.1.4　土壤动物群落多样性特征 ………… 33
3.2　土壤动物群落特征对土壤、植被和气候因子的响应 ………… 35
3.2.1　土壤动物群落特征与环境因子的回归分析 ………… 35
3.2.2　土壤动物群落特征与环境因子相关性分析 ………… 37
3.2.3　土壤动物群落变化的主要驱动因素 ………… 38
3.3　本章小结 ………… 55

第4章　黄土高原农田土壤动物群落特征及其影响因素 …… 56
4.1　黄土高原农田土壤动物群落组成 …… 56
4.2　黄土高原农田土壤动物群落空间分布特征 …… 58
4.3　黄土高原农田土壤动物功能类群分布特征 …… 63
4.4　土壤动物群落变化的驱动因素分析 …… 69
4.5　本章小结 …… 75
第5章　刈割覆盖、氮添加和火烧对土壤动物的影响 …… 76
5.1　刈割覆盖对土壤动物的影响 …… 78
5.1.1　刈割覆盖处理下近地表枯落物养分分布特征 …… 78
5.1.2　刈割覆盖处理下土壤动物群落结构特征 …… 80
5.1.3　土壤性质对刈割覆盖处理的响应 …… 83
5.1.4　刈割覆盖后土壤动物群落和微生物与土壤因子的冗余分析 …… 87
5.2　氮添加对土壤动物的影响 …… 88
5.2.1　氮添加条件下枯落物养分变化特征 …… 89
5.2.2　氮添加对土壤性质的影响 …… 92
5.2.3　氮添加对土壤动物群落特征的影响 …… 94
5.3　火烧对土壤动物的影响 …… 99
5.3.1　火烧样地土壤动物群落特征 …… 99
5.3.2　火烧条件下土壤动物的影响因素分析 …… 104
5.4　本章小结 …… 107
第6章　农田土壤动物对耕作措施的响应 …… 109
6.1　土壤动物类群分布概述 …… 110
6.2　土壤动物对不同施肥措施的响应 …… 116
6.2.1　不同施肥措施下的土壤动物群落特征 …… 116
6.2.2　不同施肥措施下的土壤养分变化特征 …… 123
6.2.3　不同施肥措施下土壤动物群落与环境因子的关系 …… 126
6.3　土壤动物对翻耕处理的响应 …… 130
6.3.1　翻耕处理下的土壤动物群落特征 …… 130
6.3.2　翻耕处理下土壤动物群落与环境因子的关系 …… 133
6.4　土壤动物对农药处理的响应 …… 138
6.4.1　农药处理下的土壤动物群落特征 …… 138
6.4.2　农药处理下土壤动物群落与环境因子的关系 …… 140
6.5　本章小结 …… 143
第7章　土壤节肢动物对枯落物分解的影响 …… 145
7.1　枯落物层土壤动物群落变化特征 …… 147

7.2　土层土壤动物动态变化特征 ………………………………………… 152
7.3　土壤动物对枯落物分解的作用分析 …………………………………… 154
7.4　本章小结 ……………………………………………………………… 161
第 8 章　蚂蚁的生态作用 ………………………………………………… 162
8.1　蚂蚁巢穴结构特征 …………………………………………………… 163
8.1.1　日本弓背蚁巢穴结构特征 …………………………………………… 164
8.1.2　不同蚂蚁种类巢穴结构对比 ………………………………………… 168
8.1.3　土壤质地、含水量和容重对蚂蚁巢穴结构的影响 ………………… 170
8.1.4　蚁丘的物理特性 ……………………………………………………… 172
8.2　蚁巢对坡面水土过程的影响 ………………………………………… 173
8.2.1　蚁巢对土壤剖面含水量的影响 ……………………………………… 174
8.2.2　蚁巢对坡面产流产沙过程的影响 …………………………………… 176
8.3　蚁丘对土壤蒸发的影响 ……………………………………………… 178
8.3.1　蚂蚁筑巢行为对蒸发的限制作用 …………………………………… 179
8.3.2　蚂蚁筑巢行为对土壤温度的影响 …………………………………… 182
8.4　蚁丘对枯落物分解的影响 …………………………………………… 186
8.5　本章小结 ……………………………………………………………… 189
第 9 章　蚯蚓的生态作用 ………………………………………………… 190
9.1　蚯蚓巢穴结构特征 …………………………………………………… 191
9.1.1　不同蚯蚓密度条件下的土壤大孔隙特征 …………………………… 193
9.1.2　不同蚯蚓密度条件下洞穴的内部可视化和三维量化 ……………… 194
9.2　蚯蚓对坡面水土过程的影响 ………………………………………… 196
9.2.1　蚯蚓活动对地表径流的影响 ………………………………………… 196
9.2.2　蚯蚓活动对土壤水分的影响 ………………………………………… 198
9.2.3　蚯蚓活动对土壤侵蚀的影响 ………………………………………… 200
9.3　本章小结 ……………………………………………………………… 202
第 10 章　蝼蛄巢穴结构特征及其对土壤水分入渗的影响 ……………… 204
10.1　蝼蛄巢穴结构特征 …………………………………………………… 205
10.2　蝼蛄对土壤表面径流和泥沙流失的影响 …………………………… 207
10.3　巢穴内优先流特征 …………………………………………………… 208
10.4　蝼蛄巢穴对土壤水分分布的影响 …………………………………… 209
10.5　本章小结 ……………………………………………………………… 211
第 11 章　鼢鼠对坡面水土过程的影响 …………………………………… 212
11.1　鼢鼠对坡面地表径流和土壤流失的影响 …………………………… 213
11.2　鼢鼠对坡面土壤水分分布的影响 …………………………………… 215

11.3　本章小结 ………………………………………………………………… 218
参考文献 …………………………………………………………………… 219
附表 1　黄土高原草地土壤动物群落组成 ……………………………… 223
附表 2　黄土高原农田土壤动物群落组成汇总 ………………………… 229

第1章　绪　　论

黄土高原地处黄河中游，是世界上最大的黄土分布区，面积约 64 万 km^2 (Zhu et al., 2019)，是我国“两屏三带”生态安全战略的关键一环，也是实施黄河流域生态保护和高质量发展战略的核心区。黄土高原沟壑纵横，降水和植被呈明显的地带性分布，是我国温带半湿润半干旱向干旱的过渡区。长期以来，黄土高原地区面临着土质疏松、植被覆盖度低、生产力低下、土壤侵蚀严重、入黄泥沙量巨大等问题(Wu et al., 2020; Fu et al., 2017)，水土流失严重，生态环境脆弱。20 世纪 50 年代以来，随着该地区人口数量的增加，农业用地需求量剧增，人们毁林开荒、陡坡地开垦、乱砍滥伐、大规模开采地下水资源及过度放牧等一系列不合理的开发利用(谢宝妮，2016)，进一步恶化了原本就已脆弱不堪的地表植被覆盖(王云强等，2012)，使得水土流失进一步加剧(郭永强，2020)。为了改变这一状况，该地区开展了坡面治理、坡沟联合治理、小流域综合治理、禁止放牧、坡耕地整治、修建水库等一系列治理措施和实施生态建设工程(李相儒等，2015)。特别是退耕还林(草)工程实施以来，黄土高原的植被覆盖度逐渐增加(Sun et al., 2015)，土壤保持、水文调节、碳固持等主要生态系统服务功能显著提升(刘国彬等，2017)。黄土高原植被覆盖度的增加显著改变区域的物质和能量循环(Fu et al., 2017)，植被恢复使该区水土流失问题得到初步控制，黄土高原地区植被覆盖度从 1999 年的 31.6%上升到 2013 年的 59.6%，再到 2020 年的 71%(杨阳等，2023)，生态环境保护取得举世瞩目的成效。

植被恢复能够直接影响地上生物多样性，改变植物群落的物种组成与多样性。自然植被的恢复，一般情况下呈现由简单到复杂的演替规律(胡婵娟等，2012)。生物多样性不仅指地上植物多样性，还包括地下生物多样性，且地上和地下生物群落存在着一定的关联。地上植被群落的变化通过改变输入土壤的有机物数量和质量，影响土壤微生境，从而改变土壤生物的栖息空间和食物资源的可用性。植被恢复促使土壤微生物数量显著增加，同时给土壤动物提供了大量的食物和适宜的生存空间。植被枯枝落叶、根系分泌物和微生物代谢形成的有机质、根冠脱落下来的细胞、死亡的根毛及较老的根区上濒临死亡的外皮细胞等均为土壤动物的食物来源，植被的枯枝落叶还为土壤动物提供隐蔽的生存空间。关于黄土高原地区植被恢复与生物多样性关系的研究大多侧重于地上植物多样性和地下土壤微生物多样性(喻佳洛，2021)，对地下土壤动物多样性缺乏充分的认识。

土壤动物是陆地生态系统重要的组成部分，至少有 25%的已描述动物物种生活在土壤中或土壤上，其参与土壤形成和发展，在调节土壤理化性质和结构、养分释放、土壤系统健康等方面扮演重要角色。土壤动物具有数量多、活动范围小、对环境污染或变化敏感的特点。因此，土壤动物也被认为是土壤质量的指示生物，能反映土壤的物理、化学和微生物特性，从而反映生态环境变化规律。植被恢复过程中植被类型、枯落物组成和土壤理化性质等变化可能会引起土壤动物群落结构和多样性变化。植物群落的组成变化能直接改变食物资源多样性和栖息空间，也通过改变土壤“水、肥、汽、热”等环境条件而间接影响土壤动物群落的生存和繁衍。一般认为，土壤动物与地表植被的丰富度和腐殖质的厚度呈现正相关关系。我国土壤动物研究较为广泛和全面的区域在东北地区、西南地区、亚热带地区和华南地区，且研究的植被类型属森林最多，农田和草原次之，而在自然环境较为独特的中西部地区，对地下生物多样性特别是对土壤动物的认知仍然十分有限。

土壤动物是陆地生态系统的重要组成部分，其在生态系统中的作用主要表现在以下五个方面。①加快物质循环和能量流动。土壤动物在自然界的物质循环和能量流动中起着重要的作用，主要是由于种类和数量巨大的土壤动物组成了具有不同功能的土壤动物群落，构成了错综复杂的食物链，因此土壤动物不仅可以直接分解有机物，而且可以促进营养元素的矿化、碳氮元素的循环。土壤动物可以直接通过粉碎动植物残体来影响有机质的分解，还可以间接通过捕食土壤微生物和排泄代谢物来影响土壤微生物对有机质的分解。一方面，大型土壤动物可以通过直接取食的方式储藏枯落物中的养分元素，待其死亡后经分解者分解回归土壤；另一方面，大型土壤动物同化率较低，其产生的排泄物刺激周围微生物的活动，从而间接促进枯落物的分解。中小型土壤动物主要通过对养分的矿化及物质的转化等方式在物质循环过程中发挥作用。国外大量的试验已经证明，土壤动物是群落尺度及全球尺度上枯落物分解速率的重要调控者。这些都表明了土壤动物在生态系统的物质循环和能量流动中起着不容忽视的作用。②生物指示功能。土壤动物的类群、数量和丰富度等对某些环境因子变化非常敏感。当某些环境因子发生变化时，土壤动物的类群、数量和丰富度等反应迅速，可以作为指标来反映环境的变化。大型土壤动物群落结构的变化能够反映环境温度的变化，土壤动物群落的个体数和类群数会随着重金属污染的加重而减少。例如，蚯蚓可以作为指示土地利用活动对土壤干扰强度的定性指标，线虫可以作为指示生物，通过对毒素产生刺激、抑制及致死等效应来确定毒素浓度，土壤螨类也是感应环境变化的指示生物。以土壤动物的类群、数量和丰富度等变化为指标来反映土壤污染的程度，土壤动物可以作为评判土壤健康和生态恢复的指示生物。③土壤动物能够改善土壤理化性质。土壤动物生活在土壤中，同时受到土壤的限制，土壤动物的活动会对土壤产生一定的影响。土壤动物在促进土壤形成、改善土壤肥力和土壤物理结构方面有重要的作用。蚯蚓、地鼠和蚂蚁等土壤动物活动是影响土壤大孔隙形成和演化的一个重要因素。日本弓背蚁巢口直径 4.1～6.6mm，巢穴最大深度可达 63cm(杨析等，2018)。土壤的孔隙结构对降水的转化、储存、利用及污染物在土壤中迁移有重要影响。此外，土壤大孔隙发育特征对水和溶质输移也有重要影响。很多研究证实，在潮湿气候区，蚯蚓的生命活动过程中常产生土壤大孔隙，蚯蚓形成的大孔隙直径在 2～11mm，洞道深度最大 70cm。一方面，蚯蚓通过挖掘洞穴改变了土壤孔隙结构，改善了土壤通气透水能力；另一方面，蚯蚓在生命活动过程中将地表的枯落物带入洞内，增加了土壤有机质来源，而且蚯蚓排泄物的有机质含量较高，因此可增加其洞穴内部的总有机质含量，进而促进形成更多的次生孔隙。土壤动物垂直运动还将不同土层土壤混合，促进土壤结构的形成。土壤动物常常排出富含养分的粪便，能够提高土壤有机养分的有效性，如线虫通过取食将获取的 90%的氮经过消化重新排出体外。④土壤动物不仅可以提高植物对土壤养分和水分的利用效率，还可以促进土壤和植物的水气交换，从而促进植物的生长和提高植物多样性。⑤土壤动物可以为人类的生产生活提供有益的服务和产品。例如，在家禽和水产养殖中使用蚯蚓作为蛋白质来源，可提高鱼种的饲料利用率，降低饲料成本。蚯蚓粪比普通肥料更能改善土壤结构和养分有效性，在相对贫瘠的土壤中显著提高植物生产力(Bellitürk et al., 2023)。蚯蚓及其产物在去除或降解农药、重金属等污染物方面具有显著效果，可以认为是最有前途的生物修复选择之一，对人类的生产和生活具有重要意义。

迄今为止，黄土高原范围内关于土壤动物的研究一直未受到广泛关注，相关研究仅限于调查小流域尺度不同植被类型、不同季节和农田管理措施等条件下的土壤动物群落特征，研究内容仅限于对土壤动物数量、类群组成的初步调查。黄土高原是我国植被恢复和生物多样性保护的关键区域，土壤动物群落在整个区域的区系分布、空间格局和生态功能等指标，可以对植被恢复表现出复杂的响应特征和环境指示作用。因此，在黄土高原地区开展大范围、多维度的土壤动物数量、群落组成和结构的变化规律研究，探索其驱动机制及空间分布、模拟预测和典型土壤动物生态功能研究，将有助于丰富我国西北地区的土壤动物基础研究资料数据库，有助于深入理解生物多样性与生态系统功能的关系，有助于完善土壤碳循环理论和模型，对黄土高原地区的生物多样性保护、区域生态管理与长期可持续发展具有重要的科学意义。

1.1 土壤动物定义与分类

土壤通常被认为是地球上生物多样性最丰富的生境，从微生物到哺乳动物，土壤成为地球上生物多样性最丰富的栖息地。土壤动物作为土壤生物多样性的主体之一(褚海燕等，2020)，不仅种类多、数量大、分布广，而且对土壤有机质的形成、理化性质和肥力的改变、物质循环及能量流动等环节都起着重要的作用。土壤动物的定义尚未统一，根据其生活史在土壤中的时间，分为广义上的定义(生活史中的一个时期)和狭义上的定义(生活史中的全部时间)。由于土壤动物种类繁多，狭义上的定义范围有限且不符合实际事实，广义上的定义范围过大。随着认识的不断深入，青木淳一和尹文英等著名昆虫学家认为，土壤动物是指在生活史中有一段时间定期在土壤中度过，并对土壤产生一定影响的动物，这种折中的定义被广泛认可并使用(尹文英，2001)。

土壤动物涉及的门类多，数量大，体形、食性和功能等差异明显，因此研究者常常根据不同的研究目的或角度(生物学行为、形态学特征和生态学功能等)将土壤动物划分为不同的类群。根据土壤动物的栖息位置，分为真土居、表土居和半土居；根据土壤动物滞留土壤的时间，分为永久性、定期性、暂时性和短暂性；根据土壤动物的食性，分为腐食性(saprophagous，Sa)、植食性(phytophagous，Ph)、捕食性(predacious，Pr)、杂食性(omnivorous，Om)和菌食性(fungivorous，Fu)五个功能类群；根据在食物网中的作用，还可分为消费者和分解者；根据土壤动物对土壤生态过程的影响，分为微食物网组成者、枯落物分解者和生态系统工程师。最常采用的是依据土壤动物的体型大小(体宽)划分为小型土壤动物(体宽小于0.1mm或0.2mm)、中型土壤动物(体宽在0.1～2mm或0.2～2mm)、大型土壤动物(体宽在2～20mm)和巨型土壤动物(体宽大于20mm)。其中，小型土壤动物主要是指生活在土壤或枯落物充水孔隙中的土壤原生动物和线虫；中型土壤动物主要是指蜱螨类、弹尾类等小型土壤无脊椎动物；大型土壤动物主要是指唇足纲、倍足纲、蚯蚓、白蚁等土壤大型节肢动物；巨型土壤动物主要是指平均体宽大于20mm的鼹鼠等(邵元虎等，2015；尹文英，2000)。

土壤动物是一个庞杂的生物群落，包含环节动物门、原生动物门和节肢动物门等八大门类。据估算，全球已描述的土壤动物多达36万种，约占所有已描述生物物种的1/4。仅1g土壤中就可能存在数以万计的原生动物、螨类和弹尾类等。1980年以来，文献已报道过约8000种原生动物、30000种线虫、50000种螨类、7600种跳虫、4000种蚯蚓、40000种蜘蛛、40000种地表甲虫、8800种蚂蚁和11000种马陆(表1-1)。土壤动物种类繁多，数量巨大，还有相当一部分土壤动物没有被记录或描述过，由于人类活动加剧了物种的灭绝，甚至一些物种还未被发现。此外，土壤动物作为土壤生物多样性的重要组分，与土壤微生物、植物根系和菌根一起形成了复杂的食物网。如此种类繁多、数量巨大的土壤动物占据了土壤食物网的各个位置，具有广泛的生活史策略和摄食类型(邵元虎等，2015)，几乎参与了所有重要的土壤生态过程(孙新，2021)，从而体现出高度的功能多样性。

表 1-1 常见土壤动物类群(邵元虎等，2015)

土壤动物类群	已发现的物种数	预计总物种数	参考文献
原生动物	约 8000 种(土壤中 1500 多种)	36000 多种	Geisen，2014；Mora 等，2011；Lavelle 等，2001；Wall 等，2001
线虫	约 30000 种	约 1000000 种	Lavelle 等，2001；Ayoub，1980
螨类	约 50000 种	约 1000000 种	Lavelle 等，2001
跳虫	约 7600 种	超过 50000 种	Lavelle 等，2001
蚯蚓	约 4000 种	超过 8000 种	Lavelle 等，2001
蜘蛛	约 40000 种	76000～170000 种	Adis 等，2000
地表甲虫	约 40000 种	不确定	Lövei 等，1996
蚂蚁	约 8800 种	约 20000 种	罗益镇等，1995
马陆	约 11000 种	约 73000 种	Wall 等，2013

1.2 国内外土壤动物研究历程

总结国外研究历史，土壤动物作为生物多样性的主要构成要素，已经历了 180 多年的发展，根据不同时期土壤动物的研究方向和水平，可将其划分为 5 个时期：19 世纪“蚯蚓时期”，20 世纪初“种类记述时期”，20 世纪 40 年代“系统研究时期”，20 世纪后半叶“生物生产力研究时期”，20 世纪 90 年代以来“生物多样性功能时期”。伴随着一些国际性问题的出现，如气候变暖、极端降雨、温室气体排放、氮沉降、酸雨、极端干旱等，关于土壤动物对全球变化响应的研究逐渐受到了越来越多的关注。随着研究的深入，土壤动物对环境污染物和生态系统健康的指示作用也开始吸引了更多学者的目光。21 世纪以来，地上与地下生态系统的结合研究被认为是最重要的学术前沿之一，土壤动物是联系地上和地下生态系统的关键纽带，受到更加广泛的关注。学者不断地从宏观与微观两个方面构建土壤动物生态学的发展脉络，使人们深刻认识到土壤动物是维持生态系统正常结构、功能和稳定性不可缺少的驱动因素，更加深刻了解土壤动物在控制全球生物地球化学通量及影响气候变化和人类健康中扮演的重要角色。

我国关于土壤动物的系统研究始于 1979 年张荣祖团队对长白山土壤动物的全面调查。20 世纪 90 年代以后，土壤区系调查与分类研究进入兴盛时期，以尹文英院士为主导，相继出现了一大批优秀的土壤动物研究者，调查并编写了《中国亚热带土壤动物》《中国土壤动物检索图鉴》《中国土壤动物》等一系列专著，标志着我国正式进入土壤动物系统研究阶段。进入 21 世纪，越来越多的学者加入土壤动物的研究领域中，我国土壤动物学研究进入了发展的黄金时期。在土壤动物分类学方面，《中国东北土壤革螨》《武夷山土壤动物群落生态特征及功能研究》《中国蜘蛛生态大图鉴》《吉林省生物多样性·动物志·弹尾纲》等分类学著作相继出版，显著提升了土壤动物分类学的关注度，为土壤动物的物种鉴别提供了可靠的基础数据和借鉴材料，推动了土壤动物新物种的发掘和记录。在土壤动物生态学方面，《东北森林土壤动物研究》《长白山森林土壤线虫》《中国沙地系统土壤动物生态研究(英文版)》《土壤生态学——土壤食物网及其生态功能》等著作深入梳理了土壤动物生态学在微观和宏观层次的发展脉络。在土壤动物区系研究地域方面，我国华东、华北、华中、华南、东北、西南、西北、东南等地区都有大量有关土壤动物生态学的研究，空间尺度明显扩大，有助于系统评估我国土壤动物地理分布格局。在土壤动物生态功能方面，土壤动物在改变土壤理化性质和微生物群落结构、加速枯落物分解和养分循环、保护土壤生物多样性、指示生态环境健康状况等方面发挥了重要作用。在土壤动物群落空间格局和构建机制研究方面，我国研究者将功能性状与群落系统发育相结合，探索土壤动物的群落构建机制。土壤生物，特别是土壤动物，在生态系统的功能和作用受到越来越多的重视，如我国第三次土壤普查特设了土壤生物调查专项，开展植物生长旺盛期线虫、蚯蚓等的生物量、活性、多样性和功能调查，评价我国重要土种的土壤健康状况，提出我国土壤耕地质量提升的生物学管理对策。虽然我国土壤动物相关研究起步晚，但在经历几十年的系统研究后，我国土壤动物学和土壤动物生态学的研究取得了一定的成就。未来，随着同位素和分子生物学等新技术、野外控制实验等新平台、土壤生态地理学和土壤健康等新领域应用到土壤动物研究中(朱永官等，2022；孙新，2021；傅声雷，2018)，我国土壤动物研究事业将飞速发展。

1.3 土壤动物的地理分布格局

土壤生物的群落区系和分布格局研究是土壤生物研究的基础，受植被、土壤、气候和海拔等因素的影响，其多样性地理分布格局不尽相同。早在20世纪初，研究者就开启了大陆尺度的土壤细菌多样性地理分布研究。随着宏基因组和宏条形码技术的发展，逐渐开展在全球尺度上土壤微生物多样性分布格局的研究。相比土壤微生物群落大尺度分布格局研究，土壤动物大尺度分布格局研究整体上较为落后。土壤动物多样性全球分布格局主要依靠整合文献数据来实现，其中蚯蚓、跳虫、线虫、原生动物、螨类和白蚁等土壤动物的全球分布格局研究数据相对充分。由于不同土壤动物的驱动机制可能有巨大差异，不同土壤动物在不同气候带上多样性的区系分布明显不同。线虫的多样性和蚯蚓的α多样性在温带地区最高，白蚁、甲螨和跳虫等动物的α多样性在热带地区最高。自养型原生动物在温带草原和北方干冷区较多，寄生型原生动物在热带地区较多。此外，土壤动物在不同植被类型、不同植物群落组成复杂程度、不同季节变异、不同海拔等条件下的分布状况也是土壤动物地理分布研究热点，但由于研究类群、区域、气候带不同，其分布格局仍存在差异。

我国地跨热带、温带、亚热带三个气候带，不同气候带的地理位置和气候条件等因素均会使土壤动物群落结构特征产生差异。最早进行土壤动物多样性地理分布调查的区域主要有吉林长白山林区、湖南衡山森林和岳麓山农田区、海南尖峰岭林区、青海高寒草甸、浙江天目山、云南西双版纳林区和北京百花山林区等。随着学者的日益关注，土壤动物区系研究地域进一步扩大到西藏、新疆、四川、宁夏、山西、陕西、内蒙古、河南、广东、江苏、福建等地，涉及的生态系统有森林、草原、岛屿、湿地、荒漠、石漠、农田、城市等自然和人工生态系统。一般而言，气候因素是决定土壤动物在区域尺度时空分布的关键。不同气候区土壤动物类群数和个体数在亚热带和热带地区最高，高寒地区最低，温带地区则处于中间状态。即使在相同气候区，由于植被类型、土壤环境和微生境的差异，土壤动物的类群数、组成与个体数也会不同，人为干扰也是影响土壤动物空间分布的重要因素。

此外，在不同研究类群和气候带，土壤动物群落特征沿海拔梯度的垂直分布格局是不一致的，具体表现为：随着海拔增加而下降、随着海拔增加而增加和单峰型3种模式。海拔的变化伴随着温度、湿度、大气压力、风速等环境因素的改变，不同海拔的环境因素会形成特有的生境和适应该生境的群落物种、数量、生产力、个体大小、形态特征。厄瓜多尔南部安第斯雨林中，土壤动物的总密度在高海拔最低；墨西哥沿海拔梯度升高，跳虫的丰富度和多样性下降，但密度反而升高；长白山棘蛛科的丰富度随着海拔的升高而增加，而体长随海拔的升高而减小；长白山土壤层跳虫密度随海拔升高呈上升趋势，而枯落物层随海拔升高呈下降趋势。在不同的气候区，土壤动物群落随着海拔梯度的变化具有不同的响应模式，这表明海拔梯度对土壤动物的影响不仅与温度、湿度等非生物因子有关，也与植被类型等生物因子有关。

土壤动物在土壤中的分布具有明显的表聚性，其个体数和类群数总体上随着土壤深度的增加而减少，且随深度增加其减少的速度越来越快。一般认为，大型土壤动物密度随土层深度增加而减少的速度更大，大多数土壤动物分布在0～12cm土壤内，而在20cm以下范围土壤动物非常稀少。大量研究表明，不同区域下(如高寒草甸、科尔沁沙地、湿地、城市绿地生境等)、不同土地利用方式下(如荒地、果园、草坪、农田、菜园、建筑用地等)，土壤动物个体数和类群数总体上随着土壤深度的增加而减少，特别是在人类活动干扰少的林地中，这表明土壤动物的垂直分布具有一定的普遍性。土壤的水热条件、结构与通气性、养分含量及土壤动物自身对环境的敏感度和生活习性等，均是可能影响土壤动物垂直分布的因素。在一些特殊环境下，土壤动物数量会随着深度增加而增加。例如，在自然(西北干旱区)或人为(重金属、农药污染、火烧等)干扰严重的区域，土壤动物随土层变化可能表现出不同程度的逆分布现象。

在时间尺度上，土壤动物群落分布存在一定的季节动态。季节变化使地上植被、枯落物、温度、水分等生境条件改变，特别是季节性温度和降水量的变化，是影响土壤动物群落特征季节性分布的重要因子。不同气候、区域、植被和动物类型的季节动态表现不同。半干旱区草地大型土壤动物密度在夏季最大，上海市不同城市森林类型土壤动物密度在夏季最大，浙江百山祖土壤动物密度在夏季最大，长白山土壤动物类群数和密度在夏季最大，喀斯特地区土壤动物的类群数和密度在秋季最大。综合不同地理区域的结果表明，夏季土壤动物群落最丰富，其次为秋季，冬季和春季最低。

1.4　土壤动物的生态功能

土壤动物的生态功能非常复杂，生物多样性是实现多功能性的基础。土壤动物既是消费者也是分解者，其生存、取食和非取食活动过程能直接或间接影响土壤物理性质、化学性质和生物学特性，在枯落物分解和养分循环等方面起着不可替代的作用。蚯蚓和白蚁等挖掘型土壤动物通过挖洞筑穴和取食活动，增加土壤孔隙通道，降低土壤容重，促进土壤水分下渗和透气性，还可以促进土壤团聚体的形成。土壤动物可以直接采食地表动、植物残体并排出富含有机质的粪便，影响土壤质量；还可通过摄食过程中对枯枝落叶等物质的粉碎作用，增加与微生物的接触面积，同时混合植物碎片与土壤成分，从而加速枯落物的分解和养分的释放。在枯落物分解过程中，土壤动物的存在促使枯落物分解速率提升 14.2%，枯落物可溶性碳下渗量提高 17%，土壤中有效元素如氮的含量明显升高，通过自身移动取食混合土壤与枯落物而促进矿化。土壤动物和微生物共同参与枯落物的分解，其中大型土壤动物在枯落物分解过程中起着主要作用。土壤动物的作用取决于分解时间和枯落物的种类，一般认为分解初期土壤动物的作用最大。土壤动物的非掠食性行为(如掠夺食物资源等)可以对食物网造成影响。土壤动物与微生物之间存在着捕食、寄生、共生等关系，土壤动物在生命活动过程中可以通过直接和间接的方式对土壤微生物产生影响。

土壤动物群落结构、多样性与生存环境密切相关，其结构、种类和数量等群落特征指数的改变对环境变化十分敏感。因此，土壤动物群落特征可作为环境的评价指标，也通常被认为是土壤质量的指标。土壤动物群落组成和数量分布不仅受气候变化和不同程度干扰的影响，还受污染状况、土壤理化性质和植被类型等生态因素的影响。

土壤动物环境指示功能的研究主要从土壤动物与重金属污染、化肥、农药、气候、土壤有机质、土壤 pH、土壤温度、土壤质地、含水量、土地利用方式、植被恢复与重建、全球气候变化等方面进行探讨。常用的指示生物有蚯蚓、线虫、螨虫、跳虫、蚂蚁、甲虫等对环境变化敏感的土壤动物类群。此外，基于土壤节肢动物提出的土壤生物学质量指数(soil biological quality-arthropod，QBS-ar)被用来评价土壤生态质量。同时，有一些土壤动物可以分解污染物，净化土壤环境，对受污染的土壤进行修复。土壤动物在污染土壤中生存的过程中，利用自身及其中微生物对污染物进行降解，从而使污染物富集在体内或转化为低毒或无毒物质。例如，人们利用蚯蚓、蝇蛆、蛴螬等动物类群形成的生物反应器对生活垃圾及粪便污染物进行处理，通过其破碎、分解和消化等方式，把污染物转化为无污染且有益的粪肥；蚯蚓、甲螨、线虫等土壤动物对农药有较高的耐受性。因此，在一定浓度范围内，这些动物可以对农药污染的土壤进行修复。蚯蚓、蜘蛛、跳虫等土壤动物对重金属有较强的耐受和富集能力，可对重金属污染的土壤进行改良。

土壤动物既是分解者又是消费者，可以通过直接和间接的方式提高有机质的分解速率和促进养分的周转，从而促进生态系统物质循环过程。土壤动物对土壤碳循环的影响受到越来越多的关注，土壤动物通过自身取食等生命活动转化、储存和释放物质，通过影响植物生长或微生物代谢等直接或间接影响土壤碳循环。土壤动物对土壤碳循环的影响主要包括分解、碳稳定性、对植物和微生物的调节、土壤呼吸等过程。蚯蚓是土壤动物对土壤碳循环影响的研究中关注最多的动物，短时间内蚯蚓的存在有利于促进有机碳增加，而长时间内蚯蚓有利于土壤有机碳净固存(图 1-1)。一方面，蚯蚓的活动能促进土壤大团聚体的形成，提升碳的稳定性；另一方面，蚯蚓也可提升土壤养分的利用效率和促进植物生长，提升土壤有机碳固存潜力。蚂蚁的筑巢活动及取食活动转移动植物残体，使蚁巢内与周边土壤发生碳迁移，增加碳库空间变异性(聂立凯等，2019)。此外，蚂蚁筑巢活动形成的蚁丘及巢穴通道内微生物群落变化等均对土壤碳循环产生影响。中型土壤动物可能主要通过增加游离颗粒有机物、改变微生物群落结构和活性等间接过程影响土壤有机碳转化(Liu et al.，2022)。小型土壤动物，如线虫，可以促进土壤 CO_2 排放，同时土壤动物自身的呼吸过程排出 CO_2。相比土壤动物，微生物对土壤有机碳影响的研究受到更多关注。鉴于土壤动物在土壤碳循环方面的重要作用，亟须量化其在碳循环过程中的影响程度，从而将土壤动物纳入土壤有机碳动力学模型。

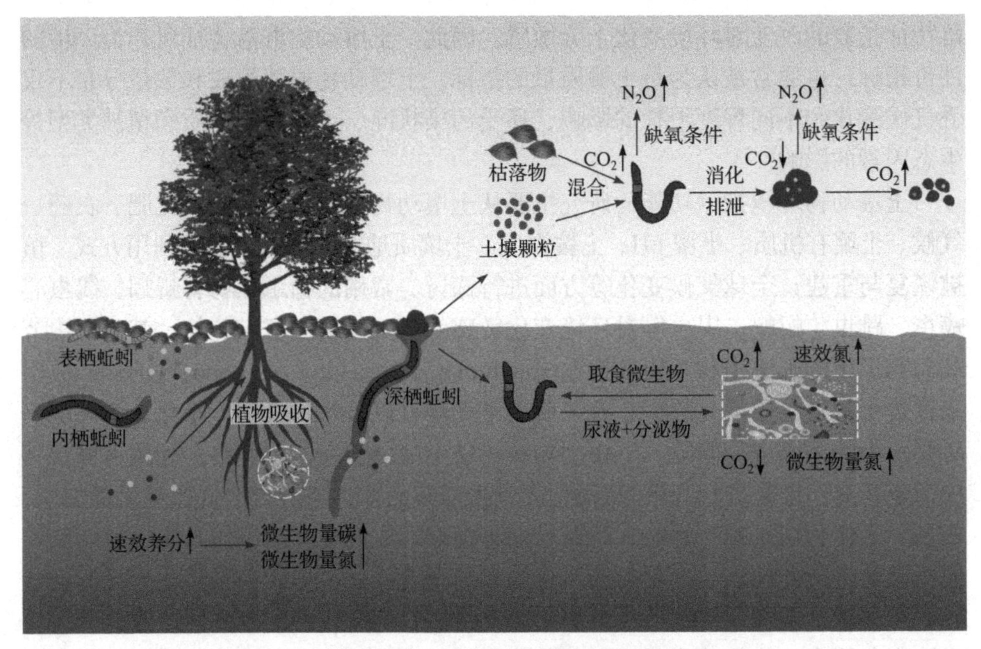

图 1-1　蚯蚓筑巢、取食和排泄活动的碳源汇效应

第 2 章　土壤动物研究方法

1840 年，达尔文首次指出土壤动物在土壤肥力方面的重要作用，标志着土壤动物科学研究的兴起。1881 年，达尔文撰写完成第一部关于蚯蚓的著作 *The Formation of Vegetable Mould Through the Action of Worms*，此后越来越多的学者开始关注蚯蚓。与此同时，土壤动物学的研究方法、关注重点、设备和技术水平等不断更新和发展，极大地促进了土壤动物学研究的深度和广度。土壤动物的分离提取方法主要有土壤节肢动物的漏斗型提取方法、改良的漏斗型提取方法、提取线虫的湿漏斗方法、土壤小型节肢动物的“湿法”和“漂浮法”等提取方法。研究土壤动物活性的方法主要有枯落物网袋法、微型容器法、棉条法、同位素法和诱饵薄条法。20 世纪末，分子生物学技术在土壤动物研究中的应用和生态学理论的进步极大促进了土壤动物生态学的发展。

2.1　中小型节肢动物的采集、分离和鉴定

本书作者团队主要以黄土高原土壤动物为研究对象，7～9 月是黄土高原土壤动物活动最频繁的时间，最适合开展土壤动物的采样工作。在目标区域选择具有相似地形和植被、面积足够大、人为扰动较小且具有代表性样地 5 个，每个样地按照对角线法布设 5 个样方(1m×1m)。为了防止土壤动物逃离，将铁制方形样框(面积 1000cm^2，高 30cm)放到样方内并用橡皮锤轻敲，以固定样框。收集样框内的枯落物样品，将样框内的所有枯落物样品放入托盘内，现场利用手拣法挑取大型土壤动物置于 75%乙醇溶液中保存，挑取大型土壤动物后将所有枯落物样品放入布袋内，然后将布袋放入保温箱内，带回室内进行中小型土壤动物的分离鉴定。土壤和枯落物是土壤动物生命活动过程中最主要的栖息地。为研究黄土高原地区土壤动物在枯落物层和土壤层的分布状况及土壤动物的垂直分布特征。继续沿着样框的外壁挖取深度为 30cm 的土壤剖面，使用小铁铲按 0～5cm、5～10cm、10～20cm、20～30cm 分层采集土样，将每层土样全部置于托盘中，利用手拣法挑取大型土壤动物，大型土壤动物挑选完再将土样混合均匀装进自封袋，做好相应标记，放入保温箱，带回实验室进行土壤理化性质分析。与此同时，在每层取 3 个容积为 100cm^3 的环刀(高 5cm)土样放入布袋内，然后将布袋放入保温箱内，带回室内进行中小型土壤动物的分离鉴定等工作。

为了减少土壤动物的损失，用于分离中小型土壤动物的枯落物样品和土壤样品在取样完成后 2h 内带回室内进行分离，中小型土壤动物的分离采用改良的 Tullgren 干漏斗法进行分离。将样品置于 2mm 孔径的筛网之上，在 40W 的白炽灯下烘烤 48h，漏斗下放置装有 75%乙醇的收集瓶，将分离出的土壤动物杀死并固定(图 2-1)。上述实验收集到的土壤动物须在显微镜和体视显微镜下进行鉴定。显微镜连接外置工业相机，以便对土壤动物进行拍照保留。后续参考《中国土壤动物检索图鉴》《中国动物志　无脊椎动物　第四十七卷：蛛形纲　蜱螨亚纲》《中国动物志：昆虫纲》《幼虫分类学》《昆虫形态分类学》《常见蜘蛛野外识别手册(第 2 版)》等著作，以及网站 https://www.gbif.org/和 https://www.ncbi.nlm.nih.gov/taxonomy 进行分类，多数土壤动物鉴定到科。

(a) Tullgren干漏斗分离装置

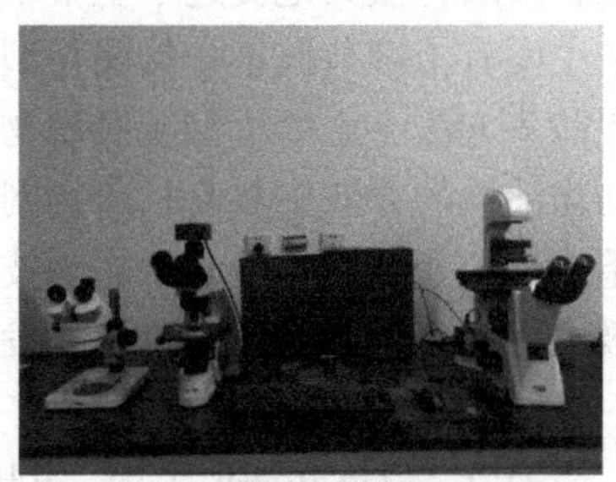

(b) 鉴定分类装置

图 2-1　土壤动物 Tullgren 干漏斗分离装置和鉴定分类装置

2.2　蚯蚓的采集和引种方法

2.2.1　蚯蚓采集方法

每个采样点采集蚯蚓前，利用 GPS 定位仪对采样点地理位置进行定位，得到经纬度、海拔等有效数据，记录地形、天气、气温和采样时间等情况，利用土壤温湿度速测仪测定采样点土壤温度、土壤水分。采集蚯蚓主要有以下几种方法。

(1) 电击法(只用于科学研究，不能用于商业用途)：使用电压为 12V 的电瓶，利用电极施加电流刺激接触电场的蚯蚓身体。通常使用的电流强度较低，当蚯蚓感知到电流刺激时，肌肉会发生短暂的收缩反应，迅速收缩身体，从而减小被捕获的概率。把 2 根电极按照 $1m^2$ 对角线的方式插入地面以下 30cm 左右，通电 4～5min 或者观察到再无蚯蚓钻出，关掉仪器电源开关。蚯蚓钻出地表时，进行人工采集，并放入装有土的容器内。在捕获蚯蚓后，停止电击刺激，允许蚯蚓身体恢复正常。这种方法可以有效且非破坏性地获取蚯蚓。

(2) 溶液驱赶法：利用对蚯蚓有刺激的试剂获取蚯蚓，试剂主要包括异硫氰酸烯丙酯溶液、芥末悬液、茶枯溶液、洋葱提取液等。通常不用福尔马林溶液获取蚯蚓，因为其对环境具有一定的毒害作用。芥末悬液法是较为简便的方法，其原理是利用芥末中的辛辣成分，如辣根素和芥子油中的异硫氰酸酯，对蚯蚓产生刺激作用，使其感到不适从而离开土壤。

(3) 挖掘法：选取一定面积(25cm×25cm、50cm×50cm、1m×1m)和深度(20cm或 30cm)的土壤，清理土壤表层枯枝落叶、石块等异物，注意其中隐藏的蚯蚓，然后用铁锹按照面积挖掘，将挖出的土壤平铺于塑料布上；穿戴橡胶手套，手动采集肉眼可见的所有蚯蚓个体并计数，计数时以蚯蚓头部数量为准。将蚯蚓装进装有土的容器中，以避免蚯蚓死亡或失活。

将收集到的蚯蚓样品带回室内，测定蚯蚓数量、生物量、体宽、体长等指标，随后将样品制备成蚯蚓标本，装入标本管中保存。每个采样点使用样方法在50cm×50cm 的样方框内收集蚯蚓粪，收集到的蚯蚓粪保存在样品盒中，以防止样品被挤压破坏。

2.2.2　蚯蚓的养殖和引种技术

蚯蚓作为土壤中的重要生物转化器和重要分解者，对土壤生态系统的功能具有重要影响。引种蚯蚓具有许多优点，可以增加土壤中的有机碳含量，增加土壤中磷的有效性，促进植物的磷吸收和生物量生产。因此，蚯蚓引种被广泛应用于农田土壤改良和养分管理。

1) 养殖技术

①选择土地平整、土壤有机质含量较高、土质疏松、排灌良好的地块作为养殖地。②养殖地翻耕、起垄，翻耕前施入牛粪作底肥，翻耕深度 40cm 左右，垄宽 150～200cm，垄高 30～40cm，垄长 15～20m。③选择体色光亮、个体完整无损伤、生殖环带明显、呈乳白色、器官齐全、无病态的蚯蚓苗，平均质量在 10g以上，体长在 10cm 以上。投苗前，每一垄地上开一条宽 10～20cm、深 20～30cm的沟。开沟完成后，使用喷淋系统将养殖地块喷透，确保土壤含水量达到 70%左右。④采用发酵好的牛粪进行投喂，发酵时保证其含水量在 60%～65%，碳氮比为 20∶1～25∶1，发酵时间控制在 20d 左右。在牛粪发酵过程中加入一定比例的鸡粪，使发酵料偏碱性，提高蚯蚓繁殖率。⑤养殖管理：蚯蚓超过 32℃就会停止生长和繁殖，需要做好防晒降温措施。早上或傍晚浇水，土壤湿度控制在 50%左右，避免温度过低。参环毛蚓 8℃以下进入冬眠，5℃时停止生长。低于 5℃时，在地表用稻草覆盖防寒，土壤湿度保持在 30%左右。

2) 蚯蚓引种技术

引种蚯蚓首先要保证其成活率，筛选活性较好的蚯蚓(选择体色光亮、个体完整无损伤、生殖环带明显、呈乳白色、器官齐全、无病态的蚯蚓苗，平均质量在

10g 以上，体长在 10cm 以上)进行引种；其次要创造良好的生境，减少蚯蚓移动的可能性；最后提供充足的食物和水源。具体操作步骤如下：

(1) 用铁锹挖掘深 20cm 的坑，往坑内撒入适量发酵好的牛粪；

(2) 对蚯蚓进行计数称重后放入坑中；

(3) 填埋，注意用较细的土，大土块应破碎后再放入；

(4) 浇水使土壤湿润；

(5) 覆盖新鲜植物。

2.3　蚂蚁的采集方法和多样性分析

蚂蚁栖息类型主要分为地栖和树栖，我国树栖类蚂蚁主要分布在南方地区，黄土高原蚂蚁多属于地栖类。采集蚂蚁有多种方法，本书主要采用的方法如下。①使用 Winkler 抽样法采集枯落物层蚂蚁。沿对角线在每块样地内选定 12 个 1m×1m 的样方，收集样方内的枯落物及 5cm 厚度内的腐殖质，使用 1cm 孔筛网筛除较大的枯枝落叶、石块等，余下部分放入 Winkler 袋中悬挂 72h，收集蚂蚁。②采用杀虫剂击倒法采集树冠上的蚂蚁。在样株下方悬挂 10 个 $1m^2$ 的漏斗形网，在无风的清晨对树冠喷杀虫剂，收集落在网上的蚂蚁标本。③采用精细调查法采集蚁巢内蚂蚁。移除样点内的草本植物和枯落物，利用兵工铲沿着标签记录的蚂蚁巢穴入口开挖，同时使用抽吸器采集蚁巢内所有蚂蚁，对土壤内、石块下、朽木下的蚁巢进行搜索调查。所有采集到的蚂蚁保存于含有 75%乙醇的离心管中，带回实验室根据相关资料利用体视显微镜观察蚂蚁形态特征，将蚂蚁鉴定到种。不能鉴定到种的，按形态种对待，然后进行统计分析。

2.3.1　蚂蚁群落结构分析

通过群落中蚂蚁物种的优势度，来确定蚂蚁的群落结构并分析各处理样地之间的蚂蚁群落结构和总体的蚂蚁群落结构。蚂蚁群落的优势度主要按照蚂蚁物种占总数的比例来确定：物种占比>10%为优势种；物种占比 5.0%～10.0%为常见种；物种占比 1.0%～4.9%为较常见种；物种占比 0.1%～0.9%为较稀有种；物种占比<0.1%为稀有种。蚂蚁多样性分析：选取 4 种指标对蚂蚁的多样性进行描述，分别是多样性指数、优势度指数、均匀度指数和丰富度指数。

2.3.2　完整单巢蚂蚁获取方法

对于日本弓背蚁和针毛收获蚁等大型蚂蚁，可以通过开挖法和灌水法获取蚁巢蚂蚁，同时测定野外蚁巢工蚁数量。选择在土质疏松比较利于开挖的沙壤土中收集蚂蚁，发现巢口以后，先清理干净地表的枯枝落叶等杂物，然后采集蚂蚁个体。采集蚂蚁个体有两种方法：第一种方法是顺着巢穴入口和通道，用铲子逐渐挖开蚂蚁巢穴，一旦巢穴遭到破坏，蚂蚁工蚁和兵蚁会出现并试图保护巢穴，这时用改装的吸尘器收集活的蚂蚁个体，直至发现蚁后；第二种方法是将准备好的自来水由巢穴入口灌入蚂蚁巢穴，迫使蚂蚁从土壤内部转移至地表，然后用吸尘器收集蚂蚁直至采集到蚁后，将蚁群转移到塑料瓶中，在塑料瓶中放置少量的巢内原土并对瓶子进行遮光处理，带回实验室备用。低温可以减少蚂蚁的活动使之进入“冬眠状态”，因此蚂蚁个体保存在恒温 1℃的冰箱内。当把冷藏的蚂蚁放置在常温下(25～35℃)2h，蚂蚁可以恢复正常活动，这样可以提高蚂蚁的存活率，也便于以后进行土柱实验。第一种方法简单直接，但是对巢穴结构破坏较大；第二种方法破坏性较小，但是需要大量的自来水。在以获取蚂蚁个体为主的实验中选用第一种方法，在调查蚂蚁巢穴结构的实验中选用第二种方法。

2.4　典型土壤动物巢穴结构分析

2.4.1　石膏灌注法重现蚂蚁巢穴结构

在对研究区进行实地调查后，对于日本弓背蚁、针毛收获蚁和草地铺道蚁三种蚂蚁，各选择六个蚁巢。用尺子测量蚁巢入口直径。蚂蚁巢穴地上结构包括巢穴入口和蚂蚁筑巢过程中搬运至地表的土壤团聚体。清理掉松散的土壤和枯落物，枯枝落叶主要包含柠条和苜蓿的树叶碎片和树枝。此外，工蚁会在巢穴入口周围放置死蚁尸体和废弃的种子外壳。先在蚁巢内注水，蚁后在地表出现及工蚁不再出现时停止向巢穴内注水，并将稀释的牙科石膏浆(石膏粉和自来水的混合液)通过巢穴入口缓慢地注入巢穴内部，直至石膏浆充满整个巢穴。搁置 24h 待石膏完全凝固以后，用铲子在洞穴旁边挖开一个剖面，挖掘并拍摄硬化的蚂蚁巢穴石膏模型(图 2-2)，然后用小刀和毛刷将巢穴的石膏模型取出并带回实验室。在实验室内，用游标卡尺测量巢穴入口和通道的直径、通道和整个巢穴的直线长度，同时记录巢穴巢室、分支和节点的数量。针毛收获蚁和日本弓背蚁巢穴通道直径相对较大，使得石膏浆能够填满所有的空隙，形成完整的模型；对于草地铺道蚁来说，巢穴入口太小，石膏浆无法全部进入巢穴。

2.4.2　CT 法量化蚁巢结构

利用计算机体层扫描(CT)法扫描土柱并用图像处理软件分析孔隙图片，是量化孔隙结构的有效途径。将蚂蚁群落饲养在直径 11cm、高 40cm 的 PVC 土柱中，以便于扫描，并和植物孔隙进行对比。PVC 管底部用盖子密封，上部保持敞开。

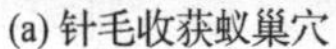

(a) 针毛收获蚁巢穴

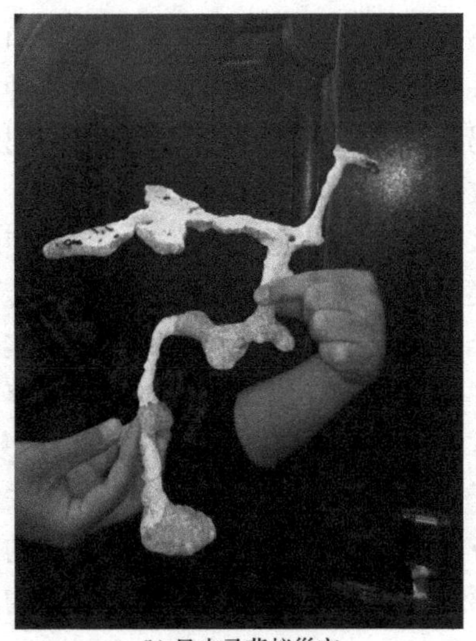

(b) 日本弓背蚁巢穴

图 2-2　针毛收获蚁巢穴和日本弓背蚁巢穴的石膏模型

首先挖取土壤风干，用 1mm 的筛子获取均质土，然后按照 $1.2g \cdot cm^{-3}$ 的容重标准填充到土柱内。填充至 36cm 高度处停止，保留 4cm 的空间供蚂蚁活动。然后给土柱加水，将土柱内含水量控制在 15%左右保证蚂蚁的存活。将带有蚁后的 2 个蚂蚁群落(每个群落 100 只左右)放入两个土柱内，并在土柱上部喷抹防逃液(乙醇和滑石粉的混合物)以防止蚂蚁逃出土柱。一个土柱不放入蚂蚁，作为对照。将土柱放置在温度为 25～35℃的室内，并不断清理蚂蚁挖掘出来的土颗粒，直到土壤表面不再出现挖掘现象。在土壤表面覆盖一次性滤纸，在滤纸上填放风干的土壤直到充满 PVC 管，以减少对孔隙结构的扰动，然后用 PVC 堵头将顶部密封并运送至杨凌示范区医院进行 CT。其中一个含有蚂蚁的 PVC 管内部土壤在运输过程中受到了很大的扰动，本书只分析了一个完整的孔隙结构。虽然如此，但在一定程度上仍可以反映蚂蚁孔隙的信息，并能与植物孔隙结构的量化信息进行对比。通过 CT 与图像分析，获取土柱内部大孔隙结构的量化信息(大孔隙度、大孔隙面积、成圆率和分形维数)及三维图像。

第 3 章　草地土壤动物群落特征及其影响因素

黄土高原是我国水土保持和生态建设的重点地区，在一系列生态治理工程实施后，黄土高原生态环境保护取得了明显成效，植被覆盖度显著上升，入黄泥沙量显著减少，水土保持与碳固持等能力显著增强。随着退耕还林(草)工程的实施，经过几十年的生态建设，草地植被演替已成为黄土高原地区实现植被自然恢复的主要措施。草地是黄土高原地区广泛分布的植被类型，约占整个区域面积的 40% (Wang et al.，2018)。相较于其他生态系统，草地生态系统结构和功能更易受外界环境因素的影响，因此可以将草地植被的恢复看作本地区陆地生态系统恢复的“指示器”。关于黄土高原草地生态系统的研究多集中在草地植被变化与植物多样性、草地土壤理化性质、草地微生物学性质、草地系统生产力、草地固碳潜力、草地植物性状、草地修复技术、草地根系特性、草地管理措施(刈割、禁牧、施肥、氮沉降、增雨)和全球变化等方面，有关草地生态系统的地下生物多样性特别是土壤动物群落区系和分布格局的研究十分缺乏。

土壤动物是草地生态系统组成和功能不可缺少的驱动因素，对草地生态系统的有机物形成和分解、净化土壤环境、改善土壤理化性状、指示生态环境健康状况、维持地上植被多样性和维持草地植被生产力等均具有重要的影响。土壤动物群落的分布状况与它们的生存环境紧密相关，土壤动物对环境变化敏感，自然状态下影响其多样性分布格局的变化环境因素主要有植被、土壤和气候等。一般气候因素是决定土壤动物在大区域尺度时空分布的关键，土壤和植被决定资源可利用性和非生物条件，是影响土壤动物在局域尺度分布差异的基础。黄土高原地跨半湿润、半干旱和干旱三个气候区，区域内植被自东南向西北呈现明显的从半湿润森林区、半湿润/半干旱林草混交区到半干旱草地区、干旱/半干旱荒漠草地区再到干旱荒漠区的阶梯变化，不同地理区系间由于温湿度差异和海拔差异等，具有不同的植被景观，其地下土壤动物的群落区系和分布格局研究具有较大的差异。土壤动物格局分布一般包括水平分布、时间分布和垂直分布，时间分布又分为季节分布和年际分布，垂直分布又分为沿深度分布和沿海拔分布。在垂直方向上，土壤动物一般与土壤深度呈现负相关关系，但人为干扰严重或自然环境恶劣的条件下(如西北干旱区)，土壤动物会表现出随土壤深度增加而增加的逆分布现象。随着认识的不断深入，土壤动物学研究逐渐成为生物多样性保护和土壤生态学研究的热点，目前的研究主要集中在土壤动物对全球变化的响应与适应，土壤动物在食物网各生物类群之间的相互作用，土壤动物与微生物、植物之间的相互作用，土壤动物在生态恢复中的作用，土壤动物功能群的控制实验研究等方面，而土壤动物多样性大尺度地理分布格局等基础方面的研究似乎正在逐步失去关注。黄土高原土壤动物方面的研究主要集中于小流域、单一尺度上的不同土地利用方式或不同植被类型等，如人工林地、果园和湿地等。此外，关注的重点在土壤动物群落区系组成与影响因素等基础方面，缺乏更加全面、深入和系统的研究。黄土高原地形地貌复杂，气候、植被、土壤等呈明显的地带性分布，因此亟须对该地区土壤动物的群落区系和分布格局进行研究，阐明和量化黄土高原地区土壤动物多样性和地带性分布规律和特征，丰富我国西北地区的土壤动物基础研究资料。

3.1 土壤动物群落空间分布特征

3.1.1 黄土高原土壤动物群落特征

对黄土高原地区 19 个样点进行调查取样，共捕获土壤动物 26925 只，隶属 3 门 10 纲 28 目 131 科(附表 1)。从表层枯落物到 30cm 土层深度范围内，黄土高原土壤动物密度达到 20732 只 · m^{-2}。胭螨科是优势类群，其密度为 2548 只 · m^{-2}，共占捕获土壤动物总密度的 12.29%。常见类群有 27 个，分别是等节跳科(9.09%)、奥甲螨科(5.95%)、厚历螨科(5.49%)、粉螨科(4.76%)、懒甲螨科(4.42%)、上罗甲螨科(4.36%)、跗线螨科(3.36%)、单翼甲螨科(2.98%)、大翼甲螨科(2.92%)、历螨科(2.78%)、棘跳科(2.71%)、垂盾甲螨科(2.55%)、长角跳科(2.48%)、球角跳总科(2.06%)、囊螨科(2.04%)、短角跳科(1.91%)、长须螨科(1.72%)、植绥螨科(1.88%)、洼甲螨科(1.65%)、阿斯甲螨科(1.55%)、绿圆跳科(1.41%)、土革螨科(1.39%)、圆跳科(1.32%)、罗甲螨科(1.28%)、微绒螨科(1.08%)、土跳科(1.05%)和镰螨科(1.00%)等，共占本研究捕获土壤动物总密度的 75.20%。稀有类群有 109 类，占总捕获土壤动物总密度的 12.51%，主要包括巨须螨科(0.94%)、矮蒲螨科(0.93%)、伪圆跳科(0.91%)、蚁科(0.75%)、滑珠甲螨科(0.57%)、真卷甲螨科(0.55%)、隐爪螨科(0.55%)、二爪螨科(0.52%)、巨螯螨科(0.51%)、缝甲螨科(0.48%)、礼服甲螨科(0.40%)、寄螨科(0.38%)、珠甲螨科(0.37%)、肉食螨科(0.37%)、绵蚧科(0.33%)、双翅目幼虫(0.32%)、蒲口螨科(0.30%)、若甲螨科(0.27%)、美绥螨科(0.26%)、穴螨科(0.25%)、鞘翅目幼虫(0.24%)、沙足甲螨科(0.23%)、多盾螨科(0.19%)、管蓟马科(0.19%)、绒螨科(0.18%)、维螨科(0.13%)、盖头甲螨科(0.13%)和鳞翅目幼虫(0.12%)等。

根据捕获土壤动物的生活型和食性差异，划分为腐食性(Sa)、植食性(Ph)、捕食性(Pr)、杂食性(Om)和菌食性(Fu)五个功能类群(附表 1)。捕食性土壤动物主要包括胭螨科、奥甲螨科、厚历螨科、植绥螨科、历螨科、长须螨科等共 49 个类群，每平方米达到 8649 只，占总密度的 41.72%；腐食性土壤动物主要包括上罗甲螨科、等节跳科、长角跳科、短角跳科、双翅目幼虫、懒甲螨科等共 24 个类群，每平方米达到 6643 只，占总密度的 32.05%；菌食性土壤动物主要包括粉螨科、棘䖴科、单翼甲螨科、球角䖴总科、罗甲螨科等共 12 个类群，每平方米达到 3717 只，占总密度的 17.93%；植食性土壤动物主要包括跗线螨科、圆䖴科、鞘翅目幼虫等共 38 个类群，每平方米达到 1454 只，占总密度的 7.02%；杂食性土壤动物主要包括蚁科、绵蚧科、粉蚧科等共 11 个类群，每平方米达到 266 只，占总密度的 1.29%[①]。

分析黄土高原地区土壤动物的垂直分布特征，在各采样点内按枯落物层、0～5cm 土层、5～10cm 土层、10～20cm 土层和 20～30cm 土层共 5 层进行采集(表 3-1)。黄土高原范围内枯落物层采集到土壤动物 123 类，密度达到 2169 只 · m^{-2}，占总密度的 10.46%；0～5cm 土层采集到土壤动物 123 类，密度达到每平方米 13012 只，占总密度的 62.79%；5～10cm 土层采集到土壤动物 83 类，密度达到每平方米 4115 只，占总密度的 19.85%；10～20cm 土层采集到土壤动物 61 类，密度达到每平方米 1146 只，占总密度的 5.53%；20～30cm 土层采集到土壤动物 38 类，密度达到每平方米 289 只，占总密度的 1.39%。整体上由枯落物层到 20～30cm 土层，土壤动物类群数随着土层的加深而递减，且土壤动物类群数的垂直分布均呈现出“表聚性”特征，土壤动物密度在各层的分布由大到小依次为 0～5cm 土层>5～10cm 土层>枯落物层>10～20cm 土层>20～30cm 土层。

同一土壤动物类群在不同层中的分布存在差异，如蚰蜒科、草螽科、蝗科、角蝉科、长奇盲蛛科等仅在枯落物层有发现；幺蚰科、蝉科、球蕈甲科等仅在土壤层有发现；正蚓科、双翅目幼虫、蚁科、地蜈蚣科等随着深度的加深，密度占比逐渐增加；长须螨科、圆䖴科、管蓟马科等随着深度的加深，密度占比逐渐减少。同一类群在不同层中具有不同的多度(优势类群、常见类群、稀有类群)。例如，蚁科在枯落物层、10～20cm 土层和 20～30cm 土层属于常见类群，而在 0～5cm 土层和 5～10cm 土层属于稀有类群；奥甲螨科在枯落物层、0～5cm 土层、5～10cm 土层和 20～30cm 土层都属于常见类群；胭螨科在枯落物层属于常见类群，而在 0～5cm 土层、5～10cm 土层、10～20cm 土层和 20～30cm 土层属于优势类群；铗趴科在枯落物层、0～5cm 土层、5～10cm 土层、10～20cm 土层和 20～30cm 土层都属于稀有类群；球角䖴总科在枯落物层属于稀有类群，在 0～5cm 土层、5～10cm 土层和 20～30cm 土层属于常见类群，而在 10～20cm 土层属于优势类群。

土壤动物功能类群的类群数和密度在不同层间存在差异。捕食性土壤动物在枯落物层、0～5cm 土层、5～10cm 土层、10～20cm 土层和 20～30cm 土层分别捕获 46 个、46 个、31 个、20 个和 13 个类群，每平方米分别达到 941 只、5667 只、1576 只、312 只和 153 只，占总密度的比例分别为 42.01%、42.59%、39.35%、27.11%和 52.93%；腐食性土壤动物在枯落物层、0～5cm 土层、5～10cm 土层、

① 因数据进行了舍入修约，本书部分数据之和可能与总数略有偏差。

10～20cm 土层和 20～30cm 土层分别捕获 22 个、24 个、19 个、13 个和 8 个类群，每平方米分别达到 610 只、4054 只、1532 只、432 只和 61 只，占总密度的比例分别为 27.26%、30.47%、38.25%、37.54%和 21.38%；菌食性土壤动物在枯落物层、0～5cm 土层、5～10cm 土层、10～20cm 土层和 20～30cm 土层分别捕获 12 个、12 个、9 个、5 个和 3 个类群，每平方米分别达到 347 只、2423 只、666 只、322 只和 46 只，占总密度的比例分别为 15.52%、18.21%、16.64%、28.00%和 15.89%；植食性土壤动物在枯落物层、0～5cm 土层、5～10cm 土层、10～20cm 土层和 20～30cm 土层分别捕获 32 个、31 个、17 个、17 个和 10 个类群，每平方米分别达到 212 只、1081 只、189 只、62 只和 18 只，占总密度的比例分别为 9.87%、8.13%、4.73%、5.44%和 6.49%；杂食性土壤动物在枯落物层、0～5cm 土层、5～10cm 土层、10～20cm 土层和 20～30cm 土层分别捕获 11 个、9 个、7 个、6 个和 4 个类群，每平方米分别达到 119 只、80 只、41 只、21 只和 9 只，占总密度的比例分别为 5.34%、0.60%、1.04%、1.91%和 3.31%。

在基于目/亚目分类水平下(表 3-1)，采集的土壤动物隶属于 32 个目/亚目。枯落物层的甲螨亚目(29.35%)、中气门目(26.83%)、弹尾目(13.39%)、前气门亚目(11.06%)为优势类群，密度达到 1749 只 · m^{-2}，占该层土壤动物密度的 80.63%。0～5cm 土层的甲螨亚目(32.58%)、中气门目(28.90%)、弹尾目(21.03%)、前气门亚目(11.41%)为优势类群，密度达到 12221 只 · m^{-2}，占该层土壤动物密度的 93.92%。5～10cm 土层的甲螨亚目(31.90%)、中气门目(31.39%)、弹尾目(24.83%)为优势类群，密度达到 3626 只 · m^{-2}，占该层土壤动物密度的 88.12%。10～20cm 土层的弹尾目(53.94%)、中气门目(24.10%)、甲螨亚目(13.77%)为优势类群，密度达到 1053 只 · m^{-2}，占该层土壤动物密度的 91.88%。20～30cm 土层的中气门目(47.81%)、弹尾目(30.74%)为优势类群，密度达到 227 只 · m^{-2}，占该层土壤动物密度的 78.55%。中气门目和弹尾目在 5 个层次中均有分布，且均为优势类群，盲蛛目、蚰蜒目和等翅目仅在枯落物层有分布。总体来看，在目水平上，土壤动物密度和类群数呈现明显的表聚性，随着深度增加逐渐降低。

3.1.2 土壤动物个体数和类群数空间分布特征

对黄土高原捕获土壤动物个体数和类群数与经纬度的相关性进行回归分析，结果如图 3-1 所示。结果表明：黄土高原总捕获土壤动物个体数随纬度的增加而降低，回归斜率为–163.15 且达到显著的($P<0.001$)线性负相关关系；土壤动物类群数随纬度的增加而降低，回归斜率为–5.51 且达到显著的($P<0.01$)线性负相关关系；土壤动物个体数随经度的增加而增加，回归斜率为 12.24 但未达到显著的($P>0.05$)线性正相关关系；土壤动物类群数随经度的增加而增加，回归斜率为 2.66 但未达到显著的($P>0.05$)线性正相关关系。

表 3-1　基于目/亚目分类水平的土壤动物群落组成

目/亚目	枯落物层			0～5cm 土层			5～10cm 土层			10～20cm 土层			20～30cm 土层		
	密度/(只·m^{-2})	比例/%	多度	密度/(只·m^{-2})	比例/%	多度	密度/(只·m^{-2})	比例/%	多度	密度/(只·m^{-2})	比例/%	多度	密度/(只·m^{-2})	比例/%	多度
正蚓目	0.13	0.01	+	3.68	0.03	+	5.53	0.13	+	1.58	0.14	+	1.05	0.36	+
柄眼目	5.79	0.27	+	7.24	0.06	+	1.05	0.03	+	1.05	0.09	+	0.39	0.14	+
蜘蛛目	7.63	0.35	+	6.71	0.05	+	1.18	0.03	+	0.79	0.07	+	0.26	0.09	+
盲蛛目	0.26	0.01	+	—			—			—			—		
甲螨亚目	636.78	29.35	+++	4238.67	32.58	+++	1312.87	31.90	+++	157.89	13.77	+++	23.03	7.97	++
无气门亚目	125.53	5.79	++	629.39	4.84	++	254.39	6.18	++	39.47	3.44	++	—		
前气门亚目	239.84	11.06	++	1484.65	11.41	+++	157.89	3.84	++	9.87	0.86	+	16.45	5.69	++
中气门目	582.01	26.83	+++	3760.60	28.90	+++	1291.67	31.39	+++	276.32	24.10	+++	138.16	47.81	+++
伪蝎目	6.05	0.28	+	2.76	0.02	+	0.13	<0.01	+	—			—		
等足目	0.66	0.03	+	2.24	0.02	+	0.26	0.01	+	—			—		
姬马陆目	—			1.45	0.01	+	—			0.13	0.01	+			
山蛩目	0.53	0.02	+	0.13	<0.01	+	—			—			—		
球马陆目	6.45	0.30	+	5.66	0.04	+	0.53	0.01	+	0.26	0.02	+	0.39	0.14	+
地蜈蚣目	0.26	0.01	+	1.84	0.01	+	0.79	0.02	+	0.26	0.02	+	0.79	0.27	+
石蜈蚣目	1.45	0.07	+	1.84	0.01	+	0.66	0.02	+	0.39	0.03	+			
蚰蜒目	0.39	0.02	+	—			—			—			—		
蜈蚣目	—			—			0.13	<0.01	+	—			—		
综合目	0.66	0.03	+	4.87	0.04	+	3.29	0.08	+	0.39	0.03	+	0.92	0.32	+

续表

目/亚目	枯落物层			0～5cm 土层			5～10cm 土层			10～20cm 土层			20～30cm 土层		
	密度/(只·m^{-2})	比例/%	多度	密度/(只·m^{-2})	比例/%	多度	密度/(只·m^{-2})	比例/%	多度	密度/(只·m^{-2})	比例/%	多度	密度/(只·m^{-2})	比例/%	多度
蠋蜓目	0.39	0.02	+	0.26	<0.01	+	0.39	0.01	+	—			—		
弹尾目	290.39	13.39	+++	2736.84	21.03	+++	1021.93	24.83	+++	618.42	53.94	+++	88.82	30.74	+++
双尾目	1.32	0.06	+	3.42	0.03	+	1.05	0.03	+	0.39	0.03	+	0.79	0.27	+
等翅目	0.13	0.01	+	—			—			—			—		
直翅目	0.39	0.02	+	0.39	<0.01	+	—			0.13	0.01	+	0.13	0.05	+
虫齿目	3.82	0.18	+	0.53	<0.01	+	0.26	0.01	+	0.26	0.02	+	—		
半翅目	100.92	4.65	++	11.58	0.09	+	6.45	0.16	+	6.71	0.59	+	2.63	0.91	+
缨翅目	36.58	1.69	++	1.71	0.01	+	0.13	<0.01	+	0.26	0.02	+	—		
革翅目	1.05	0.05	+	0.13	<0.01	+	0.26	0.01	+	0.13	0.01	+	—		
鞘翅目成虫	12.76	0.59	+	13.42	0.10	+	2.24	0.05	+	2.24	0.20	+	1.18	0.41	+
鞘翅目幼虫	17.76	0.82	+	15.26	0.12	+	9.21	0.22	+	4.21	0.37	+	2.37	0.82	+
鳞翅目幼虫	17.76	0.82	+	4.08	0.03	+	2.11	0.05	+	0.66	0.06	+	0.13	0.05	+
双翅目幼虫	41.58	1.92	++	9.74	0.07	+	6.05	0.15	+	5.39	0.47	+	3.55	1.23	++
膜翅目	30.13	1.39	++	62.63	0.48	+	34.74	0.84	+	19.34	1.69	++	7.89	2.73	++

注："—"表示未捕获该类群。

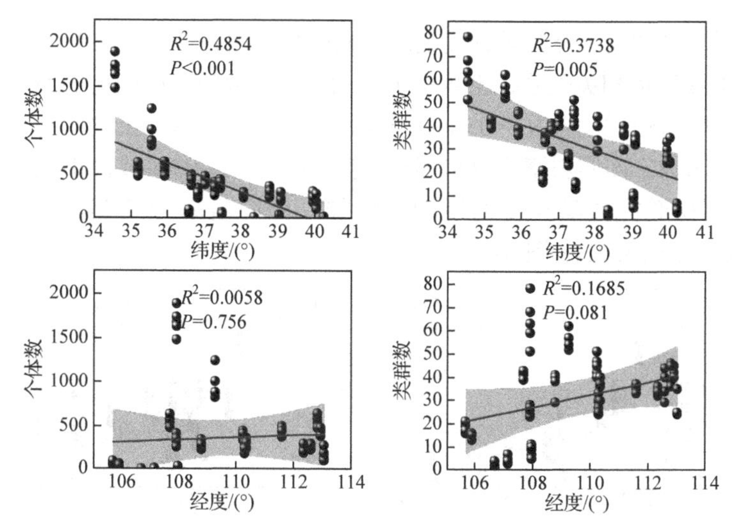

图 3-1　各采样点捕获土壤动物个体数和类群数与经纬度的关系

直线由回归分析拟合而成，阴影表示 95%置信区间，后同

枯落物层捕获土壤动物个体数随纬度的增加而降低，回归斜率为−100.38 且达到显著的(P<0.001)线性负相关关系；枯落物层土壤动物类群数随纬度的增加而降低，回归斜率为−5.18 且达到显著的(P<0.01)线性负相关关系；枯落物层土壤动物个体数随经度的增加而增加，回归斜率为 10.36 但未达到显著的(P>0.05)线性正相关关系；枯落物层土壤动物类群数随经度的增加而增加，回归斜率为 2.23 但未达到显著的(P>0.05)线性正相关关系(图 3-2)。

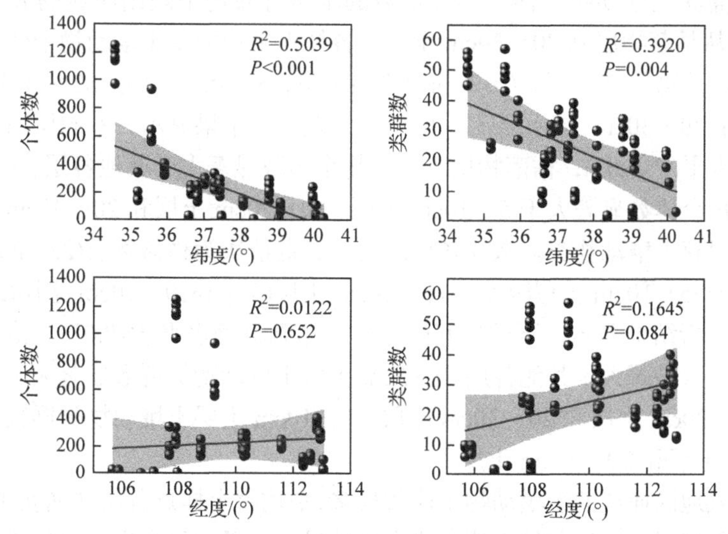

图 3-2　各采样点枯落物层捕获土壤动物个体数和类群数与经纬度的关系

土壤层土壤动物个体数随纬度的增加而降低，回归斜率为–53.17 且达到显著的(P<0.001)线性负相关关系；土壤层土壤动物类群数随纬度的增加而降低，回归斜率为–6.27 且达到显著的(P<0.01)线性负相关关系；土壤层土壤动物个体数随经度的增加而增加，回归斜率为 9.82 但未达到显著的(P>0.05)线性正相关关系；土壤层土壤动物类群数随经度的增加而增加，回归斜率为 2.24 且达到显著的(P<0.05)线性正相关关系(图 3-3)。

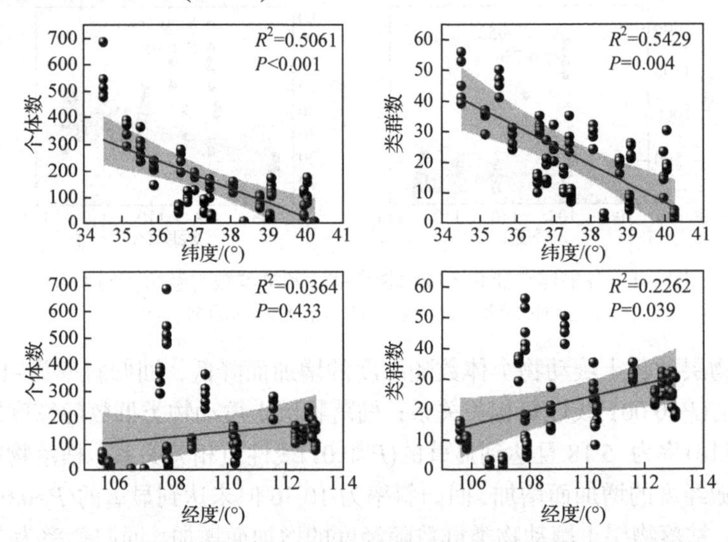

图 3-3 各采样点土壤层捕获土壤动物个体数和类群数与经纬度的关系

本章捕获土壤动物个体数和类群数的垂直分布均呈现出明显的表聚性特征(图 3-4)。从枯落物层到 20～30cm 土层，各样点平均捕获土壤动物个体数由高到低依次为枯落物层(224 只)>0～5cm 土层(97 只)>5～10cm 土层(32 只)>10～20cm 土层(9 只)>20～30cm 土层(3 只)。此外，方差分析结果显示，不同层间的差异性达到显著水平(P<0.05)，枯落物层土壤动物个体数显著大于其他各层，0～5cm 土层土壤动物个体数显著大于 5～10cm 土层、10～20cm 土层和 20～30cm 土层。各样点平均捕获土壤动物类群数在各层间由高到低依次为枯落物层(22 个)>0～5cm 土层(18 个)>5～10cm 土层(9 个)>10～20cm 土层(3 个)>20～30cm 土层(2 个)。此外，方差分析结果显示，不同层间的差异性达到显著水平(P<0.05)，枯落物层土壤动物类群数显著大于其他各层，0～5cm 土层土壤动物类群数显著大于 5～10cm 土层、10～20cm 土层和 20～30cm 土层，5～10cm 土层土壤动物类群数显著大于 10～20cm 土层和 20～30cm 土层。

在扶风地区捕获的土壤动物个体数最多，平均每个样点各层共捕获 1733 只土壤动物；在银川地区捕获的土壤动物个体数最少，平均每个样点仅仅捕获 4 只土壤动物(图 3-5)。各地区平均每个样点捕获土壤动物个体数由大到小依次为：扶

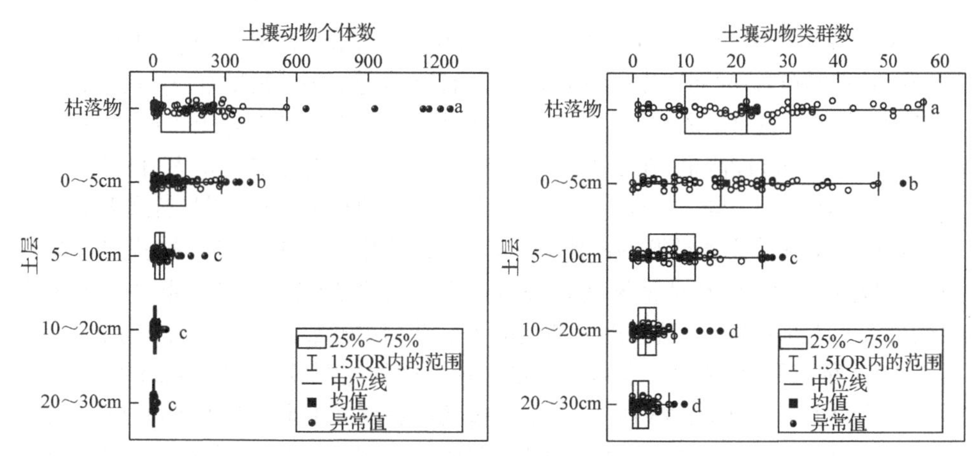

图 3-4　各样点土壤动物个体数和类群数的垂直分布

IQR 表示四分位差；不同小写字母表示不同层间具有显著差异

风(1733)>黄陵(984)>高平(543)>长武(527)>汾西(457)>榆社(432)>绥德(374)>定边(313)>神木(293)>志丹(284)>阳曲(256)>达拉特(249)>朔州(207)>大同(139)>海原(65)>中宁(49)>鄂托克(25)>杭锦旗(14)>银川(4)。在同一地区，每个样点的不同层间土壤动物个体数随着深度增加而降低。方差分析表明，同一地区不同层间个体数具有显著差异(P<0.05)且随着深度而显著降低，在枯落物层和 20～30cm 土层分别具有最大值和最小值，但大同、长武和海原地区的 0～5cm 土层具有最大值。

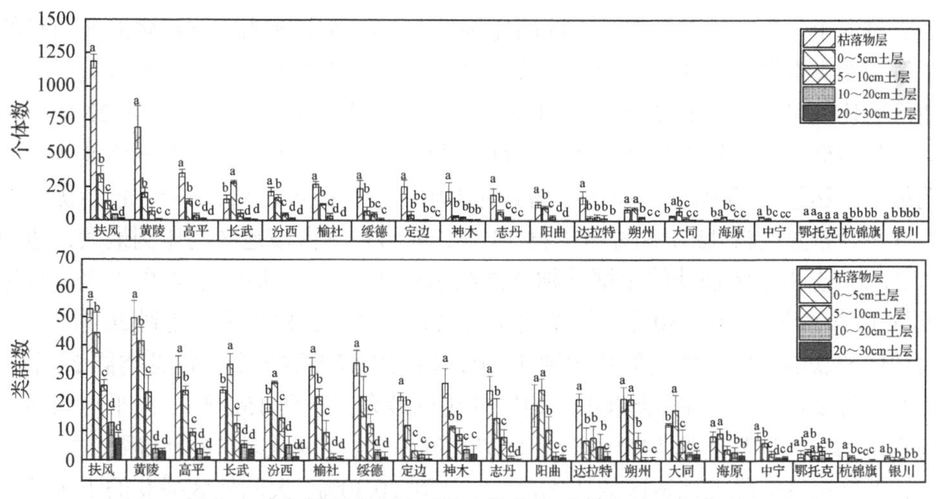

图 3-5　各采样点土壤动物个体数和类群数的垂直分布

在扶风地区捕获的土壤动物类群数最多，平均每个样点各层共捕获 143 个类群；在银川地区捕获的土壤动物类群数最少，平均每个样点仅仅捕获 3 个类群(图 3-5)。各地区平均每个样点捕获土壤动物类群数由大到小依次为：扶风(143)>黄陵(122)>

长武(81)>绥德(73)>高平(72)>汾西(69)>榆社(67)>阳曲(58)>神木(54)>朔州(51)>志丹(49)>达拉特(43)>大同(42)>定边(41)>海原(27)>中宁(19)>鄂托克(13)>杭锦旗(5)>银川(3)。在同一地区，每个样点的不同层间类群数具有显著差异($P<0.05$)，土壤动物类群数随着深度而降低，在枯落物层和20～30cm土层分别具有最大值和最小值，但在汾西、阳曲、大同、海原、鄂托克和长武地区的0～5cm土层具有最大值。

各地区土壤动物各类群的占比分布差异明显(图3-5)。扶风地区捕获的土壤动物类群数达到82个，包括常见类群28个和稀有类群54个，蚁科类群占该地区的比例最大，达到9.49%。黄陵地区捕获的土壤动物类群数达到78个，包括常见类群32个和稀有类群46个，胭螨科类群占该地区的比例最大，达到5.13%。绥德地区捕获的土壤动物类群数达到72个，包括优势类群1个、常见类群20个和稀有类群51个，蚁科类群占该地区的比例最大，达到24.95%。神木地区捕获的土壤动物类群数达到54个，包括优势类群1个、常见类群20个和稀有类群33个，蚁科类群占该地区的比例最大，达到41.29%。达拉特旗地区捕获的土壤动物类群数达到44个，包括优势类群3个、常见类群13个和稀有类群28个，球角䖴总科类群占该地区的比例最大，达到22.36%。定边地区捕获的土壤动物类群数达到42个，包括优势类群2个、常见类群15个和稀有类群25个，蚁科类群占该地区的比例最大，达到27.03%。鄂托克旗地区捕获的土壤动物类群数达到18个，包括优势类群2个、常见类群8个和稀有类群8个，蚁科类群占该地区的比例最大，达到56.36%。银川地区捕获的土壤动物类群数达到6个，包括优势类群3个和常见类群3个，粉螨科类群占该地区的比例最大，达到45.87%。杭锦旗地区捕获的土壤动物类群数达到10个，包括优势类群7个和稀有类群3个，土蝽科类群占该地区的比例最大，达到22.03%。中宁地区捕获的土壤动物类群数达到22个，包括优势类群2个、常见类群12个和稀有类群8个，阿斯甲螨科类群占该地区的比例最大，达到26.39%。海原地区捕获的土壤动物类群数达到27个，包括优势类群3个、常见类群11个和稀有类群13个，蚁科类群占该地区的比例最大，达到31.21%。志丹地区捕获的土壤动物类群数达到47个，包括优势类群3个、常见类群14个和稀有类群30个，胭螨科类群占该地区的比例最大，达到20.71%。汾西地区捕获的土壤动物类群数达到48个，包括优势类群1个、常见类群22个和稀有类群25个，胭螨科类群占该地区的比例最大，达到15.39%。高平地区捕获的土壤动物类群数达到54个，包括优势类群3个、常见类群16个和稀有类群35个，等节䖴科类群占该地区的比例最大，达到20.30%。大同地区捕获的土壤动物类群数达到50个，包括优势类群2个、常见类群19个和稀有类群29个，双翅目幼虫类群占该地区的比例最大，达到17.60%。朔州地区捕获的土壤动物类群数达到45个，包括优势类群1个、常见类群20个和稀有类群24个，等节䖴科类群占该地区的比例最大，达到28.10%。阳曲地区捕获的土壤动物类群数达到56个，包括优势类群 1 个、常见类群 20 个和稀有类群 35 个，胭螨科类群占该地区的比例最大，达到 13.42%。榆社地区捕获的土壤动物类群数达到 52 个，包括优势类群 1 个、常见类群 16 个和稀有类群 35 个，懒甲螨科类群占该地区的比例最大，达到 10.12%。长武地区捕获的土壤动物类群数达到 55 个，包括优势类群 2 个、常见类群 15 个和稀有类群 38 个，胭螨科类群占该地区的比例最大，达到 22.92%。

扶风地区枯落物层捕获土壤动物类群共 73 个，包括常见类群 29 个和稀有类群 44 个，各类群占比为 0.02%～5.42%。黄陵地区枯落物层捕获土壤动物类群共 70 个，包括常见类群 32 个和稀有类群 38 个，各类群占比为 0.04%～7.65%。绥德地区枯落物层捕获土壤动物类群共 56 个，包括优势类群 1 个、常见类群 25 个和稀有类群 30 个，各类群占比为 0.10%～11.61%。神木地区枯落物层捕获土壤动物类群共 43 个，包括优势类群 2 个、常见类群 20 个和稀有类群 21 个，各类群占比为 0.11%～10.46%。达拉特旗地区枯落物层捕获土壤动物类群共 31 个，包括优势类群 3 个、常见类群 19 个和稀有类群 9 个，各类群占比为 0.14%～18.21%。定边地区枯落物层捕获土壤动物类群共 35 个，包括优势类群 3 个、常见类群 13 个和稀有类群 19 个，各类群占比为 0.08%～17.56%。鄂托克旗地区枯落物层捕获土壤动物类群共 6 个，包括优势类群 4 个和常见类群 2 个，各类群占比为 7.14%～28.57%。银川地区枯落物层捕获土壤动物类群共 3 个，包括优势类群 3 个，各类群占比为 16.67%～66.67%。杭锦旗地区枯落物层捕获土壤动物类群共 5 个，包括优势类群 2 个和常见类群 3 个，各类群占比为 2.33%～51.16%。中宁地区枯落物层捕获土壤动物类群共 14 个，包括优势类群 2 个和常见类群 12 个，各类群占比为 2.27%～45.45%。海原地区枯落物层捕获土壤动物类群共 13 个，包括优势类群 3 个和常见类群 10 个，各类群占比为 5.00%～20.00%。志丹地区枯落物层捕获土壤动物类群共 40 个，包括优势类群 3 个、常见类群 14 个和稀有类群 23 个，各类群占比为 0.13%～22.16%。汾西地区枯落物层捕获土壤动物类群共 24 个，包括优势类群 1 个和常见类群 23 个，各类群占比为 1.35%～28.38%。高平地区枯落物层捕获土壤动物类群共 50 个，包括优势类群 2 个、常见类群 12 个和稀有类群 36 个，各类群占比为 0.07%～12.85%。大同地区枯落物层捕获土壤动物类群共 28 个，包括优势类群 3 个、常见类群 13 个和稀有类群 12 个，各类群占比为 0.80%～21.60%。朔州地区枯落物层捕获土壤动物类群共 34 个，包括优势类群 2 个、常见类群 17 个和稀有类群 15 个，各类群占比为 0.20%～23.92%。阳曲地区枯落物层捕获土壤动物类群共 35 个，包括优势类群 2 个、常见类群 17 个和稀有类群 16 个，各类群占比为 0.37%～19.10%。榆社地区枯落物层捕获土壤动物类群共 45 个，包括优势类群 4 个、常见类群 16 个和稀有类群 25 个，各类群占比为 0.07%～15.18%。长武地区枯落物层捕获土壤动物类群共 44 个，包括优势类群 2 个、常见类群 17 个和稀有类群 25 个，各类群占比为 0.15%～18.15%。

扶风地区土壤层捕获的动物类群共 76 个，蚁科类群占比最大，达到 10.58%，巨蟹蛛科、真卷甲螨科、长须螨科、铗虮科、奇蝽科、管蓟马科和花金龟科类群占比相同且最低，仅为 0.05%。黄陵地区土壤层捕获的动物类群共 37 个，胭螨科类群占比最大，达到 6.41%，石蛛科、蒲口螨科、跗线螨科、美绥螨科和象甲科类群占比相同且最低，仅为 0.09%。绥德地区土壤层捕获的动物类群共 53 个，蚁科类群占比最大，达到 27.00%，蟹蛛科、大翼甲螨科、矮蒲螨科、绒螨科、尾足螨科、二爪螨科、美绥螨科、蚱科、长蝽科、球螋科和蜣螂科类群占比相同且最低，仅为 0.19%。神木地区土壤层捕获的动物类群共 36 个，蚁科类群占比最大，达到 46.03%，圆颚蛛科、蟹蛛科、阿斯甲螨科、巨须螨科、植绥螨科、巨螯螨科、穴螨科、地蜈蚣科、石蜈蚣科、铗虮科和鳞翅目幼虫类群占比相同且最低，仅为 0.33%。达拉特旗地区土壤层捕获的动物类群共 35 个，球角䖴总科类群占比最大达到 21.77%，管蛛科、长尾蛛科、阿斯甲螨科、上罗甲螨科、历螨科、囊螨科、美绥螨科、巨螯螨科、穴螨科、驼螽科、猎蝽科、盲蝽科、步甲科和双翅目幼虫类群占比相同且最低，仅为 0.34%。定边地区土壤层捕获的动物类群共 29 个，蚁科类群占比最大，达到 30.96%，蟹蛛科、卵形蛛科、叶螨科、二爪螨科、等节䖴科、圆䖴科、绵蚧科、鳃金龟科、步甲科、天牛科和鳞翅目幼虫类群占比相同且最低，仅为 0.42%。鄂托克地区土壤层捕获的动物类群共 18 个，蚁科类群占比最大，达到 47.52%，蟹蛛科、胭螨科、长角䖴科、蚱科、蝽科、网蝽科、鳃金龟科和步甲科类群占比相同且最低，仅为 0.99%。银川地区土壤层动物类群共 3 个，粉螨科类群占比最大，达到 50%。杭锦旗地区土壤层动物类群共 5 个，土蝽科类群占比最大，达到 33.33%。中宁地区土壤层动物类群共 14 个，阿斯甲螨科类群占比最大，达到 29.09%。海原地区土壤层动物类群共 21 个，蚁科类群占比最大，达到 30.00%，坚齿螺科、蟹蛛科、漏斗蛛科、囊螨科、植绥螨科、美绥螨科和步甲科类群占比相同且最低，仅为 0.71%。志丹地区土壤层动物类群共 28 个，蚁科类群占比最大，达到 23.51%，山蛩科、幺蚣科、棘䖴科、铗虮科、绵蚧科、管蓟马科和隐翅虫科类群占比相同且最低，仅为 0.30%。汾西地区土壤层动物类群共 47 个，胭螨科类群占比最大，达到 15.73%。高平地区土壤层动物类群共 39 个，等节䖴科类群占比最大，达到 20.06%。大同地区土壤层动物类群共 41 个，双翅目幼虫类群占比最大，达到 14.36%，微绒螨科、真足螨科、历螨科、寄螨科、长蝽科、蚜科、长角象甲科和鳞翅目幼虫类群占比相同且最低，仅为 0.26%。朔州地区土壤层动物类群共 36 个，等节䖴科类群占比最大，达到 29.48%，阿斯甲螨科、洼甲螨科、若甲螨科、微绒螨科和象甲科类群占比相同且最低，仅为 0.16%。阳曲地区土壤层动物类群共 43 个，胭螨科类群占比最大，达到 14.03%，管巢蛛科、狼蛛科、平腹珠科、滑珠甲螨科、历螨科、美绥螨科、石蜈蚣科、盲蝽科和叶甲科类群占比相同且最低，仅为 0.23%。榆社地区土壤层捕获的动物类群共 36 个，跗线螨科类群占比最大，达到 10.73%，沙足甲螨科、植绥螨科、巨螯螨科、地蜈蚣科、长角蛛科、铗趴科、蝽科、隐翅虫科、象甲科和鳞翅目幼虫类群占比相同且最低，仅为 0.16%。长武地区土壤层动物类群共 50 个，胭螨科类群占比最大，达到 22.78%，管巢蛛科、狼蛛科、罗甲螨科、巨须螨科、微绒螨科、蝽科和叶甲科类群占比相同且最低，仅为 0.07%。

3.1.3　土壤动物功能类群空间分布特征

捕获的土壤动物根据食性可以分为菌食性(Fu)、杂食性(Om)、植食性(Ph)、捕食性(Pr)和腐食性(Sa)5 类。植食性土壤动物主要取食土壤中的植物根系、地表的枯枝落叶等，捕食性土壤动物主要捕食小的动物和细菌，腐食性土壤动物主要以有机物的碎屑为食，菌食性土壤动物以菌类的子实体、菌丝和孢子等为食，杂食性土壤动物兼有 2～3 种食性。枯落物层的各功能类群个体数与纬度呈现显著的负相关关系(P<0.05)，而与经度并未呈现出显著的线性关系，即个体数随着纬度的增加而降低，随经度的增加无明显的趋势(图 3-6)。在枯落物层，除 Om 类群数与纬度无显著线性关系，其余功能类群的类群数均与纬度呈现显著的负相关关系(P<0.05)；除 Ph 类群数与经度无显著线性关系，其余功能类群的类群数均与经度呈现显著的正相关关系(P<0.05)。0～5cm 土层的各功能类群个体数与纬度呈现显著的负相关关系(P<0.05)，仅 Pr 个体数与经度呈现出显著的正线性关系，即个体

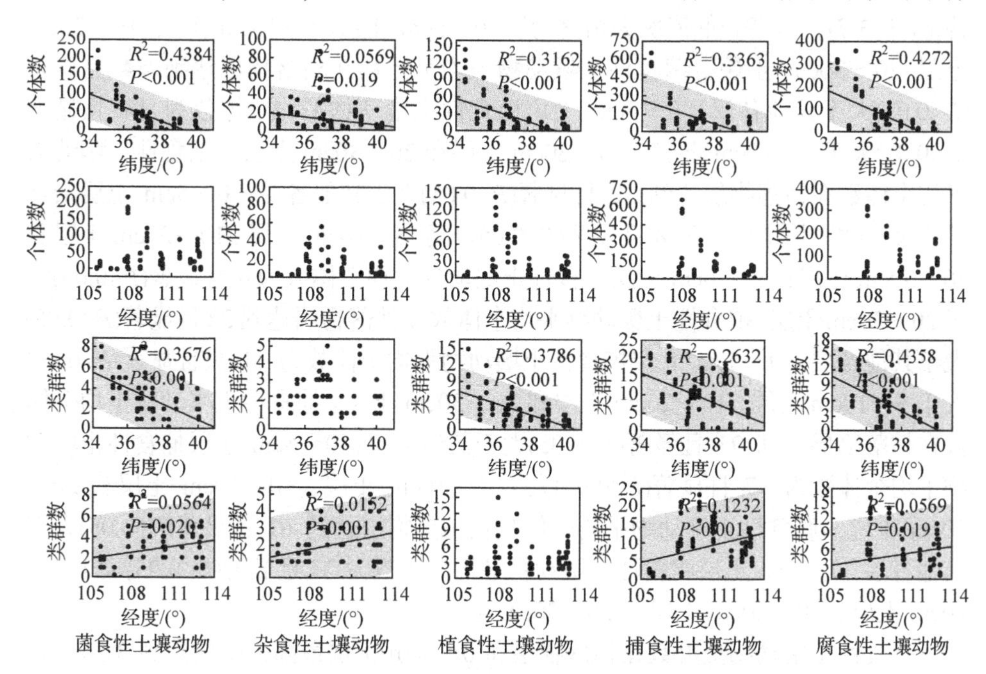

图 3-6　枯落物层功能类群个体数与经纬度的关系

直线由回归分析拟合而成，阴影表示 95%置信区间

数随着经度的增加而增加。0～5cm 土层各功能类群的类群数与纬度呈现显著的负相关关系(P<0.05)，除 Ph、Om 类群数与经度无显著线性关系，其余功能类群的类群数均与经度呈现显著的正相关关系(P<0.05)。

5～10cm 土层的 Om、Ph、Pr、Sa 个体数与纬度呈现显著的负相关关系(P<0.05)，即个体数随着纬度的增加而降低，随经度的增加无明显的趋势，而 Pr 个体数与经度呈现显著的正相关线性关系；各功能类群的类群数均与纬度呈现显著的负相关关系(P<0.05)，仅 Pr、Sa 类群数与经度呈现显著的正相关关系(P<0.05)。10～20cm 土层，Ph、Pr、Sa 个体数与纬度呈现显著的负相关关系(P<0.05)，各类群数与经度均未呈现显著的正线性关系，即个体数随着纬度的增加而降低，随经度的增加无明显的趋势；除 Om 类群数外，其余类群数均与纬度呈现显著的负相关关系(P<0.05)，所有类群数与经度均未呈现显著的相关关系。20～30cm 土层，Fu、Ph、Pr 个体数与纬度呈现显著的负相关关系(P<0.05)，Ph、Sa 个体数与经度呈现显著的正线性关系(P<0.05)；除 Om 类群数外，其余类群数均与纬度呈现显著的负相关关系(P<0.05)，所有类群数与经度均未呈现显著的相关关系。

研究区内各采样点平均土壤动物功能类群个体数和类群数在不同层间具有显著差异(P<0.05)。菌食性(Fu)、杂食性(Om)、植食性(Ph)、捕食性(Pr)和腐食性(Sa)土壤动物个体数和类群数均表现出随深度的增加而降低和明显的“表聚性”分布特征(图 3-7)，由高到低依次为枯落物层>0～5cm 土层>5～10cm 土层>10～20cm 土层>20～30cm 土层。菌食性土壤动物平均个体数在枯落物层达到 34 且显著(P<0.05)大于其他各层；0～5cm 土层菌食性土壤动物平均个体数为 14 且显著(P<0.05)大于 5～10cm 土层、10～20cm 土层和 20～30cm 土层。杂食性土壤动物平均个体数在枯落物层达到 12 且显著(P<0.05)大于其他各层；0～5cm 土层杂食性土壤动物平均个体数为 8 且显著(P<0.05)大于 5～10cm 土层、10～20cm 土层和 20～30cm 土层；5～10cm 土层杂食性土壤动物平均个体数为 4 且显著(P<0.05)大于 20～30cm 土层。植食性土壤动物平均个体数在枯落物层达到 22 且显著(P<0.05)大于其他各层；0～5cm 土层植食性土壤动物平均个体数为 11 只且显著(P<0.05)大于 5～10cm 土层、10～20cm 土层和 20～30cm 土层。捕食性土壤动物平均个体数在枯落物层达到 95 且显著(P<0.05)大于其他各层；0～5cm 土层捕食性土壤动物平均个体数为 37 且显著(P<0.05)大于 5～10cm 土层、10～20cm 土层和 20～30cm 土层。腐食性土壤动物平均个体数在枯落物层达到 61 且显著(P<0.05)大于其他各层；0～5cm 土层腐食性土壤动物平均个体数为 27 且显著(P<0.05)大于 5～10cm 土层、10～20cm 土层和 20～30cm 土层。

菌食性土壤动物类群数在枯落物层和 0～5cm 土层最高，平均达到 3 和 2 且显著(P<0.05)大于其他各层；5～10cm 土层菌食性土壤动物平均类群数为 1 且显著(P<0.05)大于 10～20cm 土层和 20～30cm 土层。杂食性土壤动物类群数在枯落

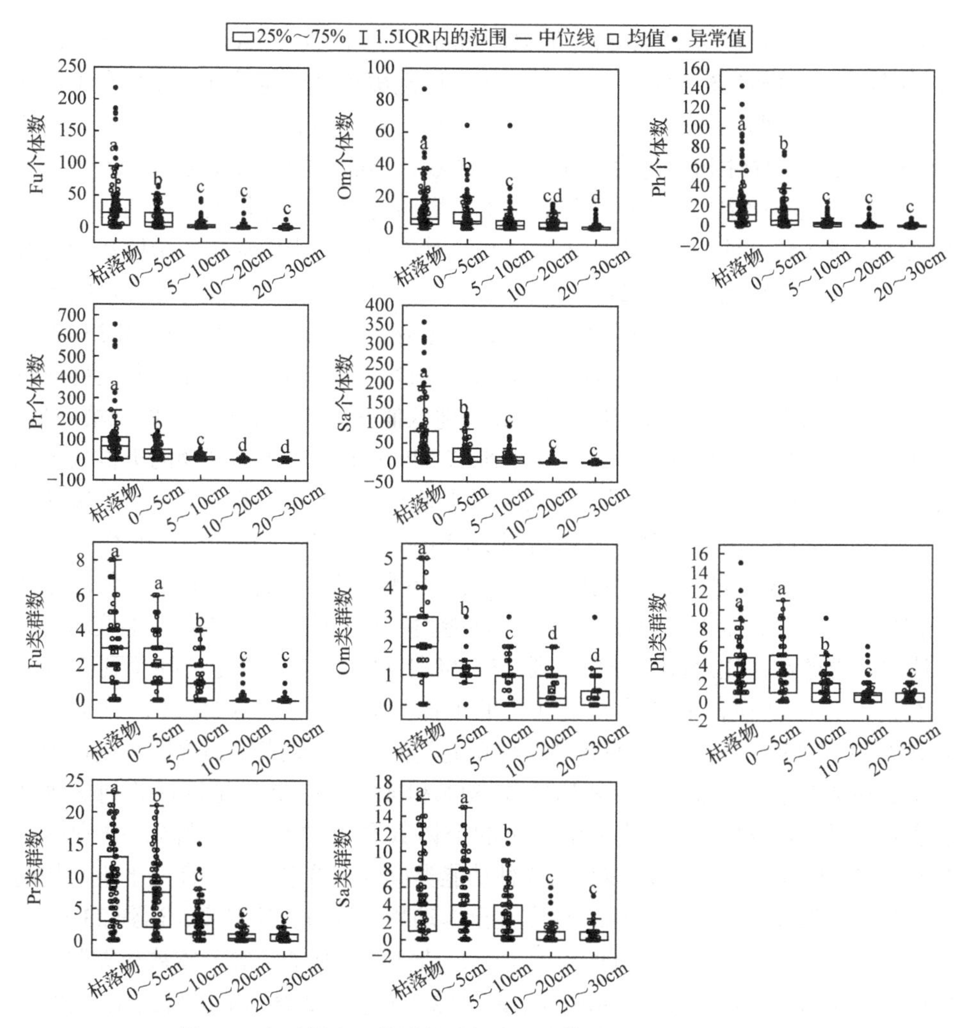

图 3-7　各采样点土壤动物功能类群个体数和类群数垂直分布

物层最高，平均达到 2 且显著(P<0.05)大于其他各层；0～5cm 土层杂食性土壤动物平均类群数为 1 且显著(P<0.05)大于 5～10cm 土层、10～20cm 土层和 20～30cm 土层；5～10cm 土层杂食性土壤动物平均类群数为 1 且显著(P<0.05)大于 10～20cm 土层和 20～30cm 土层。植食性土壤动物类群数在枯落物层和 0～5cm 土层最高，平均达到 4 和 3 且显著(P<0.05)大于其他各层；5～10cm 土层植食性土壤动物类群数平均为 2 且显著(P<0.05)大于 10～20cm 土层和 20～30cm 土层。捕食性土壤动物类群数在枯落物层最大，平均达到 9 且显著(P<0.05)大于其他各层；0～5cm 土层捕食性土壤动物类群数平均为 7 且显著(P<0.05)大于 5～10cm 土层、10～20cm 土层和 20～30cm 土层。腐食性土壤动物类群数在枯落物层和 0～5cm 土层最大，平均达到 5 且显著(P<0.05)大于其他各层；5～10cm 土层腐食性土壤动物

类群数平均为 3 且显著($P<0.05$)大于 10～20cm 土层和 20～30cm 土层。此外，通过双因素方差分析比较地点、土层对黄土高原土壤动物功能类群个体数和类群数的影响，结果表明：地点、土层、地点与土层交互作用对黄土高原菌食性、腐食性、植食性、捕食性和杂食性土壤动物个体数和类群数均具有显著影响($P<0.05$)。

各地区土壤动物功能类群个体数和类群数占比分布差异较大。在枯落物层，扶风地区捕获到 5 种功能类群的土壤动物，其中捕食性土壤动物的个体数和类群数占比最高，分别达到 48.42%和 37.80%。长武地区捕获到 5 种功能类群的土壤动物，捕食性土壤动物的个体数和类群数占比最高，分别达到 40.09%和 36.73%。黄陵地区捕获到 5 种功能类群的土壤动物，捕食性土壤动物的个体数和类群数占比最高，分别达到 40.54%和 30.10%。高平地区捕获到 5 种功能类群的土壤动物，腐食性土壤动物的个体数占比最高，达到 47.33%；捕食性土壤动物的类群数占比最高，达到 40.00%。海原地区捕获到 5 种功能类群的土壤动物，捕食性土壤动物的个体数和类群数占比最高，分别达到 24.56%和 32.35%。汾西地区捕获到 5 种功能类群的土壤动物，捕食性土壤动物的个体数和类群数占比最高，分别达到 35.83%和 32.47%。志丹地区捕获到 5 种功能类群的土壤动物，捕食性土壤动物的个体数和类群数占比最高，分别达到 27.53%和 42.27%。榆社地区捕获到 5 种功能类群的土壤动物，捕食性土壤动物的个体数和类群数占比最高，分别达到 35.00%和 34.35%。定边地区捕获到 5 种功能类群的土壤动物，捕食性土壤动物的个体数和类群数占比最高，分别达到 52.81%和 42.53%。绥德地区捕获到 5 种功能类群的土壤动物，捕食性土壤动物的个体数和类群数占比最高，分别达到 45.05%和 45.08%。中宁地区捕获到 5 种功能类群的土壤动物，菌食性土壤动物的个体数占比最高，达到 52.59%；植食性土壤动物类群数占比最高，达到 33.33%。阳曲地区捕获到 5 种功能类群的土壤动物，捕食性土壤动物的个体数和类群数占比最高，分别达到 45.08%和 54.67%。银川地区捕获到 3 种功能类群的土壤动物，杂食性土壤动物的个体数和类群数占比最高，分别达到 66.67%和 66.67%。神木地区捕获到 5 种功能类群的土壤动物，捕食性土壤动物的个体数和类群数占比最高，分别达到 59.59%和 57.27%。鄂托克旗地区捕获到 2 种功能类群的土壤动物，植食性土壤动物的个体数和类群数占比最高，分别达到 57.14%和 60.00%。朔州地区捕获到 5 种功能类群的土壤动物，捕食性土壤动物的个体数和类群数占比最高，分别达到 38.04%和 32.95%。达拉特旗地区捕获到 5 种功能类群的土壤动物，捕食性土壤动物的个体数和类群数占比最高，分别达到 53.06%和 48.81%。大同地区捕获到 5 种功能类群的土壤动物，植食性土壤动物的个体数占比最高，达到 40.74%；捕食性土壤动物的类群数占比最高，达到 41.67%。杭锦旗地区捕获到 2 种功能类群的土壤动物，杂食性土壤动物的个体数和类群数占比最高，分别达到 55.56%和 50.00%。

3.1.4　土壤动物群落多样性特征

黄土高原土壤动物多样性指数(*H*)在各层间均表现出随纬度增加而降低的趋势，且在枯落物层、0～5cm 土层具有显著(P<0.05)的线性负相关性关系(图 3-8)。在 0～5cm 土层和 5～10cm 土层，土壤动物多样性指数随经度的增加而增加，具有显著(P<0.05)的线性正相关性关系；10～20cm 土层和 20～30cm 土层土壤动物多样性指数随经度未表现出显著的变化趋势。黄土高原土壤动物均匀度指数(*E*)在各层间随经纬度的变化均未表现出显著的变化趋势。黄土高原土壤动物优势度指数(*C*)在各层间均表现出随纬度增加而增加的趋势，且在 0～5cm 土层具有显著

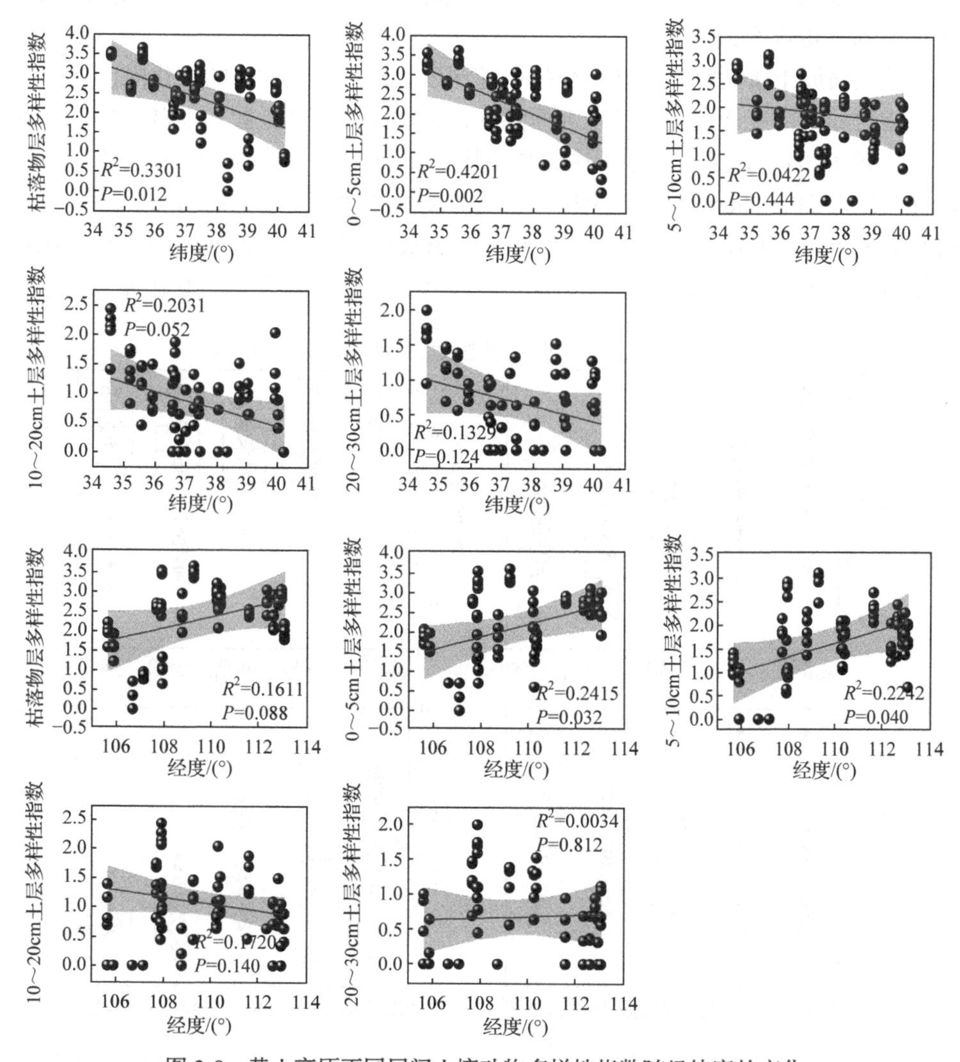

图 3-8　黄土高原不同层间土壤动物多样性指数随经纬度的变化

(P<0.05)的线性正相关性关系。在枯落物层和 0～5cm 土层，土壤动物优势度指数随经度的增加而降低，且具有显著(P<0.05)的线性负相关性关系；在 5～10cm 土层、10～20cm 土层和 20～30cm 土层，土壤动物优势度指数随经度的增加而降低，但未表现出显著的变化趋势。黄土高原土壤动物丰富度指数(D)在各层间均表现出随纬度增加而降低的趋势，且在枯落物层、0～5cm 土层、5～10cm 土层、10～20cm 和 20～30cm 土层具有显著(P<0.05)的线性负相关性关系。各层的土壤动物丰富度指数随经度变化未表现出显著的变化趋势。通过对黄土高原不同经纬度土壤动物多样性特征指数进行分析，发现黄土高原由南向北土壤动物群落结构逐渐变得简单和分布不均，由西向东土壤动物群落结构逐渐变得复杂，多样性水平也逐渐提高。

黄土高原土壤动物多样性特征指数随深度表现出不同程度的变化(图 3-9)。多样性指数和丰富度指数随深度增加而降低，且层间多样性指数和丰富度指数具有显著差异(P<0.05)，从大到小依次为枯落物层>0～5cm 土层>5～10cm 土层>10～20cm 土层>20～30cm 土层。土壤动物优势度指数随深度增加而增加，且层间具有显著差异(P<0.05)，从大到小依次为 20～30cm 土层>10～20cm 土层>5～10cm 土层>0～5cm 土层>枯落物层。土壤动物均匀度指数随深度变化不显著。通过对

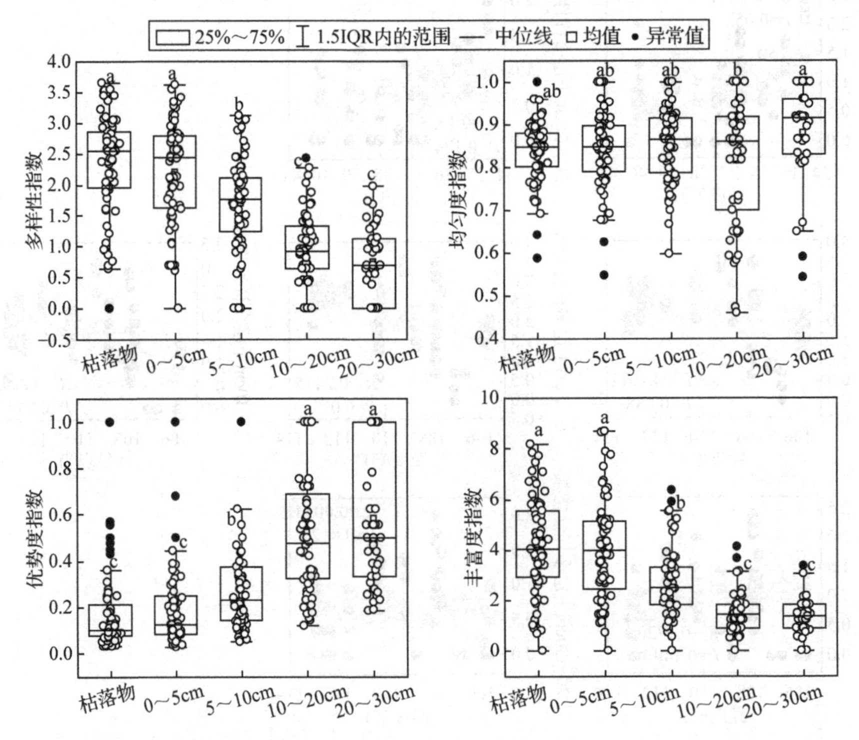

图 3-9 黄土高原土壤动物多样性指数、均匀度指数、优势度指数和丰富度指数的垂直分布

不同深度土壤动物多样性特征指数进行分析，发现土壤动物在枯落物层的群落分布较为均匀、群落较为复杂和多样性水平最高，随着深度增加而逐渐降低。此外，采用双因素方差分析比较地点、土层对黄土高原土壤动物多样性指数、均匀度指数、优势度指数和丰富度指数的影响，结果表明：地点、土层、地点与土层交互作用对黄土高原土壤动物多样性指数、均匀度指数、优势度指数和丰富度指数均具有显著影响(P<0.05)。

3.2　土壤动物群落特征对土壤、植被和气候因子的响应

3.2.1　土壤动物群落特征与环境因子的回归分析

黄土高原 19 个地区 95 个样地的土壤动物总密度和总类群数与土壤、植被、气候等因子的回归分析结果如图 3-10～图 3-13 所示。结果表明：土壤动物密度随着土壤含水量(soil water contents，SWC)、土壤电导率(electric conductivity，EC)、土壤有机碳含量(SOC)、土壤全氮含量(TN)、土壤全磷含量(TP)和土壤速效磷含量(AP)的增加而增加，且呈现显著的正相关关系(P<0.05)；随着土壤容重(soil bulk density，SBD)和 pH 的增加而降低，且呈现出显著的负相关关系(P<0.05)。土壤动物类群数随着 SWC、EC、SOC、TN、TP 和 AP 的增加而增加，且呈现出显著的正相关关系(P<0.05)，而随着 SBD 和 pH 的增加而减少，且呈现出显著的负相关关系(P<0.05)。各样地土壤动物总密度随枯落物生物量(litter biomass，LBM)、枯落物有机碳含量(LOC)、枯落物全氮含量(LTN)、枯落物全磷含量(LTP)、空气温度(TEM)和降水量(PRE)的增加而增加，且呈现出显著的正相关关系(P<0.05)，土壤动物总类群数也随 LBM、LOC、LTN、LTP、TEM 和 PRE 的增加而增加，且呈现出显著的正相关关系(P<0.05)。

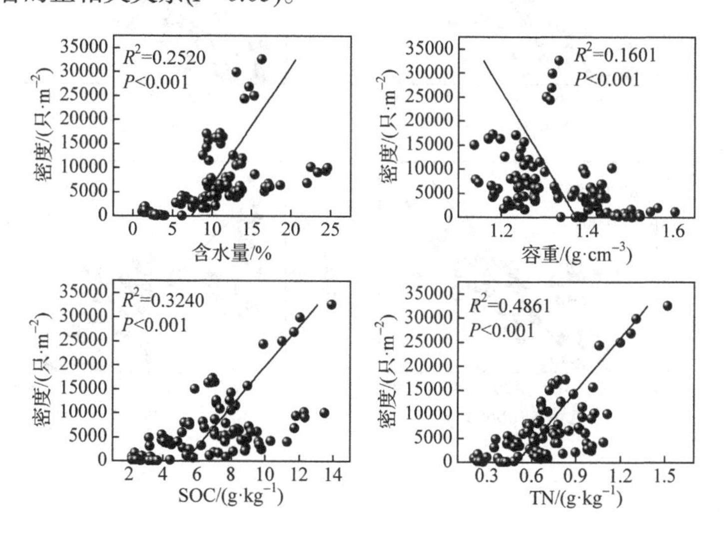

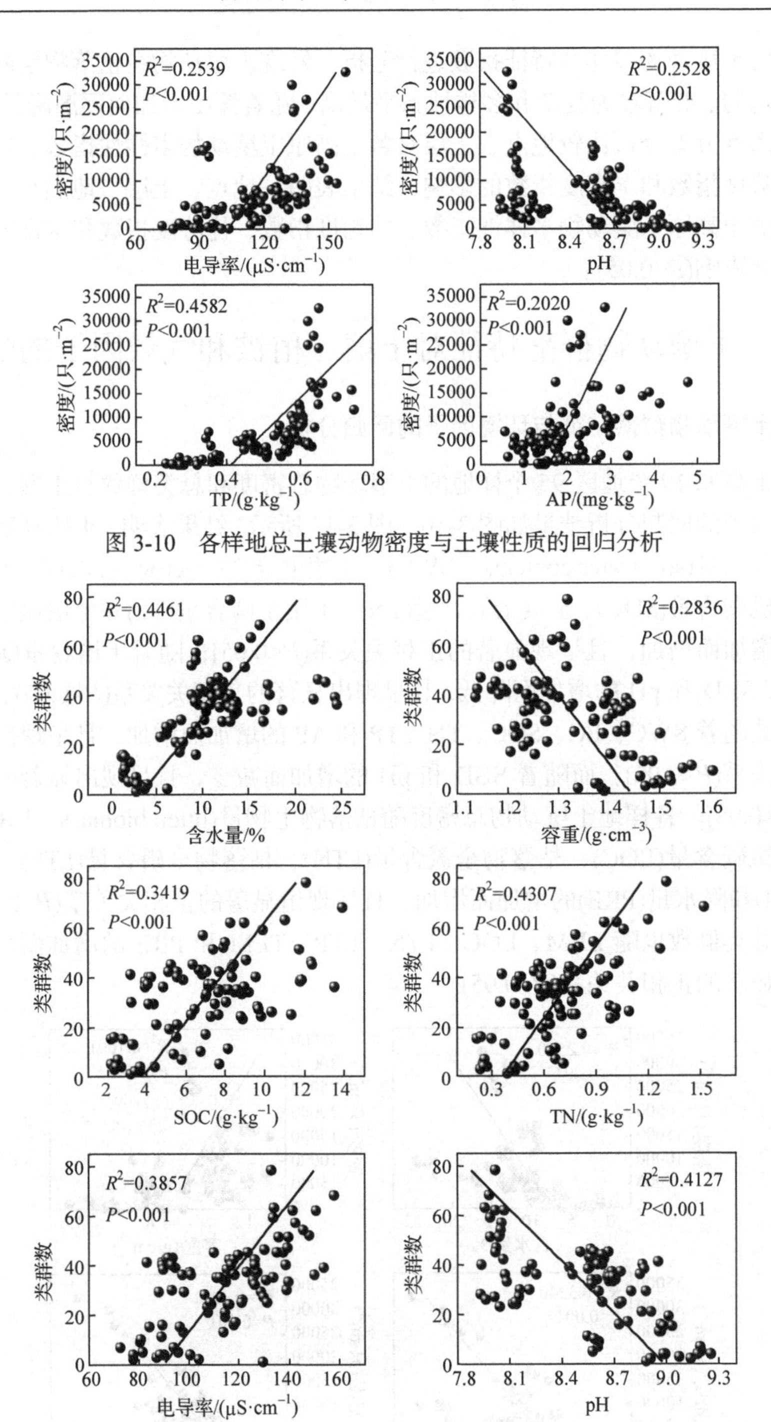

图 3-10　各样地总土壤动物密度与土壤性质的回归分析

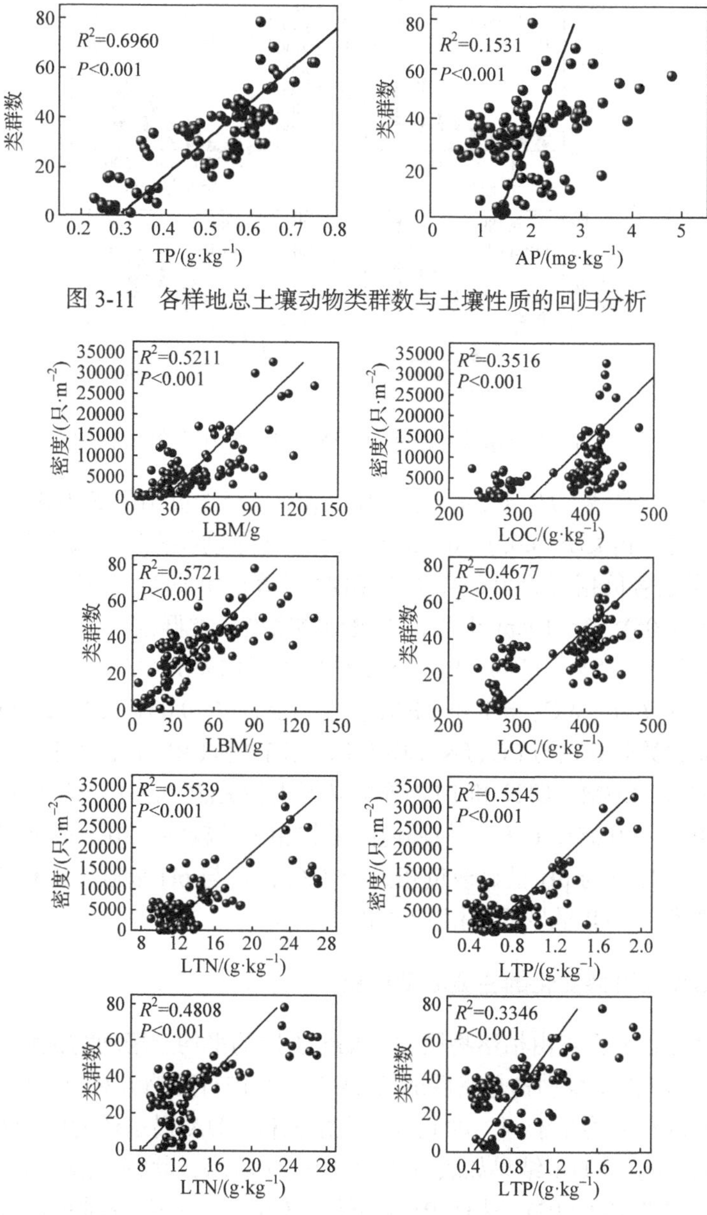

图 3-11　各样地总土壤动物类群数与土壤性质的回归分析

图 3-12　总土壤动物密度和类群数与枯落物因子的回归分析

3.2.2　土壤动物群落特征与环境因子相关性分析

对研究区内土壤动物群落特征与环境因子进行相关性分析，结果如图 3-14 所示。黄土高原土壤动物密度和类群数与 SBD 和 pH 呈显著负相关(P<0.05)，与 SWC、SOC、TN、LOC、LTN、TEM 等呈显著正相关(P<0.05)。在枯落物层，土

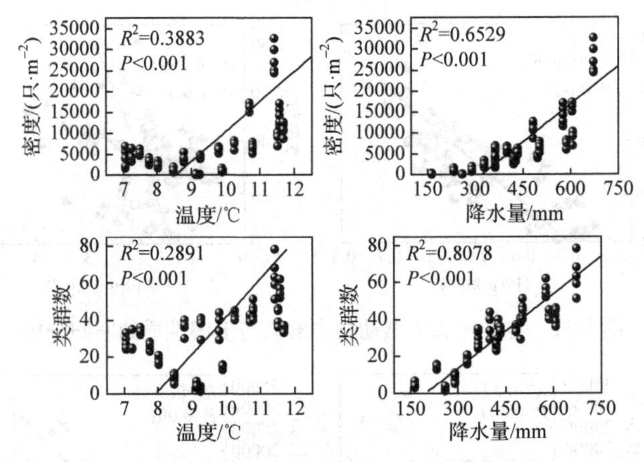

图 3-13 总土壤动物密度和类群数与气候因子的回归分析

壤动物密度、类群数、*H*、*C*、*D* 与 SBD、pH 呈显著负相关($P<0.05$)，与其他环境因子呈显著正相关($P<0.05$)。0～5cm 土层，土壤动物密度、类群数、*H*、*D* 与 SBD、pH 呈显著负相关($P<0.05$)，*C* 与 SBD 显著正相关($P<0.05$)，*E* 仅与 LTN 显著正相关($P<0.05$)。5～10cm 土层，土壤动物密度、类群数、*H*、*D* 与 SBD、pH 呈显著负相关($P<0.05$)，*C* 与 SBD、pH 呈显著正相关($P<0.05$)，*E* 与环境因子的相关性较弱且仅与 SWC、pH 和 LBM 存在显著性($P<0.05$)。10～20cm 土层，土壤动物密度和类群数仅与 EC、TN、LBM、LTN、LTP 和 PRE 呈显著正相关($P<0.05$)，*H* 和 *D* 与 TN、LBM、LTN 和 LTP 等呈显著正相关($P<0.05$)，密度和 *H* 仅与 pH 呈显著负相关($P<0.05$)，*C* 和 *E* 与环境因子的相关性较弱。20～30cm 土层，土壤动物类群数、*H*、*D* 与 pH 呈显著负相关($P<0.05$)，*C* 与 pH 呈显著正相关($P<0.05$)，土壤动物密度与 LTP 呈显著正相关($P<0.05$)。

3.2.3 土壤动物群落变化的主要驱动因素

黄土高原各采样点由枯落物层到 30cm 土层的平均土壤动物优势类群和常见类群共 28 个，占土壤动物总密度的 87.43%。在进行降趋势对应分析(DCA)后，排序坐标轴的长度均小于 4，因此选用冗余分析(RDA)揭示环境因子对土壤动物群落组成的影响。RDA 结果如表 3-2 和图 3-15 所示，蒙特卡洛检验得到所有轴均达到显著水平($P=0.002$)，表明 RDA 可信度较高。第一排序轴可以解释 38.58% 的土壤动物群落变化，第二排序轴解释了 7.85%。向前选择的结果表明：PRE 对土壤动物群落变化的解释度最高，达到 36.9%，除了 LBM、SBD 和 LOC，其余因素对群落变化的解释度均达到显著水平($P<0.05$)。与第一排序轴相关性较大的是 PRE，与第二排序轴相关性较大的是 pH。土壤动物对不同环境因素的响应不同，土壤动物群落与 SBD、pH 存在显著的负相关关系，表明多数类群偏好于土

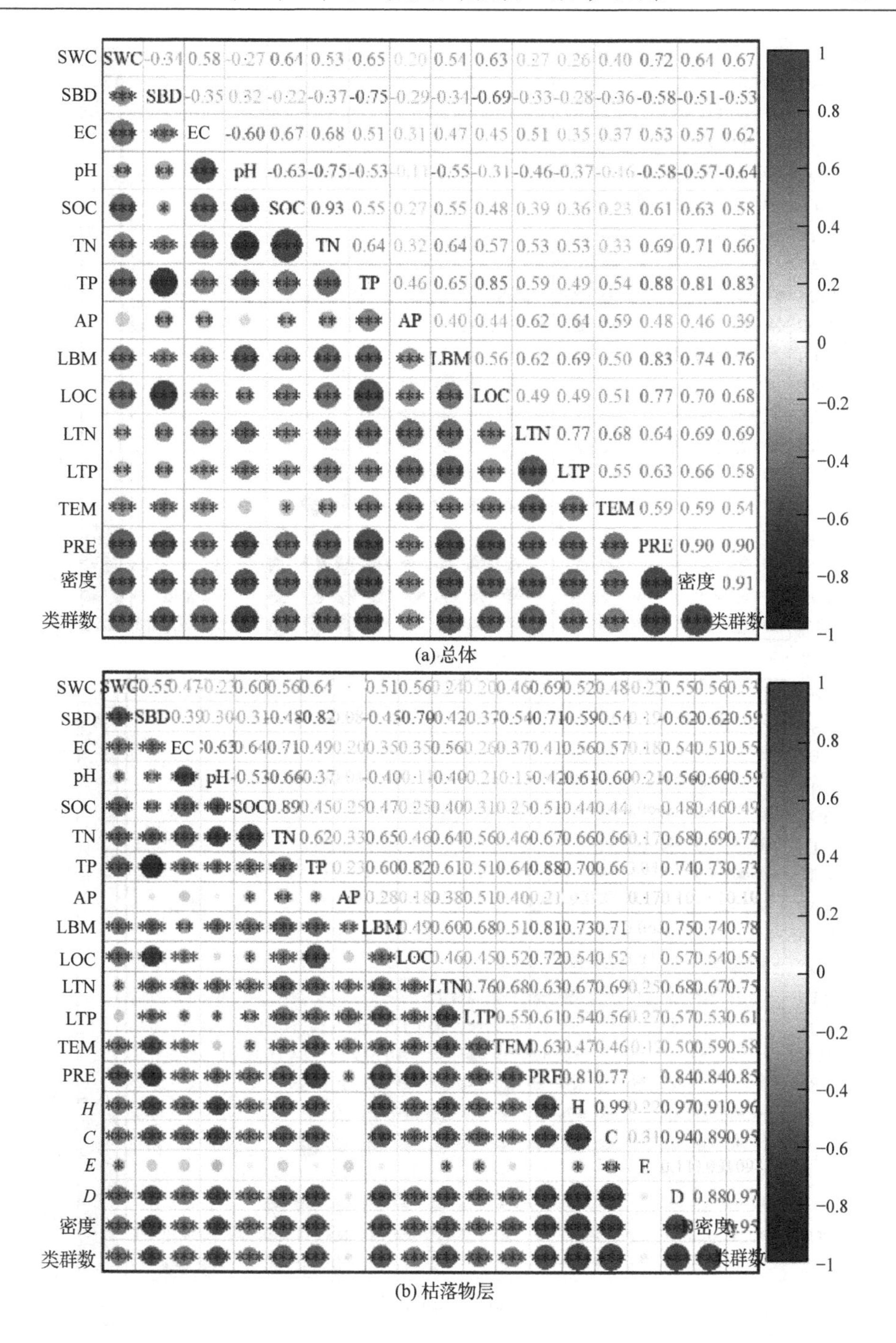
SWC
SBD
EC
pH
SOC
TN
TP
AP
LBM
LOC
LTN
LTP
TEM
PRE
密度
类群数
1
0.8
0.6
0.4
0.2
0
−0.2
−0.4
−0.6
−0.8
−1
(a) 总体

SWC
SBD
EC
pH
SOC
TN
TP
AP
LBM
LOC
LTN
LTP
TEM
PRE
H
C
E
D
密度
类群数
1
0.8
0.6
0.4
0.2
0
−0.2
−0.4
−0.6
−0.8
−1
(b) 枯落物层

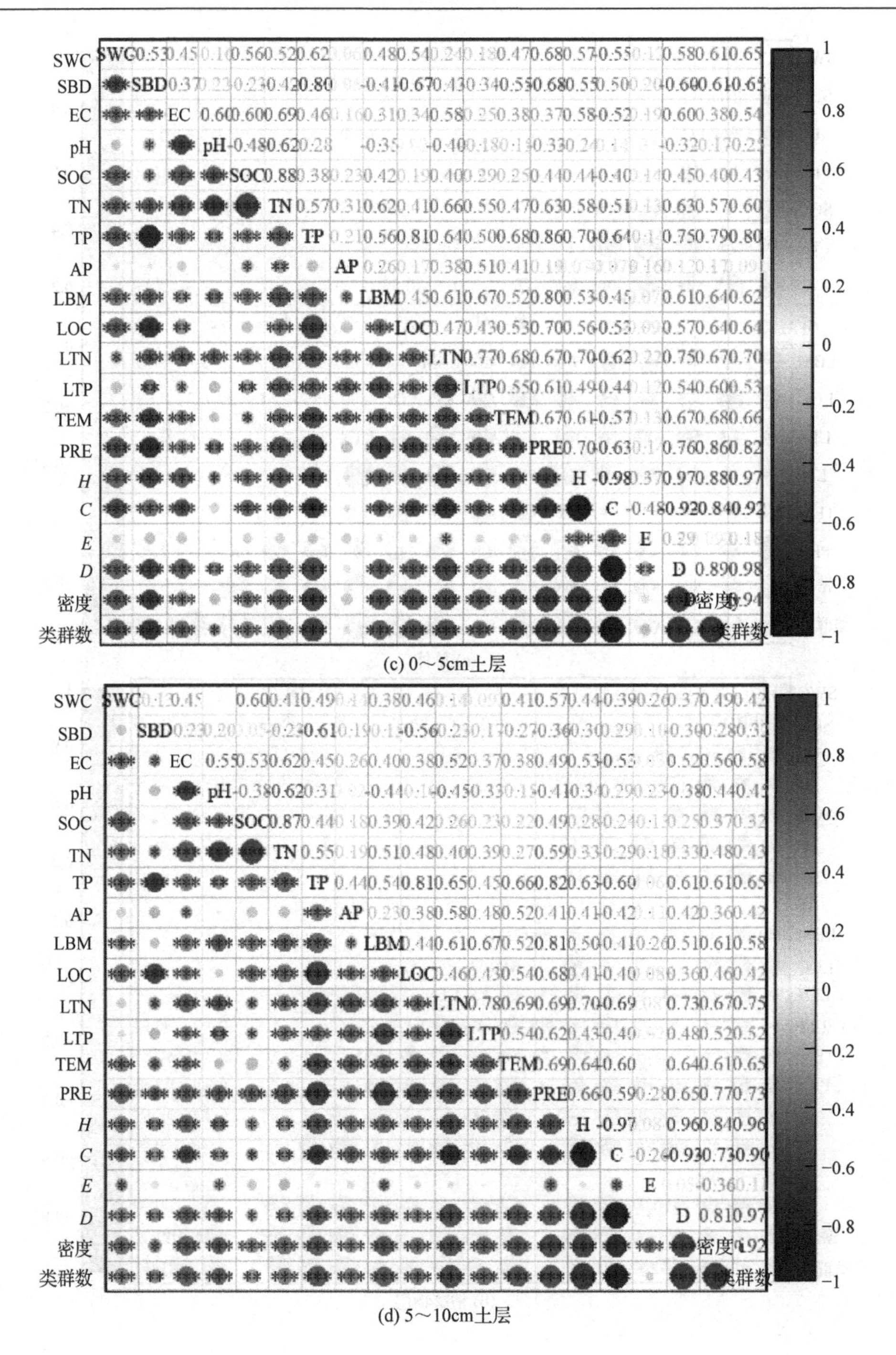

(c) 0～5cm土层

(d) 5～10cm土层

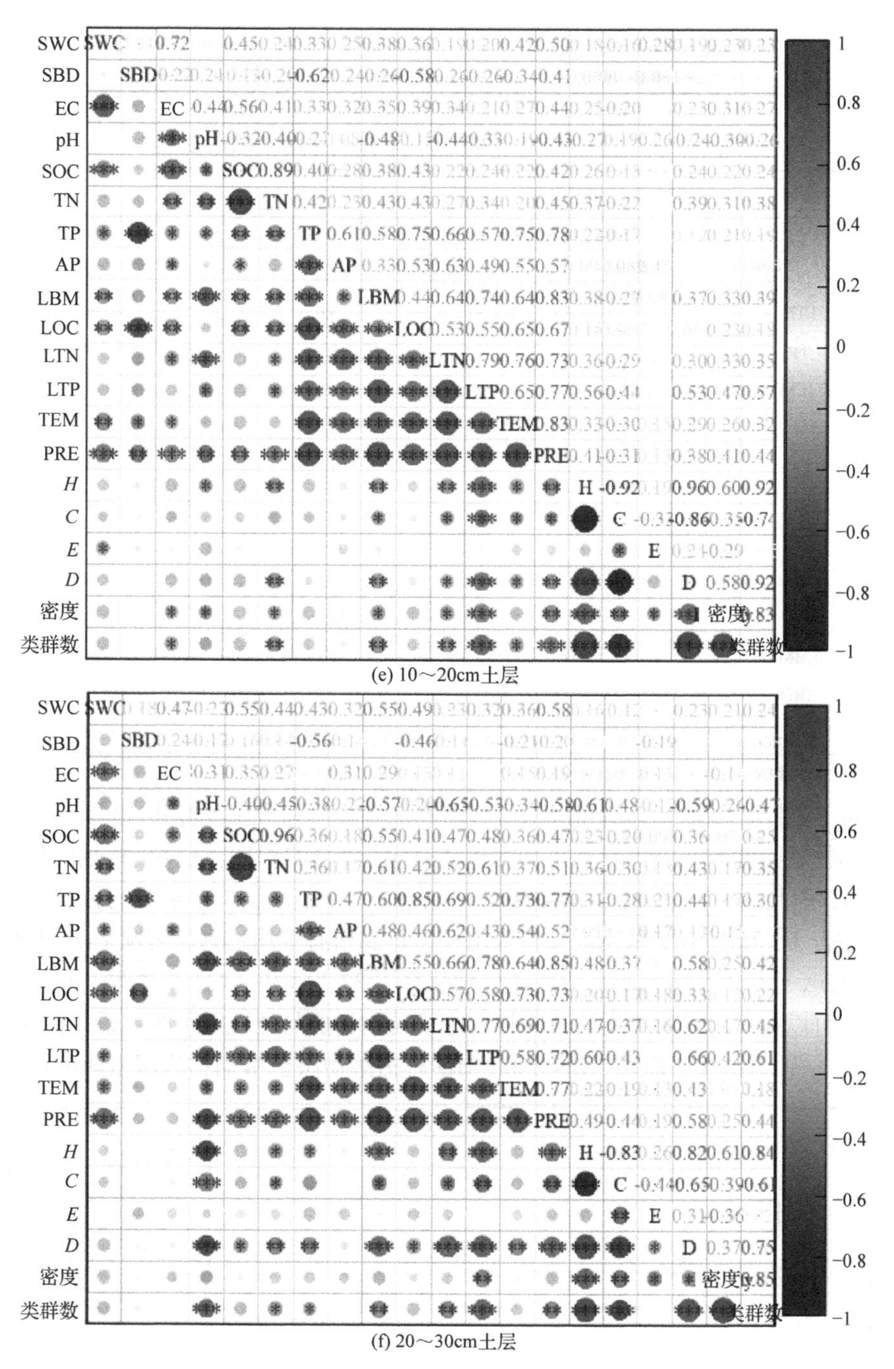

(e) 10～20cm土层

(f) 20～30cm土层

图3-14　土壤动物群落特征与环境因子相关性分析

壤疏松、偏中性或微酸性的环境，而与 PRE、TP、SWC 等环境因素表现出正相关关系，这表明土壤动物群落更加偏好分布在水分养分充足的生境中。

表 3-2　环境因子对总土壤动物类群组成影响的 RDA 结果

指标	解释度/%	贡献度/%	P
PRE	36.9	57.7	0.002
pH	4.9	7.6	0.002
LTN	3.8	5.9	0.002
TP	3.6	5.7	0.002
TEM	2.6	4.1	0.002
SWC	2.6	4.0	0.002
TN	2.6	4.0	0.002
SOC	1.5	2.3	0.004
LTP	1.1	1.8	0.028
AP	1.2	1.8	0.016
EC	1.0	1.6	0.048
LBM	0.8	1.3	0.154
SBD	0.8	1.2	0.132
LOC	0.7	1.1	0.258

黄土高原各采样点枯落物层的土壤动物优势类群和常见类群共 30 个，占该层土壤动物总密度的 82.10%。在进行降趋势对应分析(DCA)后，排序坐标轴的长度均小于 4，因此选用冗余分析(RDA)揭示环境因子对土壤动物群落组成的影响。RDA 结果如表 3-3 和图 3-15 所示，蒙特卡洛检验得到所有轴均达到显著水平(P=0.002)，表明 RDA 分析可信度较高。前两轴分别解释了 37.79%和 7.44%的类群与环境关系信息，可以在一定程度上反映枯落物层土壤动物类群与环境因子的关系。在 14 个环境因子中，仅 EC、LOC、LBM 和 SBD 对枯落物层土壤动物群落组成的影响不

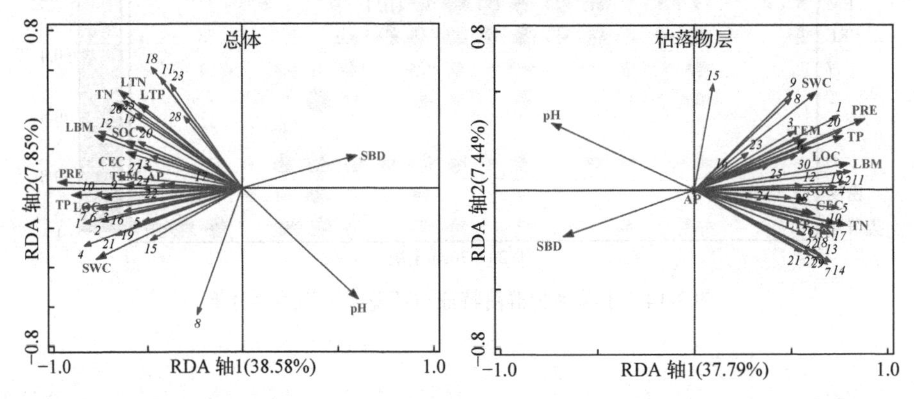

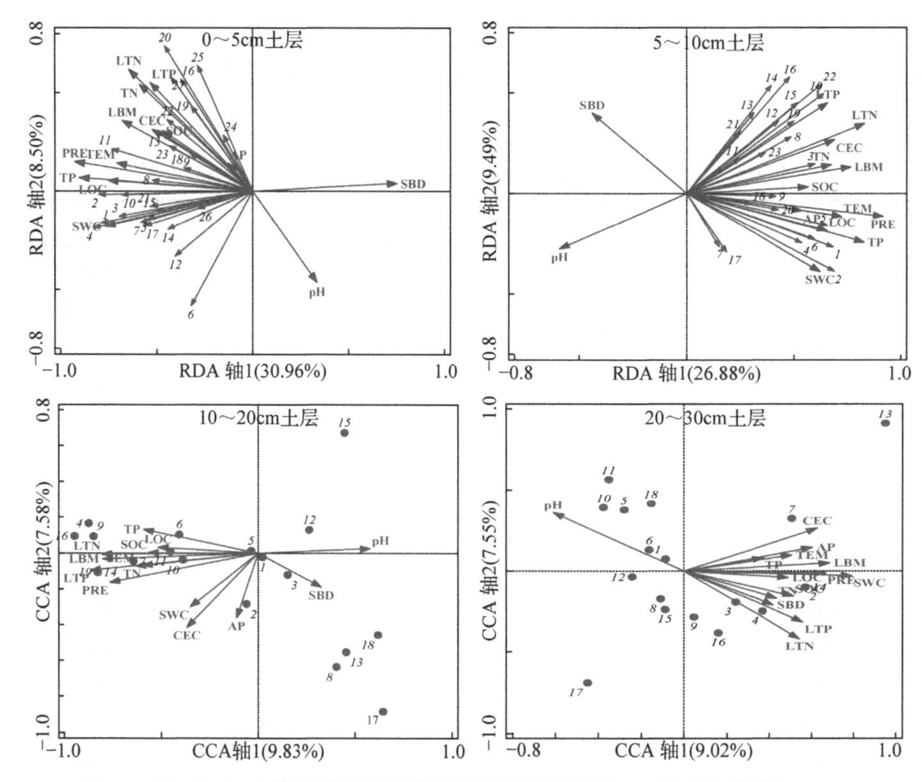

图 3-15　土壤动物群落组成与环境因子关系的 RDA/CCA 排序

总体：1-胭螨科；2-等节䖴科；3-奥甲螨科；4-厚历螨科；5-粉螨科；6-懒甲螨科；7-上罗甲螨科；8-跗线螨科；9-大翼甲螨科；10-单翼甲螨科；11-棘䖴科；12-长角䖴科；13-垂盾甲螨科；14-历螨科；15-长须螨科；16-囊螨科；17-球角䖴总科；18-短角䖴科；19-阿斯甲螨科；20-植绥螨科；21-洼甲螨科；22-圆䖴科；23-绿圆䖴科；24-蠊螨科；25-土革螨科；26-微绒螨科；27-罗甲螨科；28-土䖴科。枯落物层：1-厚历螨科；2-懒甲螨科；3-粉螨科；4-单翼甲螨科；5-奥甲螨科；6-囊螨科；7-土革螨科；8-洼甲螨科；9-长须螨科；10-胭螨科；11-长角䖴科；12-等节䖴科；13-历螨科；14-垂盾甲螨科；15-跗线螨科；16-绵蚧科；17-微绒螨科；18-植绥螨科；19-大翼甲螨科；20-阿斯甲螨科；21-棘䖴科；22-双翅目幼虫；23-管蓟马科；24-蚁科；25-蒲口螨科；26-巨须螨科；27-短角䖴科；28-圆䖴科；29-二爪螨科；30-罗甲螨科。0～5cm 土层：1-胭螨科；2-等节䖴科；3-奥甲螨科；4-厚历螨科；5-粉螨科；6-跗线螨科；7-懒甲螨科；8-大翼甲螨科；9-垂盾甲螨科；10-单翼甲螨科；11-上罗甲螨科；12-长须螨科；13-历螨科；14-阿斯甲螨科；15-囊螨科；16-棘䖴科；17-洼甲螨科；18-圆䖴科；19-长角䖴科；20-短角䖴科；21-蠊螨科；22-植绥螨科；23-土革螨科；24-球角䖴总科；25-绿圆䖴科；26-矮蒲螨科；27-微绒螨科。5～10cm 土层：1-胭螨科；2-上罗甲螨科；3-等节䖴科；4-懒甲螨科；5-奥甲螨科；6-厚历螨科；7-粉螨科；8-长角䖴科；9-植绥螨科；10-棘䖴科；11-罗甲螨科；12-历螨科；13-球角䖴总科；14-土䖴科；15-短角䖴科；16-绿圆䖴科；17-洼甲螨科；18-囊螨科；19-圆䖴科；20-翼甲螨科；21-巨须螨科；22-伪圆䖴科；23-滑珠甲螨科。10～20cm：1-胭螨科；2-等节䖴科；3-球角䖴总科；4-棘䖴科；5-上罗甲螨科；6-长角䖴科；7-短角䖴科；8-粉螨科；9-绿圆䖴科；10-历螨科；11-奥甲螨科；12-懒甲螨科；13-厚历螨科；14-土䖴科；15-蚁科；16-圆䖴科；17-滑珠甲螨科；18-二爪螨科；19-伪圆䖴科。20～30cm 土层：1-胭螨科；2-棘䖴科；3-等节䖴科；4-长角䖴科；5-厚历螨科；6-跗线螨科；7-奥甲螨科；8-蚁科；9-上罗甲螨科；10-历螨科；11-球角䖴总科；12-双翅目幼虫；13-大翼甲螨科；14-罗甲螨科；15-微绒螨科；16-维螨科；17-二爪螨科；18-植绥螨科

显著(P>0.05)，剩余 10 个因子均显著影响土壤动物群落。此外，PRE 对土壤动物群落变化的解释度最高，达到 30.6%。在 RDA 的排序图中可以看出，pH 和 SBD 与

土壤动物类群和其他环境因子表现出显著的负相关关系，而 TN、PRE 和 LTN 等均与大部分类群呈正相关关系。这些结果说明土壤动物对不同环境因素的响应不同，多数动物类群偏好于土壤疏松、偏中性或微酸性和水分养分充足的生境。

表 3-3　环境因子对枯落物层土壤动物类群组成影响的 RDA 结果

指标	解释度/%	贡献度/%	*P*
PRE	30.6	49.8	0.002
pH	8.1	13.1	0.002
LTN	4.5	7.4	0.002
SWC	3.0	5.0	0.002
AP	2.5	4.1	0.002
TP	2.1	3.5	0.002
TEM	2.1	3.5	0.002
TN	1.8	3.0	0.002
SOC	1.4	2.3	0.008
LTP	1.2	2.0	0.034
EC	1.1	1.7	0.052
LOC	1.0	1.6	0.068
LBM	1.0	1.6	0.100
SBD	0.9	1.5	0.116

黄土高原各采样点 0～5cm 土层的土壤动物优势类群和常见类群共 27 个，占该层土壤动物总密度的 88.25%。在排序分析前，先进行降趋势对应分析(DCA)，排序坐标轴的长度均小于 4，因此选用冗余分析(RDA)揭示环境因子对土壤动物群落组成的影响。RDA 结果如表 3-4 和图 3-15 所示，蒙特卡洛检验得到所有轴均达到显著水平(P=0.002)，表明 0～5cm 土层的排序结果可以置信。第一排序轴和第二排序轴分别解释了 30.96%和 8.50%的类群与环境关系。向前选择的结果表明：PRE 对土壤动物群落变化的解释度最高，达到 27.0%，除了 AP、LOC、SBD 和 LBM，其余因子对群落变化的解释度均达到显著水平(P<0.05)。土壤动物类群主要在第一排序轴的负半轴附近密集分布，与 PRE、TP、SWC 等环境因素表现出正相关关系，而与 SBD 和 pH 呈显著的负相关关系。

表 3-4　环境因子对 0～5cm 土层土壤动物类群组成影响的 RDA 结果

指标	解释度/%	贡献度/%	*P*
PRE	27.0	49.6	0.002
LTN	4.8	8.8	0.002
pH	3.6	6.7	0.002

续表

指标	解释度/%	贡献度/%	P
LTP	3.2	5.8	0.002
TEM	2.6	4.8	0.004
SWC	2.3	4.2	0.002
TP	2.1	3.8	0.006
TN	1.7	3.2	0.006
SOC	1.6	2.9	0.020
EC	1.6	2.9	0.018
AP	1.3	2.3	0.054
LOC	1.0	1.8	0.176
SBD	0.9	1.6	0.206
LBM	0.9	1.6	0.308

黄土高原各采样点 5～10cm 土层的土壤动物优势类群和常见类群共 23 个，占该层土壤动物总密度的 88.5%。在进行降趋势对应分析(DCA)后，排序坐标轴的长度均小于 4，因此选用冗余分析(RDA)揭示环境因子对土壤动物群落组成的影响。RDA 结果如表 3-5 和图 3-15 所示，蒙特卡洛检验得到所有轴均达到显著水平(P=0.002)，表明 RDA 可信度较高。前两个轴分别解释了 26.88%和 9.49%的类群与环境关系信息，可以在一定程度上反映枯落物层土壤动物类群与环境因子的关系。在 14 个环境因子中，仅 SOC、pH、TN、LBM 和 LOC 对 5～10cm 土层土壤动物群落组成的影响不显著(P>0.05)，剩余 9 个因子均显著影响土壤动物群落。此外，PRE 对土壤动物群落变化的解释度最高，达到 23.0%。从 RDA 的排序图中可以看出，土壤动物主要分布在第一排序轴的正半轴，这与环境因子的分布较为一致，LTP、PRE 和 LTN 等均与大部分类群呈正相关关系，pH 和 SBD 与土壤动物类群和其他环境因子表现出显著的负相关关系。

表 3-5　环境因子对 5～10cm 土层土壤动物类群组成影响的 RDA 结果

指标	解释度/%	贡献度/%	P
PRE	23.0	45.5	0.002
LTN	6.6	13.0	0.002
TEM	2.9	5.7	0.002
LTP	2.8	5.5	0.002
AP	2.1	4.2	0.010
EC	1.9	3.7	0.012
SBD	1.8	3.5	0.020

续表

指标	解释度/%	贡献度/%	*P*
SWC	1.9	3.7	0.008
TP	1.6	3.1	0.022
SOC	1.3	2.6	0.076
pH	1.4	2.7	0.060
TN	1.3	2.5	0.112
LBM	1.2	2.5	0.108
LOC	0.8	1.7	0.412

黄土高原各采样点 10～20cm 土层的土壤动物优势类群和常见类群共 19 个，占土壤动物总密度的 93.42%。在排序分析前，先进行降趋势对应分析(DCA)，排序坐标轴的长度均大于 4，因此选用典范对应分析(CCA)揭示环境因子对土壤动物群落组成的影响。经过蒙特卡洛检验，第一排序轴(P=0.016)和所有轴均达到显著水平(P=0.002)，表明 10～20cm 土层的排序结果可以置信(表 3-6)。第一排序轴和第二排序轴上类群与环境因子的相关性分别为 0.8845 和 0.8020，且第一排序轴和第二排序轴分别解释了 9.83%和 7.58%的类群与环境关系。向前选择的结果表明：LTP 对土壤动物群落变化的解释度最高，达到 8.4%，LTP、SBD、AP 和 EC 对群落变化的解释度均达到显著水平(P<0.05)，而其余因子对群落变化的解释度均未达到显著水平(P>0.05)。在排序图中聚集程度较高的类群，其对环境的需求程度是相近的，如历螨科、奥甲螨科、土蛛科和伪圆蛛科等类群分布在 PRE、LTP、LTN、TP 和 TEM 等环境因子附近，表明这些类群与这些环境因子具有正相关关系，或者说这些类群偏向于生存在这些环境因子较高的区域。在排序图中分布离散的类群或者远离环境因子的类群，对这些环境因子的需求程度较低，如粉螨科、厚历螨科、滑珠甲螨科和二爪螨科等类群，几乎不受 PRE、LTP、LTN、TP 和 TEM 等环境因子的影响。

表 3-6 环境因子对 10～20cm 土层土壤动物类群组成影响的 CCA 结果

指标	解释度/%	贡献度/%	*P*
LTP	8.4	19.0	0.002
SBD	4.7	10.6	0.008
AP	3.8	8.7	0.034
EC	3.6	8.1	0.028
SOC	3.0	6.8	0.054
SWC	3.0	6.7	0.082
TN	2.9	6.4	0.114

续表

指标	解释度/%	贡献度/%	P
PRE	2.6	5.8	0.146
LTN	3.1	7.0	0.060
TEM	2.2	5.0	0.214
LOC	2.3	5.2	0.188
pH	2.5	5.7	0.114
TP	1.2	2.7	0.728
LBM	1.0	2.3	0.816

黄土高原各采样点 20～30cm 土层的土壤动物优势类群和常见类群共 18 个，占土壤动物总密度的 95.91%。在排序分析前，先进行降趋势对应分析(DCA)，排序坐标轴的长度均大于 4，因此选用典范对应分析(CCA)揭示环境因子对土壤动物群落组成的影响。前两个轴分别解释了 9.02%和 7.55%的类群与环境关系信息，可以在一定程度上反映枯落物层土壤动物类群与环境因子的关系(表 3-7)。在 14 个环境因子中，仅 SWC、PRE 和 LTN 对 20～30cm 土层土壤动物群落组成的影响显著(P<0.05)，剩余 11 个因子对群落变化的解释度均未达到显著水平(P>0.05)。此外，SWC 对土壤动物群落变化的解释度最高，达到 6.7%。从 CCA 排序图中可以看出，土壤动物群落离散分布，仅棘䖴科、等节䖴科和长角䖴科类群分布在 SWC、LTN、LTP 和 TP 等环境因子附近，并与这些环境因子具有正相关关系；双翅目幼虫、大翼甲螨科、微绒螨科、维螨科和二爪螨科等类群的分布远离环境因子，因此这些类群几乎不受 SWC、LTN、LTP 和 TP 等环境因子的影响。

表 3-7　环境因子对 20～30cm 土层土壤动物类群组成影响的 CCA 结果

指标	解释度/%	贡献度/%	P
SWC	6.7	14.1	0.002
SBD	4.0	8.3	0.060
PRE	4.4	9.3	0.014
LTN	4.3	9.1	0.048
LBM	3.9	8.1	0.082
AP	3.5	7.4	0.122
EC	3.0	6.3	0.194
pH	3.2	6.6	0.132
TP	2.8	5.8	0.222
LOC	2.8	6.0	0.198
LTP	2.8	5.8	0.244

续表

指标	解释度/%	贡献度/%	P
TN	1.4	2.9	0.796
SOC	3.7	7.7	0.094
TEM	1.2	2.6	0.880

变差分解(VPA)结果表明(图 3-16)，土壤因素、枯落物因素和气候因素共同解释了黄土高原各采样点总体土壤动物群落的 30.70%，土壤因素的解释率最大(25.51%)，其次是气候因素(13.07%)纯枯落物因素(12.59%)。在枯落物层，土壤因素、枯落物因素和气候因素共同解释了土壤动物群落的 30.22%，土壤因素对土壤动物群落的解释率大于枯落物因素和气候因素，仅土壤因素的解释率为 23.45%，三种因素的共同解释率为 5.09%。在 0～5cm 土层，三种因素共解释了土壤动物群落 23.66%，土壤因素的解释率最大(18.18%)，其次是枯落物因素(11.42%)和气候因素(10.48%)。在 5～10cm 土层，土壤因素、枯落物因素和气候因素共同解释了土壤动物群落的 23.89%，土壤因素对土壤动物群落的解释率大于枯落物因素和气候因素，仅土壤因素的解释率为 20.47%，三种因素的共同解释率为 8.08%。在 10～20cm 土层，三种因素共解释了土壤动物群落的 16.81%，土壤因素的解释率最大(11.77%)，其次是枯落物因素(4.81%)和气候因素(4.52%)。在 20～30cm 土层，土壤因素、枯落物因素和气候因素共同解释了土壤动物群落的 7.53%，枯落物因素对土壤动物群落的解释率大于土壤因素和气候因素，仅枯落物因素的解释率为 2.53%，但这三种因素没有共同解释部分(如果环境因素的解释率<0，则说明环境因素数据对群落数据变化的解释率比使用随机变量的解释率还低，分析时解释率当作 0 处理)。

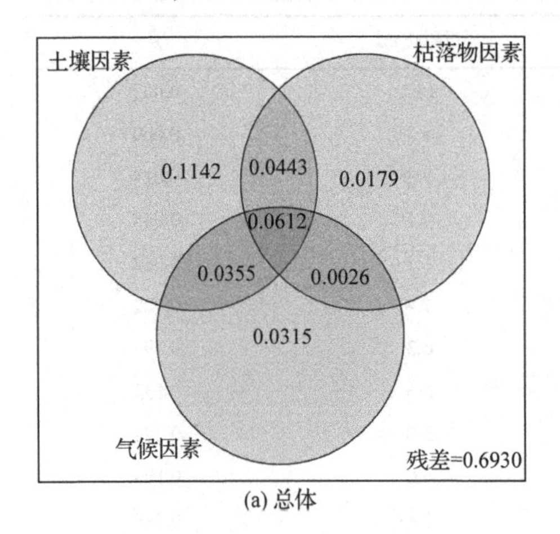

(a) 总体

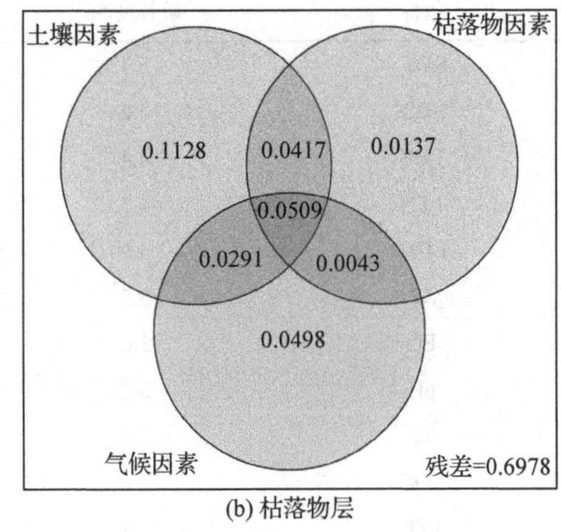

(b) 枯落物层

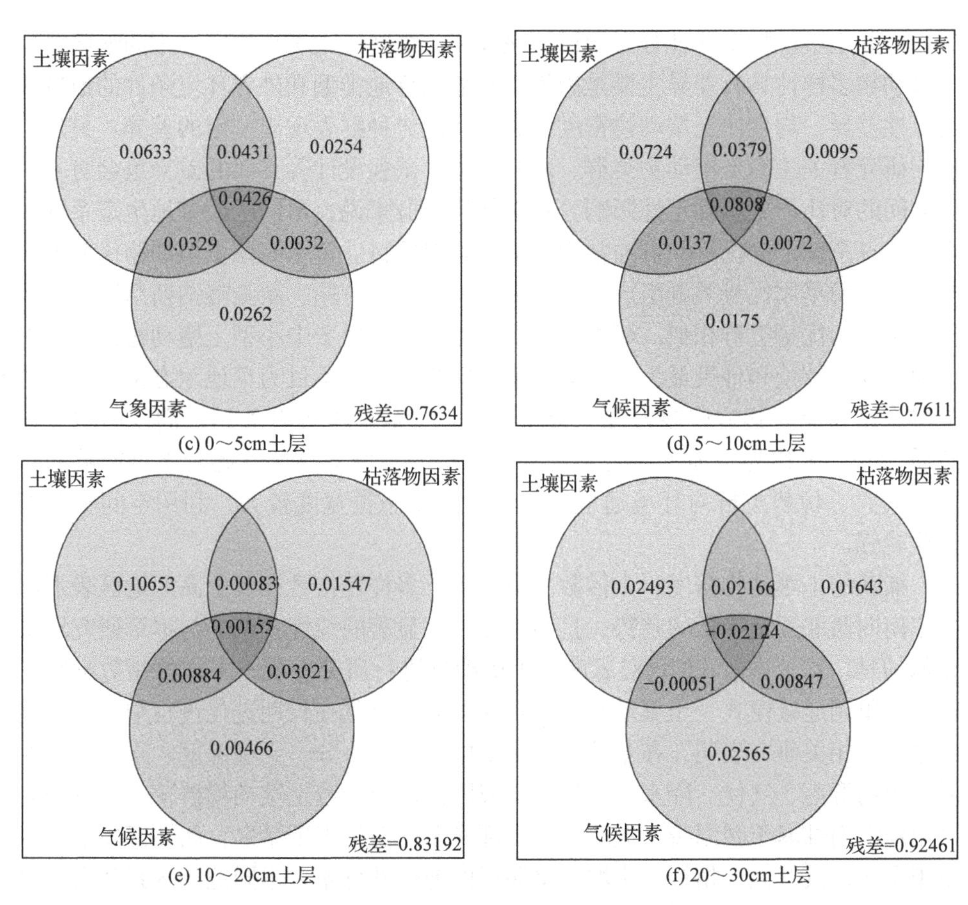

(c) 0～5cm土层　(d) 5～10cm土层

(e) 10～20cm土层　(f) 20～30cm土层

图 3-16　土壤动物群落与土壤因素、枯落物因素和气候因素的变差分解结果

土壤动物的个体数、类群数和多样性指数能够客观反映土壤动物组成、群落结构、功能和分布差异性。本章在黄土高原地区从枯落物层到 30cm 深土层共采集土壤动物 26925 只，隶属 3 门 10 纲 28 目 131 科，密度达到 20732 只 · m^{-2}。在目级水平上，优势类群为甲螨亚目、中气门目、弹尾目；在科级水平上，优势类群为腘螨科(附表 1 和表 3-1)。研究区土壤动物的密度远小于东北小兴安岭林区和长白山林区、亚热带鼎湖山和天童山林区、热带尖峰岭林区，与草地生态系统相比，大于呼伦贝尔草地、青藏高原东南缘高寒草地、内蒙古科尔沁沙质草地、内蒙古典型草原、河北塞罕坝草甸、广东南雄红层盆地草地、松嫩沙地天然草地，但小于三江源区人工草地、新疆库尔德宁国家级自然保护区草地。已有研究证实，土壤动物分布受到植被类型、土壤、气候等环境因素的影响，不同类型的植被形成不同的微环境，由此形成不同的土壤动物群落。相比森林系统，草地植被结构简单，植被覆盖度较低，植物盖度、密度和枯落物层厚度与土壤动物数量呈正相

关，因此土壤动物多样性分布规律一般表现为森林区大于草原区。不同地区草地土壤动物多样性具有差异主要是因为不同地区草地类型和外界环境条件的地带或地区性差异，均会使土壤动物密度、类群、优势种群表现出一定的差异。另外，不同研究者关注的土壤动物类群、采样方法、试验设计等方面的差异也会对不同区域间的对比产生不确定性影响。对于优势类群来说，不同区域草地生态系统和森林生态系统下的优势类群通常为蜱螨目和弹尾目。黄土高原土壤动物优势类群与宁夏荒漠草原优势类群组成差异较大，但与松嫩草原、新疆喀纳斯草原、吉林羊草草原的优势类群相似。螨类和跳虫在体型上均属于中小型土壤动物，是众多土壤动物中数量和种类最为丰富的类群。蜱螨目与弹尾目为草地生态系统的优势类群，这可能与其适应能力强、分布范围广、数量多等有关，它们以菌类、腐殖质为食，被称为“地下浮游生物”，对整个土壤动物群落起着不可或缺的作用。同时，优势类群对环境适应能力较强，生态位宽度较大，利用空间资源能力比较强。

捕获的土壤动物密度、个体数、类群数、多样性指数在黄土高原地区表现出由东南向西北逐渐降低的趋势，且与纬度具有显著的线性关系。与本章研究结果相似的是，徐艺逸等(2020)对云南省土壤动物进行研究发现，多样性指数沿纬度梯度呈单调递减模式，土壤动物的生物地理分布是其在长期进化过程中适应环境的结果。相关研究表明，在草地生态系统中，土壤水分、土壤温度、土壤理化性质、植物群落、气候、降水、地形等环境因素均影响着土壤动物群落。本章研究区草地东南部属于暖温带半湿润区，中部属于暖温带半干旱区，西北部属于中温带干旱区，其气候、植被、土壤等呈明显的地带性分布，不同地理区系间由于温湿度差异和海拔差异等，具有不同的植被景观，因此可能会使地下土壤动物的群落区系和分布格局具有较大的差异。黄土高原气温和降水在空间分布上呈现南高北低、东高西低、自东南向西北递减的趋势。区域气温与降水的差异形成土壤温度与土壤含水量的差异，是土壤动物生物地理分布变化的重要因素。降水影响空气湿度和土壤含水量等，直接影响土壤动物的各个生长阶段。热带、亚热带地区的土壤动物数量受降水量制约，中温带地区土壤动物丰富度与降水量具有显著正相关性，干旱半干旱地区降水可以促进土壤动物群落的发展。丰富的降水有利于土壤含水量的提升，土壤含水量主要对线虫、弹尾类和涡虫类等优势类群的分布影响较大，弹尾类和蜱螨类等无气门类只有在高湿条件下才能进行皮肤呼吸，所以随着土壤含水量的增加，这些动物区系、组成与密度均会增加。大多数土壤动物对水分的敏感性比土壤以外栖息的种类明显要高，因此在一定湿度范围内，土壤动物密度与土壤湿度呈正相关。温度可以直接影响土壤动物的取食和代谢活动，还通过影响植物的光合呼吸、枯落物的分解等生理生态过程间接影响土壤动物群落。过高的温度与湿度对土壤动物的生存有着明显的限制作用。黄土高原地区的温度、降水量随纬度的升高而降低，相比之下在低纬度段形成了适宜的温湿度区间，为土壤动物提供了丰富的食物和优越的生存环境，从而有利于土壤动物生存繁殖，土壤动物的类群数和个体数呈现出随纬度增加而减少的趋势。

捕获土壤动物个体数和类群数的垂直分布均呈现出明显的“表聚性”特征。从枯落物层到 30cm 深土层，各样点平均捕获土壤动物个体数由高到低依次为枯落物层>0～5cm 土层>5～10cm 土层>10～20cm 土层>20～30cm 土层。在调查中发现，土壤动物类群数也随着土壤剖面层次的加深而递减。在森林生态系统，枯落物分解释放出丰富有机物使土壤动物大量集聚。草地生态系统土壤动物具有表聚性的特征已经被众多研究者证实。孙彩彩(2022)对高寒草地土壤节肢动物的研究表明其具有表聚性；德海山(2016)对内蒙古荒漠草原土壤动物的研究结果表明，土壤动物具有明显的垂直分布，密度和类群数均随深度逐渐降低；金生英(2014)研究表明，三江源区人工草地和天然退化草地中的中小型土壤动物具有明显的表聚性，土壤状况、植被状况及枯落物是影响土壤动物垂直分布的重要因素。土壤动物主要生活在枯落物和土壤孔隙中，通常自然环境下，随深度的增加土壤养分含量和含水量皆表现为下降的趋势，土壤孔隙中的空气含量也随着土层的加深呈逐渐减小的趋势。此外，也有研究认为，土壤动物的垂直分布呈表聚性特征与表层土壤中植物根系较多、土质结构疏松、土壤养分和水分含量等有关。黄土高原草地在无人为扰动的自然演替状态下，表层植被和枯落物层大量枯枝落叶为土壤动物提供了丰富的食物和优越的生存环境，土壤动物在枯落物层可以获得丰富的养分、光照和食物，同时能避免天敌的捕食，土层越深土壤动物的生存环境越差，从而造成土壤动物下层分布受限。鄂托克旗、银川、杭锦旗等西北部地区处于荒漠草地区，枯落物层相对较薄或者无，土壤养分相对贫瘠，环境条件相对恶劣，因此形成了 0～5cm 土层土壤动物密度和类群数大于枯落物层的现象。

土壤动物虽然种类繁多，但在生态系统中许多种类有着共同的食性，起着相似的生态作用，占据着相似的生态位，组成相同的功能类群(李晓强等，2014)。按照食性可将土壤动物分为植食性、捕食性、腐食性、菌食性和杂食性五大功能类群。黄土高原草地土壤动物功能类群以腐食性和捕食性为主，这或许与捕食性和腐食性土壤动物以螨虫和跳虫为主且这些土壤动物类群在环境中的数量较多有关。枯落物层土壤动物功能类群以腐食性为主，这主要是因为枯枝落叶及其分解过程为腐食性土壤动物提供了丰富的食物来源，这与森林生态系统的研究结论相同。在表土层，腐食性土壤动物的个体数和生物量等均较高，随深度增加逐渐降低。环境条件的优越性与腐食性动物的个体数和生物量呈正相关，腐食性土壤动物通过取食资源基础(枯落物、微生物等)，为其他功能类群提供食物和能量来源。捕食性土壤动物通过捕食活动调节和控制其他食性动物，影响土壤的物种组成。因此，食物来源与数量或许是影响不同食性土壤动物生长与繁殖的主要因素。

土壤动物多样性指数的大小反映群落的稳定性，多样性指数和均匀度指数越大，表明其调节适应能力越强。本章多样性指数和丰富度指数随纬度的增加而减小，且在浅层表现得更显著；优势度指数随纬度的增加而增加，表明纬度增加，土壤动物的群落较为简单、均匀程度较低、多样性水平较低。在垂直方向上，多样性指数、丰富度指数随深度增加而减小，而优势度指数随深度增加而增加，这表明表层有更长的食物链和更加复杂的食物网关系，从而增加土壤动物群落结构的稳定性。土壤动物多样性指数与类群数和个体数密切相关，通常类群数与个体数增加时，多样性指数随之增大，同时优势度指数减小、均匀度指数增大。此外，不同采样点间土壤动物群落相似性系数在极不相似和极相似之间变化，这是由于各样点间土壤动物群落组成差异较大，土壤动物类群不均匀分配，各生境土壤动物生态特性差异较大。对于银川、杭锦旗等西北地区而言，土壤动物个体数和类群数较小，土壤动物丰富的东南部地区与这些样点的相似性最小，尤其是深层的相似度系数甚至为零，这表明不同样点土壤动物群落的组成具有较高的异质性，不同样点对生态环境、土壤动物群落产生影响。虽然各样点间的差异会引起土壤动物密度发生变化，但对优势类群的影响较小，这与南方不同森林类型土壤动物的研究结果相同。因此，在不同样点，由于植被、土壤、气候等因素不同，形成不同的土壤动物类群特别是稀有类群，这也是不同样点间生境具有一定的空间异质性的主要原因，从而不同样点形成了与样点生态环境相适应的土壤动物群落特征。

在黄土高原区域尺度上，东南部属于暖温带半湿润区，中部属于暖温带半干旱区，西北部属于中温带干旱区，气候、植被、土壤等呈明显的地带性分布。研究表明，黄土高原气温和降水具有明显的空间分布特征，均随纬度的增加而降低。与本章研究相同，李妙宇(2021)研究认为，黄土高原气温和降水量呈自东南向西北逐渐降低的趋势，且植被碳密度也具有类似的空间格局。黄土高原土壤含水量随纬度和土壤深度的增加逐渐降低，土壤有机碳含量、全氮含量、全磷含量随纬度的增加从南到北呈减小趋势，枯落物蓄积量随纬度增加从南到北呈减少趋势，这主要是因为在空间尺度上水热因子是影响枯落物积累的关键因子。本章土壤 pH 与纬度具有明显的正相关关系，土壤容重从南到北随着纬度的增加呈现增加的趋势，土壤 AP 从南到北随着纬度的增加呈现降低的趋势，电导率随纬度的变化规律并不明显。此外，土壤性质垂直分布具有明显的层次性，且随深度的增加而降低，这可能与土壤表层生物活性高、根系渗透能力强有关，也可能是因为土壤表面枯落物增加可以显著改善土壤有机质、土壤结构、土壤养分循环和微生物群落动态。黄土高原水热条件在不同纬度的分配状况不同，南部属于半湿润区，北部属于半干旱气候区，因此南部高温多雨而北部干冷少雨。黄土高原由东南向西北降水量逐渐减少，降水分布不均使土壤含水量和植物的生长程度不同，使地上生物量和地下根系分泌物的资源可用性不同。因此，随着纬度的增加，微生物生长与繁殖和枯落物分解速率减慢，土壤–植物–枯落物之间的养分循环速率减慢，最终使地表植被和土壤的水、热、气、养分分配与循环呈现一定的随纬度变化的空间格局。

黄土高原土壤动物群落具有随纬度增加而减少和随深度增加而减少的空间分布特征，或许是因为影响土壤动物多样性及分布格局的因素复杂多样，形成了不同的生境状况。通常认为，在植被、土壤和气候等环境优异的生境，土壤动物的数量组成丰富。已有研究证明，土壤动物群落结构和多样性受到地表植被与枯落物、气候、土壤等众多环境因子的影响。本章研究结果表明，土壤动物密度和类群数随着 SWC、EC、SOC、TN、TP 和 AP 的增加而增加，且呈现显著的正相关关系($P<0.05$)，随着 SBD 和 pH 的增加而降低，且呈现显著的负相关关系($P<0.05$)；各样地由枯落物层到 30cm 土层，土壤动物总体密度随 LBM、LOC、LTN、LTP、TEM 和 PRE 的增加而增加，且呈现显著的正相关关系。除了土壤动物个体数和类群数，多样性指数、均匀度指数、优势度指数、丰富度指数等与土壤理化性质关系也具有显著相关性，这与杨旭等(2016)的研究结果相似。相关研究也证实了土壤的温湿度、含水量、容重、pH、SOC、N、P、K 等理化性质及地表枯落物数量和质量等均与土壤动物的生存与繁衍息息相关。一般情况下，土壤动物与土壤含水量、有机质含量、全氮含量、土壤电导率、磷和钾含量呈正相关关系，与土壤 pH、容重、土壤盐碱度呈负相关关系。温度可以直接影响土壤动物的取食和代谢活动，也可以通过间接影响植物光合作用、枯落物分解等过程而影响土壤动物群落。一般认为，土壤动物数量与土壤温度呈负相关(闫修民，2015)，但也有研究表明增温使土壤动物的生物量和数量增加。因此，温度过高或过低都会影响土壤动物群落特征。本章温度对土壤动物个体数和类群数呈正向响应，这或许与黄土高原地区平均气温较低有关。该地区平均气温在 3.6～14.3℃，土壤动物最适的生存温度在 15℃左右，部分物种可能需要更高的温度，因此黄土高原地区由东南到西北随着温度的升高，土壤动物呈现逐渐增加的趋势。降水通过机械冲刷及影响空气湿度和取食活性等影响土壤动物的各个生长阶段，而且降水可以影响土壤含水量、植物生长和枯落物分解，从而间接影响土壤动物的多样性和分布。枯落物通过调节食物来源和改变微生境来影响土壤动物，本章不同层的环境因素对土壤动物的影响略有差异，一般随着深度增加，环境因素与土壤动物有显著关系的指标减少。这主要是因为深度的变化增加了土壤容重，降低了土壤孔隙度，水分和养分供应不充足，生存环境和食物资源向不利于土壤动物的方向发展，从而深层土壤动物的个体数和类群数较少，且以蚁科、螨虫和鞘翅目等的幼虫为主。

不同环境因素对土壤动物群落的作用强度不同，土壤动物对不同环境因素的响应也不尽相同，各种环境因素不只是单独作用于土壤动物，往往是共同作用对土壤动物产生影响，不同环境因子对于土壤动物的影响往往具有复杂性。殷秀琴等(2011)对长白山土壤动物生态分布进行研究，得出土壤全钾(STK)、TN 和 SOC

对土壤动物群落影响较大；张武等(2014)对大兴安岭土壤动物进行调查研究，结果表明，土壤动物的个体数和类群数均受到与 SOC 和 TN 的显著影响；何振(2018)对八大公山土壤跳虫的研究表明，SOC、STN、pH 和 STK 与弹尾目多样性具有密切关系；罗鼎晖(2019)研究发现，不同植物群落下中小型土壤动物总密度、蜱螨目密度和弹尾目密度均与含水量、有机质含量呈一定程度的正相关关系，与容重呈一定程度的负相关关系；徐帅博(2020)在宝天曼地区的研究表明，pH、SBD、SWC、SOC、TN 和 TP 是主要影响土壤动物的因素；在西北干旱绿洲的研究表明，表层中小型土壤动物与 SWC、EC、SOC、TN 及黏粒含量具有显著关系，而亚表层中 SWC 是主要影响因素(白燕娇，2022)。本章通过冗余分析发现，PRE、LTN、TP、TEM、SWC、TN、SOC 对黄土高原平均土壤动物群落表现出显著的正向响应，而 pH 表现出显著负相关。大多数研究证实了土壤动物多样性与土壤养分呈正相关关系，而与 pH 和 SBD 呈负相关关系。丁翔等(2017)研究认为，土壤容重和土壤碱性增大，会使土壤养分减少和地表植物丧失，最终导致一些大型土壤动物的数量显著减少。黄土高原大部分地区处于干旱半干旱环境，土壤贫瘠、植被稀少且处于恢复阶段，土壤动物群落会随着土壤、植被、养分(LTN、TP、TN、SOC)、降水、温度等气候因素指标的增加而增加。在枯落物层、0～5cm 土层、5～10cm 土层、10～20cm 土层和 20～30cm 土层，除 pH 和 SBD，其余因素均与土壤动物群落呈现一定的正相关性，这表明不同生境具有与其生态环境相适应的土壤动物类群。研究区内不同样地间的土壤、气候、植被等性质差异，直接使土壤动物食物资源和栖息环境改变，从而形成与环境变化相适应的土壤动物群落特征。以上研究结果说明，不同样地间土壤动物群落多样性的差异是由多种因素变化共同决定的。气候、植被和土壤等环境的变化可以直接作用于土壤动物，气候变化通过影响植被地上部分和地下根系的发育和生长，改变枯落物等食物资源和栖息空间的可用性，进一步改变土壤理化性质等来间接影响土壤动物。这些环境因素对土壤动物的作用都存在一定的限度，当变化超出一定限度时，会对土壤动物产生负效应。

此外，枯落物层、0～5cm 土层和 5～10cm 土层中，PRE 对整个土壤动物类群解释度最大，10～20cm 土层和 20～30cm 土层对整个土壤动物类群解释度最大的因素分别是 LTP 和 SWC，但综合总体动物与环境因素分析可以发现，PRE 是影响土壤动物群落的重要因素，这与前人研究结果一致。黄土高原大部分地区处于干旱半干旱环境，因此一般情况下降水有助于土壤动物群落的发展。一方面，降水可以补充土壤水，改变土壤水热条件，促进地上植物群落发展，从而为土壤动物提供充分的食物资源和栖息空间；另一方面，土壤动物自身的生命活动需要充分的水资源，水资源缺乏会限制土壤动物的取食、产卵和存活等正常生命活动。有研究表明，螨类和弹尾目动物数量与含水量呈正相关关系。在干旱半干旱地区，土壤含水量与土壤动物群落具有更好的相关性，降水有利于土壤动物的发展，特别是在降水能够补给到的表土层。通过变差分解分析对比土壤因素、枯落物因素和气候因素对土壤动物群落结构的解释率，结果表明，土壤因素对土壤动物群落的解释率最大。相关研究表明，土壤动物群落结构对土壤的肥力程度、含水量、土壤温度等土壤环境的变化非常敏感，也有研究认为，土壤环境因子的差异，尤其是养分的差异，是影响土壤动物分布的关键因素。中小型土壤动物群落主要受到土壤环境要素的影响已被广泛证实，土壤动物终生或一段时间生活在土壤中，土壤物理化学及气候环境的细微变化均会直接影响土壤动物的取食、生存与繁衍；另外，土壤环境作为气候、枯落物、人类生产活动干扰等因素的最终受体，外界环境因素的变化不仅可以直接作用于土壤动物，而且通过作用土壤环境间接影响土壤动物群落。因此，土壤环境是影响土壤动物分布的关键因素，也是不同生境土壤动物群落多样性存在差异的关键。

3.3　本章小结

本章研究结果补充了黄土高原草地生态系统中土壤动物的研究工作，丰富了区域尺度上土壤动物多样性地理分布研究。通过采集土壤、气候和枯落物等环境因素，结合土壤动物群落数据，探讨了土壤动物群落特征与环境因素的关系，建立了不同层次土壤动物群落特征的逐步多元线性回归模型，并结合冗余分析和变差分解分析等，得到了影响土壤动物群落结构变化的主要环境因子。本章主要结论如下。

(1) 黄土高原地区捕获的土壤动物隶属 3 门 10 纲 28 目 131 科。从表层枯落物到 30cm 土层深度范围内，黄土高原草地土壤动物密度达到 20732 只 · m^{-2}，主要优势类群为甲螨亚目、中气门目和弹尾目，分别占到总密度的 30.72%、29.18% 和 22.94%。从科级水平来看，胭螨科是优势类群，占到捕获总密度的 12.29%。

(2) 土壤动物个体数、类群数、功能类群等与纬度呈现显著的负相关关系 ($P<0.05$)，随经度的增加无明显的趋势。在垂直方向上，不同食性土壤动物的个体数和类群数均随深度的增加而降低，具有明显的“表聚性”分布特征。

(3) 枯落物层到 30cm 土层，总体上土壤动物密度和类群数均随着土壤含水量、有机碳含量、全氮含量、全磷含量、速效磷含量、枯落物生物量、枯落物有机碳含量、温度和降水量的增加而增加，且呈现出显著的正相关关系，而随着土壤容重和 pH 的增加而减少，呈现出显著的负相关关系。

(4) 多元线性逐步回归模型表明，降水量是总体和各层解释土壤动物群落特征的主要指标。土壤环境因素是土壤动物生存与繁衍直接参与者，且土壤环境作为气候、枯落物、人类生产活动干扰等因素的最终受体。因此，土壤环境因素的差异是影响土壤动物分布的关键。

第4章　黄土高原农田土壤动物群落特征及其影响因素

1999年实施的退耕还林(草)工程将黄土高原大量坡耕地转为林草地，黄土高原农田面积逐步减少。农业生产力低和农田面积减少限制了黄土高原农业可持续发展，保护农田生态系统从而保障粮食安全的重要性更加突出。以往针对黄土高原农田的研究多集中在土壤水热条件、养分调控、微生物构成、耕作制度提升产量等方面，有关农田土壤动物的研究仍十分缺乏。

农业耕作措施，如翻耕、施肥、施用农药等，对农田土壤环境造成重大影响，从而影响土壤动物生存，进而影响农田生态系统稳定。中小型土壤动物生活在土壤上层20cm，这些群体特别容易受到耕作、施肥和农药使用等农业实践的影响。土壤类型、土壤水文条件、土壤有机质、pH等均会对土壤动物分布产生影响。土壤动物在养分循环、改善土壤结构和土壤肥力等方面发挥着重要作用，可能对人类产生直接或间接的经济或非经济价值，但是学者对于土壤动物的关注仍十分不足，对土壤动物仍知之甚少，土壤中有多少种类的土壤动物、土壤动物质量有多大等尚不清楚。黄土高原地形地貌复杂，地跨半湿润、半干旱和干旱气候区，不同气候区具有不同的温湿度、植被、土壤等环境，其地下土壤动物的群落结构及分布可能具有较大差异。阐明和量化黄土高原地区农田土壤动物多样性特征和区域地理分布规律，有助于丰富我国土壤动物基础研究资料，以及为农田生态环境保护提供参考。

本章通过调查黄土高原农田土壤动物的数量、群落组成、功能类群和多样性特征等，阐明土壤动物在农田生态系统中的分布规律，弥补黄土高原农田生态系统土壤动物研究工作的不足，对今后黄土高原地区农田生态系统的保护具有重要意义。

4.1　黄土高原农田土壤动物群落组成

本章对黄土高原18个样点调查取样，共捕获60个类群18098只土壤动物，隶属于3门10纲18目55科(附表2)。其中，中小型节肢动物16532只，占比91.35%；大型土壤动物1566只，占比8.65%。在农田0～30cm土层，黄土高原土壤动物平均密度达到38863只 · m^{-2}，其中中小型节肢动物平均密度为38688只 · m^{-2}，大型土壤动物平均密度为 175 只 · m^{-2}。从目一级来看，中气门螨目和疥螨目为优势类群，分别占捕获土壤动物总数的 29.21%和 52.77%，平均密度分别为 13036 只 · m^{-2} 和 21718 只 · m^{-2}。从科一级来看，罗甲螨科和囊螨科为优势类群，分别占捕获土壤动物总数的 17.89%和 18.37%，平均密度分别为 8113 只 · m^{-2} 和 7874 只 · m^{-2}。常见类群共有 21 个，分别为奥甲螨科(6.77%)、阿斯甲螨科(5.47%)、懒甲螨科(3.93%)、薄口螨科(3.50%)、等节䖴科(2.48%)、短缝甲螨科(2.46%)、棘䖴科(2.29%)、上罗甲螨科(2.25%)、胭螨科(2.11%)、鞘翅目幼虫(2.08%)、二爪螨科(2.03%)、蚁科(1.83%)、卷甲螨科(1.60%)、双革螨科(1.54%)、盖头甲螨科(1.53%)、土革螨科(1.47%)、无爪螨科(1.38%)、厉螨科(1.25%)、派盾螨科(1.13%)、长须螨科(1.09%)、矮赫甲螨科(1.08%)，占捕获土壤动物总数的 49.27%。稀有类群 37 类，共占捕获土壤动物总数的 15.47%，主要包括中气门螨目 5 类(1.79%)，疥螨目 10 类(4.42%)，绒螨目 6 类(2.42%)，伪蝎目 1 类(0.10%)，长角䖴目 1 类(0.19%)，原䖴目 1 类(0.35%)，短角䖴目 1 类(0.43%)，蜘蛛目 1 类(0.01%)，双尾目 1 类(0.69%)，综合纲 2 类(0.55%)，鞘翅目 1 类(0.77%)，双翅目 1 类(0.54%)，缨翅目 1 类(0.21%)，山蛩目 1 类(0.08%)，等足目 1 类(0.39%)，地蜈蚣目 1 类(0.82%)，柄眼目 1 类(0.33%)，正蚓目 1 类(0.35%)。

按照食性差异，将调查发现的土壤动物划分为腐食性(saprophygous，Sa)、植食性(phytophagous，Ph)、捕食性(predacious，Pr)、杂食性(omnivorous，Om)和菌食性(fungivorous，Fu)土壤动物共 5 个功能类群。其中，腐食性土壤动物包括罗甲螨科、阿斯甲螨科等共 10 类 6345 只，占比 35.05%，0～30cm 土层平均密度为 14379 只 · m^{-2}；植食性土壤动物包括蓟马科和柄眼目 2 类 97 只，占比 0.54%，平均密度为 11 只 · m^{-2}；捕食性土壤动物包括囊螨科、胭螨科等 23 类 7556 只，占比 41.74%，平均密度为 17698 只 · m^{-2}；杂食性土壤动物包括蠋蜷科、蚁科等共 8 类 1129 只，占比 6.24%，平均密度为 126 只 · m^{-2}；菌食性包括薄口螨科、等节䖴科等共 17 类 2971 只，占比 16.4%，平均密度为 6649 只 · m^{-2}。

按照 0～5cm、5～10cm、10～20cm、20～30cm 共 4 层土层采集土壤动物，调查黄土高原农田土壤动物的垂直分布特征。黄土高原范围内 0～5cm 土层共采集到土壤动物 60 类，平均密度达到 15519 只 · m^{-2}，占总密度的 39.93%；5～10cm 土层共采集到土壤动物 54 类，平均密度达到 7144 只 · m^{-2}，占总密度的 18.38%；10～20cm 土层共采集到土壤动物 53 类，平均密度达到 9990 只 · m^{-2}，占总密度的 25.71%；20～30cm 土层共采集到土壤动物 50 类，平均密度达到 6209 只 · m^{-2}，占总密度的 15.98%。整体上由土壤表层到 20～30cm 土层，土壤动物类群数随着土层深度的增加而递减，表现出“表聚性”的特征。土壤动物在各个土层的平均密度由高到低依次为 0～5cm 土层>10～20cm 土层>5～10cm 土层>20～30cm 土层。值得注意的是，10～20cm 土层采集了 10cm 厚的土壤，其土壤动物平均密度仅为 5～10cm 土层(5cm 厚的土壤)的 1.4 倍，因此仍认为土壤动物密度呈现“表聚性”的特征。同一土壤动物类群分布在黄土高原范围内均呈现为强变异，说明不同采样点之间同种土壤动物数量差异较大。同一土壤动物类群在不同土层深度的分布存在差异。例如，大翼甲螨科、滑珠甲螨科、跳蛛科仅在 0～5cm 土层出现；囊螨科、双革螨科、蠊螨科、上罗甲螨科随土层深度的增加，占比逐渐增加；粉螨科、盖头甲螨科、缝甲螨科、无爪螨科、矮蒲螨科、等节䖴科、鼠妇虫科随土层深度的增加，占比逐渐降低。

黄土高原地区草地土壤动物密度为 20732 只 · m^{-2}，在目一级水平上优势类群为甲螨亚目、中气门目和弹尾目，在科级水平上优势类群为胭螨科。黄土高原地区农田土壤动物密度较草地要大，但是类群数量相对要少。农业措施不仅能够改变土壤生物的密度和动态，也会影响整个土壤食物网的结构和动态。与未受干扰的原生土壤相比，农田土壤的物种多样性和功能多样性往往较低，大型肉食土壤动物在农田土壤中可能已经灭绝，或者变得罕见，这可能是农田土壤动物密度大于草地的原因之一。尽管捕获了大量捕食性土壤动物，但普遍是中小型土壤动物，缺乏较大型的高级捕食者，而草地则捕获了更多类型及更大密度的大型捕食性土壤动物。与草地生态系统相比，本章捕获的土壤动物密度较三江源区人工草地小，较黄土高原草地、内蒙古科尔沁沙质草地大。与林地生态系统相比，本章捕获的土壤动物密度较长白山林区、热带尖峰岭林区均要小。土壤动物的分布受到用地类型、气候、土壤等诸多方面因素的影响，且不同研究者采样方法、实验设计等方面的差异也使不同区域间的对比产生不确定性影响。黄土高原农田 Sa、Pr 和 Fu 土壤动物功能类群密度占全部土壤动物的 99.65%，其中 Sa 类群占比 37.00%，Pr 类群占比 45.54%，Fu 类群占比 17.11%。捕食性土壤动物密度占到总捕获土壤动物密度的接近一半，这可能是因为捕食性土壤动物的移动能力相对较强，在土壤中运动速度快，受到不利影响(光、热)的时候能够更快做出反应。

4.2　黄土高原农田土壤动物群落空间分布特征

黄土高原 18 个采样点 0～30cm 土层土壤动物密度、个体数、类群数与经纬度、海拔之间的相关关系见图 4-1。结果表明：黄土高原土壤动物密度呈现东大西小的态势，捕获土壤动物个体数和类群数呈现东多西少的态势，但线性拟合结果均不显著；土壤动物密度、个体数和类群数与纬度也无显著线性关系，经二次函数拟合，可得土壤动物密度、个体数和类群数随纬度呈现先减少后增加的趋势，P 值均达到显著水平；土壤动物密度、个体数和类群数与海拔呈现显著的(P<0.05)线性相关关系，随海拔升高而减小。双因素方差分析表明，采样点、土层深度及其交互作用均能够显著影响土壤动物分布(表 4-1)。

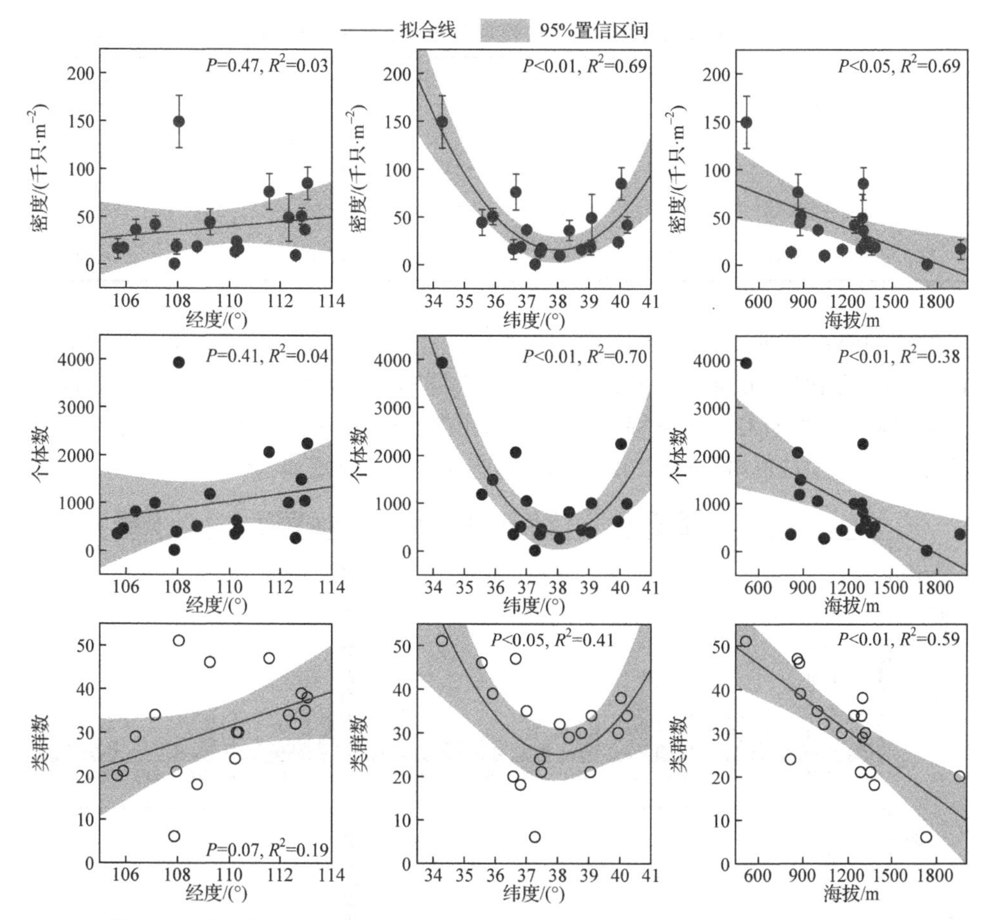

图 4-1　黄土高原农田各采样点 0～30cm 土层土壤动物密度、个体数和类群数与经纬度、海拔的关系

黄土高原 18 个采样点 0～30cm 土层土壤动物密度情况如下：杨陵区(YL)149094 只 · m^{-2}>大同市(DT)8492 只 · m^{-2}>汾西县(FX)76111 只 · m^{-2}>高平市(GP)50733 只 · m^{-2}>宁武县(NW)49110 只 · m^{-2}>黄陵县(HL)44331 只 · m^{-2}>杭锦旗(HJ)41766 只 · m^{-2}>榆社县(YS)36466 只 · m^{-2}>银川市(YC)35882 只 · m^{-2}>达拉特旗(DLT)23609 只 · m^{-2}>志丹县(ZD)18164 只 · m^{-2}>鄂托克旗(ETK)18079 只 · m^{-2}>中宁县(ZN)16737 只 · m^{-2}>海原县(HY)16027 只 · m^{-2}>神木市(SM)15953 只 · m^{-2}>绥德县(SD)12801 只 · m^{-2}>阳曲县(YQ)9569 只 · m^{-2}>定边县(DB)145 只 · m^{-2}。捕获土壤动物个体数情况如下：杨陵区(3930)>大同市(2239)>汾西县(2053)>高平市(1487)>黄陵县(1182)>榆社县(1047)>宁武县(1003)>杭锦旗(987)>银川市(813)>达拉特旗(617)>志丹县(507)>中宁县(452)>神木市(426)>鄂托克旗(393)>海原县(346)>

表 4-1　采样点、土层深度及其交互作用对土壤动物密度、个体数和类群数的影响

土壤动物群落指标	采样点		土层深度		采样点×土层深度	
	F	P	F	P	F	P
土壤动物密度	5.13	<0.001	17.13	<0.001	7.77	<0.001
捕获土壤动物个体数	21.74	<0.001	37.97	<0.001	7.79	<0.001
捕获土壤动物类群数	20.73	<0.001	72.46	<0.001	4.11	<0.001

绥德县(345)>阳曲县(261)>定边县(10)。捕获土壤动物类群数情况如下：杨陵区(51)>汾西县(47)>黄陵县(46)>高平市(39)>大同市(38)>榆社县(35)>杭锦旗(34)=宁武县(34)>阳曲县(32)>达拉特旗(30)=神木市(30)>银川市(29)>绥德县(24)>鄂托克旗(21)=中宁县(21)>海原县(20)>志丹县(18)>定边县(6)(图 4-2)。

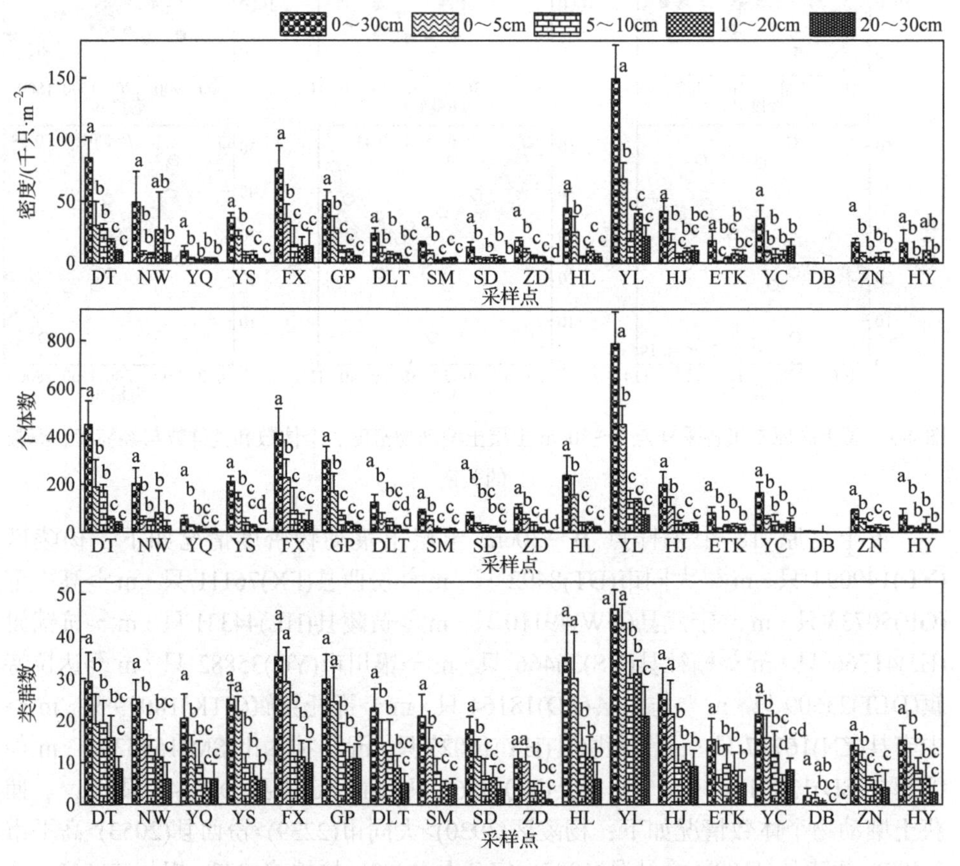

图 4-2　黄土高原农田各采样点土壤动物密度、个体数和类群数垂直分布情况

捕获土壤动物个体数、密度、类群数均呈现显著(P<0.05)线性相关关系，土

壤动物类群数越多，土壤动物密度越大。在杨陵区共捕获到 3930 只土壤动物，占总捕获数的 21.72%，为 18 个样点中捕获到土壤动物最多的采样点，也是土壤动物密度最大的采样点。在定边县仅捕获到 10 只土壤动物，为捕获到土壤动物最少的采样点，0～30cm 土层土壤动物密度仅为 145 只 · m^{-2}。本章共捕获到 60 个不同的土壤动物类群，平均每个采样点能够捕获到 31 个土壤动物类群，变异系数为 36.88%。在杨陵区捕获到 51 个土壤动物类群，占捕获动物类群总数的 85%，为捕获到土壤动物类群数最多的采样点；在定边县仅捕获到 6 个土壤动物类群，仅占捕获总类群数的 10%。

黄土高原农田各采样点不同土壤动物类群占比差异明显，但从科水平上看，普遍以囊螨科和罗甲螨科为主要类群。在大同市捕获 38 类土壤动物，其中优势类群 2 类，分别为罗甲螨科(26.80%)和囊螨科(17.15%)，共占比 43.95%；常见类群 17 类，共占比 49.17%；稀有类群 19 类，共占比 6.88%。在宁武县捕获 34 类土壤动物，其中优势类群 3 类，分别为罗甲螨科(22.33%)、奥甲螨科(19.54%)和囊螨科(17.65%)，共占比 59.52%；常见类群 11 类，共占比 29.41%；稀有类群 20 类，共占比 11.07%。在阳曲县捕获 32 类土壤动物，其中优势类群 1 类，为囊螨科，占比 19.54%；常见类群 28 类，共占比 78.54%；稀有类群 3 类，共占比 1.92%。在榆社县捕获 35 类土壤动物，其中优势类群 4 类，分别为罗甲螨科(21.11%)、奥甲螨科(14.61%)、薄口螨科(14.42%)和囊螨科(12.42%)，共占比 62.56%；常见类群 12 类，共占比 29.89%；稀有类群 19 类，共占比 7.55%。在汾西县捕获 47 类土壤动物，其中优势类群 3 类，分别为罗甲螨科(23.09%)、奥甲螨科(16.27%)和囊螨科(12.52%)，共占比 51.88%；常见类群 11 类，共占比 35.12%；稀有类群 33 类，共占比 13.01%。在高平市捕获 39 类土壤动物，其中优势类群 3 类，分别为罗甲螨科(30.53%)、囊螨科(20.85%)和懒甲螨科(10.63%)，共占比 62.00%；常见类群 11 类，共占比 26.16%；稀有类群 25 类，共占比 11.84%。在达拉特旗捕获 30 类土壤动物，其中优势类群 2 类，分别为囊螨科(17.34%)和罗甲螨科(13.94%)，共占比 31.28%；常见类群 17 类，共占比 62.88%；稀有类群 11 类，共占比 5.83%。在神木市捕获 30 类土壤动物，其中优势类群 2 类，分别为罗甲螨科(21.13%)和囊螨科(19.25%)，共占比 40.38%；常见类群 15 类，共占比 50.94%；稀有类群 13 类，共占比 8.69%。在绥德县捕获 24 类土壤动物，其中优势类群 3 类，分别为罗甲螨科(18.84%)、囊螨科(18.26%)和懒甲螨科(13.04%)，共占比 50.14%；常见类群 16 类，共占比 46.67%；稀有类群 5 类，共占比 3.19%。在志丹县捕获 18 类土壤动物，其中优势类群 3 类，分别为囊螨科(55.82%)、棘䖴科(12.62%)和罗甲螨科(11.83%)，共占比 80.28%；常见类群 8 类，共占比 16.17%；稀有类群 7 类，共占比 3.55%。在黄陵县捕获 46 类土壤动物，其中优势类群 1 类，为罗甲螨科，占比 13.28%；常见类群 22 类，共占比 77.50%；稀有类群 23 类，共占比 9.22%。在杨陵区共捕获 51 类土壤动物，其中优势类群 1 类，为短缝甲螨科，占比 11.17%；常见类群 25 类，共占比 78.88%；稀有类群 25 类，共占比 9.95%。在杭锦旗捕获 34 类土壤动物，其中优势类群 2 类，分别为囊螨科(26.04%)和罗甲螨科(23.20%)，共占比 49.24%；常见类群 16 类，共占比 42.15%；稀有类群 16 类，共占比 8.61%。在鄂托克旗捕获 21 类土壤动物，其中优势类群 2 类，分别为罗甲螨科(32.82%)和囊螨科(16.54%)，共占比 49.36%；常见类群 17 类，共占比 49.11%；稀有类群 2 类，共占比 1.53%。在银川市捕获 29 类土壤动物，其中优势类群 2 类，分别为囊螨科(39.48%)和罗甲螨科(26.81%)，共占比 66.30%；常见类群 10 类，共占比 24.23%；稀有类群 17 类，共占比 9.47%。定边县仅捕获了 6 类土壤动物共计 10 只，分别为罗甲螨科(20%)、阿斯甲螨科(20%)、鞘翅目幼虫(20%)、蓟马科(20%)、跳珠科(10%)和铗蚂科(10%)。在中宁县捕获 21 类土壤动物，其中优势类群 2 类，分别为囊螨科(33.85%)和罗甲螨科(23.23%)，共占比 57.08%；常见类群 10 类，共占比 38.50%；稀有类群 9 类，共占比 4.42%。在海原县捕获 20 类土壤动物，其中优势类群 2 类，分别为囊螨科(34.39%)和罗甲螨科(20.23%)，共占比 54.62%；常见类群 15 类，共占比 43.35%；稀有类群 3 类，共占比 2.02%。

黄土高原共捕获到 60 类土壤动物，罗甲螨科和阿斯甲螨科在 18 个采样点均有发现；囊螨科、等节跳科、蚁科在 17 个采样点均有发现；懒甲螨科、奥甲螨科、棘跳科、鞘翅目幼虫在 16 个采样点均有发现；上罗甲螨科在 15 个采样点有发现；双革螨科、蠊螨科、薄口螨科、金龟甲科、双翅目幼虫在 14 个采样点有发现；土革螨科和地蜈蚣科在 13 个采样点有发现；厉螨科、盖头甲螨科、尖棱螨科、似虱螨科、铗蚂科在 12 个采样点有发现；派盾螨科、胭螨科、缝甲螨科在 11 个采样点有发现；洼甲螨科、矮蒲螨科、蠋蝬科在 10 个采样点有发现；甲胄螨科、小赫甲螨科、矮赫甲螨科、蓟马科在 9 个采样点有发现；无爪螨科、肉食螨科、盾螨科、短角跳科在 8 个采样点有发现；粉螨科、盾珠甲螨科、巨须螨科、真足螨科、土跳科在 7 个采样点有发现；幺蚣科在 6 个采样点有发现；二爪螨科、单翼甲螨科、伪蝎目、柄眼目在 5 个采样点有发现；礼服甲螨科、巨螯螨科、长须螨科、山蛩科、鼠妇虫科在 4 个采样点有发现；穴螨科、卷甲螨科、正蚓目在 3 个采样点有发现；植绥螨科、短缝甲螨科、大翼甲螨科、滑珠甲螨科、长角跳科、跳珠科在 2 个采样点有发现。

黄土高原多数样点土壤动物分布表现出“表聚性”的特点，18 个采样点 0～5cm、5～10cm、10～20cm、20～30cm 土层土壤动物平均密度分别为 15519 只 · m^{-2}、7144 只 · m^{-2}、9990 只 · m^{-2}、6209 只 · m^{-2}。部分样点表现为表层 0～5cm 土壤动物密度小于底层土壤，如鄂托克旗 0～5cm 土层土壤动物密度显著($P<0.05$)小于 10～20cm 土层(图 4-2)。多数土壤动物于浅层土壤捕获，0～5cm 土层捕获土壤动物数占捕获总数的 50.20%，0～10cm 土层捕获土壤动物数占总数的 73.21%。尽

管取样深度为 30cm，半数以上的土壤动物在表层 0～5cm 捕获。黄土高原 18 个采样点平均每个点捕获土壤动物 1005 只，0～5cm、5～10cm、10～20cm、20～30cm 土层平均捕获 505 只、231 只、166 只、103 只土壤动物。部分采样点 0～5cm 土层捕获土壤动物数量少于深层土壤，如鄂托克旗 0～5cm 土层捕获土壤动物数量少于 5～10cm、10～20cm、20～30cm 土层，但未发现显著差异。多数采样点表层土壤捕获土壤动物类群数大于深层土壤(图 4-2)，其中明显不同的是，鄂托克旗 0～5cm 土层捕获土壤类群数少于 5～10cm、10～20cm 土层，与 20～30cm 土层捕获土壤动物类群数相同。

捕获的 60 类土壤动物在 0～5cm、5～10cm、10～20cm、20～30cm 土层的分布情况见图 4-2，不同类群土壤动物随土层深度变化存在差异，多数类群(72%)呈现随土壤深度增加土壤动物捕获数线性降低的趋势，再次证明土壤动物随土层深度分布具有“表聚性”的特征。43 类土壤动物(囊螨科、胭螨科、土革螨科、二爪螨科、穴螨科、植绥螨科、罗甲螨科、阿斯甲螨科、短缝甲螨科、懒甲螨科、洼甲螨科、粉螨科、奥甲螨科、薄口螨科、盖头甲螨科、盾珠甲螨科、尖棱螨科、大翼甲螨科、小赫甲螨科、卷甲螨科、缝甲螨科、无爪螨科、滑珠甲螨科、似虱螨科、巨须螨科、矮蒲螨科、长须螨科、肉食螨科、真足螨科、长角蛛科、等节蛛科、短角蛛科、铗蚂科、幺蚣科、蚁科、鞘翅目幼虫、金龟甲科、双翅目幼虫、蓟马科、山蛩科、鼠妇虫科、地蜈蚣科、正蚓目)随土层深度增加，捕获数显著减少($P<0.05$)。另外，17 类土壤动物(派盾螨科、双革螨科、甲胄螨科、厉螨科、蠊螨科、巨螯螨科、上罗甲螨科、礼服甲螨科、单翼甲螨科、矮赫甲螨科、盾螨科、伪蝎目、土蛛科、棘蛛科、跳珠科、蠋蝼科、柄眼目)未显示出显著随深度变化趋势。

4.3　黄土高原农田土壤动物功能类群分布特征

按照食性差异，将调查发现的土壤动物划分为腐食性(saprophygous，Sa)、植食性(phytophagous，Ph)、捕食性(predacious，Pr)、杂食性(omnivorous，Om)和菌食性(fungivorous，Fu)土壤动物共 5 个功能类群。黄土高原 Sa、Pr 和 Fu 土壤动物功能类群占全部土壤动物的 99.65%，其中 Sa 类群占比 37.00%，Pr 类群占比 45.54%，Fu 类群占比 17.11%(图 4-3)。

在大同市、阳曲县、榆社县、汾西县、高平市、神木市、志丹县、黄陵县、杨陵区、银川市、定边县、中宁县、海原县 13 个样点，5 个功能类群土壤动物均有发现，在宁武县、达拉特旗、绥德县、杭锦旗、鄂托克旗，未发现 Ph 类群土壤动物。双因素方差分析表明，采样点、土层深度及其交互作用对 5 个功能类群的分布均存在显著影响(表 4-2)。

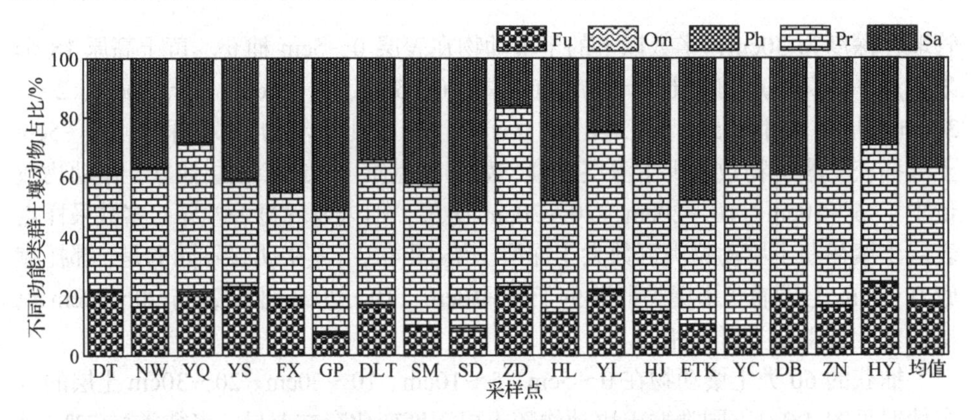

图 4-3 黄土高原各采样点 0～30cm 土层不同功能类群土壤动物占比

表 4-2 采样点、土层深度及其交互作用对不同功能类群土壤动物个体数和类群数的影响

指标	采样点		土层深度		采样点×土层深度	
	F	*P*	*F*	*P*	*F*	*P*
Fu 动物类群数	11.36	<0.001	61.56	<0.001	3.11	<0.001
Fu 动物个体数	7.17	<0.001	17.81	<0.001	2.86	<0.001
Om 动物类群数	14.80	<0.001	98.75	<0.001	4.61	<0.001
Om 动物个体数	17.01	<0.001	57.74	<0.001	3.24	<0.001
Ph 动物类群数	7.22	<0.001	11.48	<0.001	2.07	<0.001
Ph 动物个体数	6.68	<0.001	7.54	<0.001	1.75	<0.01
Pr 动物类群数	19.16	<0.001	52.17	<0.001	3.28	<0.001
Pr 动物个体数	17.62	<0.001	55.20	<0.001	5.85	<0.001
Sa 动物类群数	16.62	<0.001	37.22	<0.001	2.97	<0.001
Sa 动物个体数	23.12	<0.001	69.26	<0.001	7.44	<0.001

各功能类群土壤动物密度和类群数与经纬度、海拔的关系见图 4-4，图中线性拟合和二次函数拟合均达到显著水平($P<0.05$)。各功能类群土壤动物密度与经度未见显著相关关系。线性拟合表明，Ph 和 Om 类群土壤动物密度与纬度呈现显著($P<0.05$)负相关关系，随纬度增加而显著降低；线性拟合未发现 Sa、Pr、Fu 土壤动物类群数与纬度存在显著相关关系；Sa、Pr、Fu 类群土壤动物密度与纬度呈现显著($P<0.05$)二次相关关系，随纬度升高呈现先降低后增加的趋势。Sa、Pr、Om、Fu 类群土壤动物密度与海拔呈现显著($P<0.05$)线性负相关关系，随海拔升高

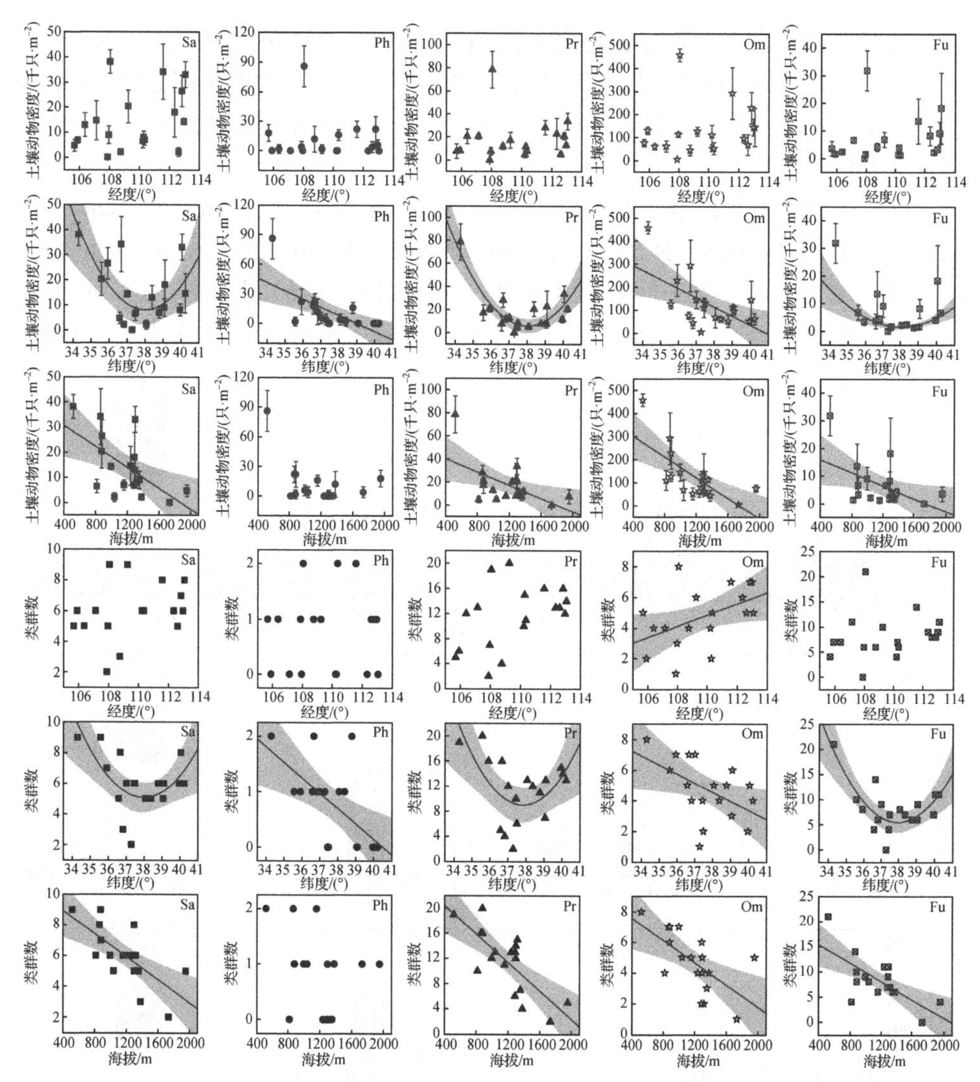

图 4-4　黄土高原农田各采样点 0～30cm 土层不同功能类群土壤动物密度和类群数与经纬度、海拔的关系

而线性降低。未见 Ph 类群土壤动物密度与海拔存在显著相关关系。各功能类群捕获土壤动物个体数与土壤动物密度存在相同的分布规律。

Om 类群捕获土壤动物类群数与经度呈现显著(P<0.05)线性正相关关系，随经度增加而线性增加，其他 4 种功能类群捕获土壤动物类群数与经度未发现显著相关关系。线性拟合表明，Ph 和 Om 类群捕获土壤动物类群数与纬度呈现显著(P<0.05)负相关关系，随纬度增加而显著减少；线性拟合未发现 Sa、Pr、Fu 类群捕获土壤动物类群数与纬度存在显著相关关系。二次函数拟合表明，Sa、Pr、Fu

类群捕获土壤动物类群数与纬度呈现显著(P<0.05)相关关系，随纬度升高呈现先减少后增加的趋势。Sa、Pr、Om、Fu 捕获土壤动物类群数与海拔呈现显著(P<0.05)线性负相关关系，随海拔升高而线性减少，未见 Ph 捕获土壤动物类群数与海拔存在显著相关关系。

捕获各功能类群普遍呈现“表聚性”。0～5cm 土层捕获 Sa、Ph、Om、Fu 动物密度显著(P<0.05)大于 5～10cm、10～20cm、20～30cm 土层；0～5cm 土层 Pr 动物密度为 4 层土壤中最大，但与 10～20cm 土层差异并不显著(图 4-5)。0～5cm 土层捕获 Sa、Ph、Pr、Om、Fu 土壤动物类群数均显著(P<0.05)大于 5～10cm、

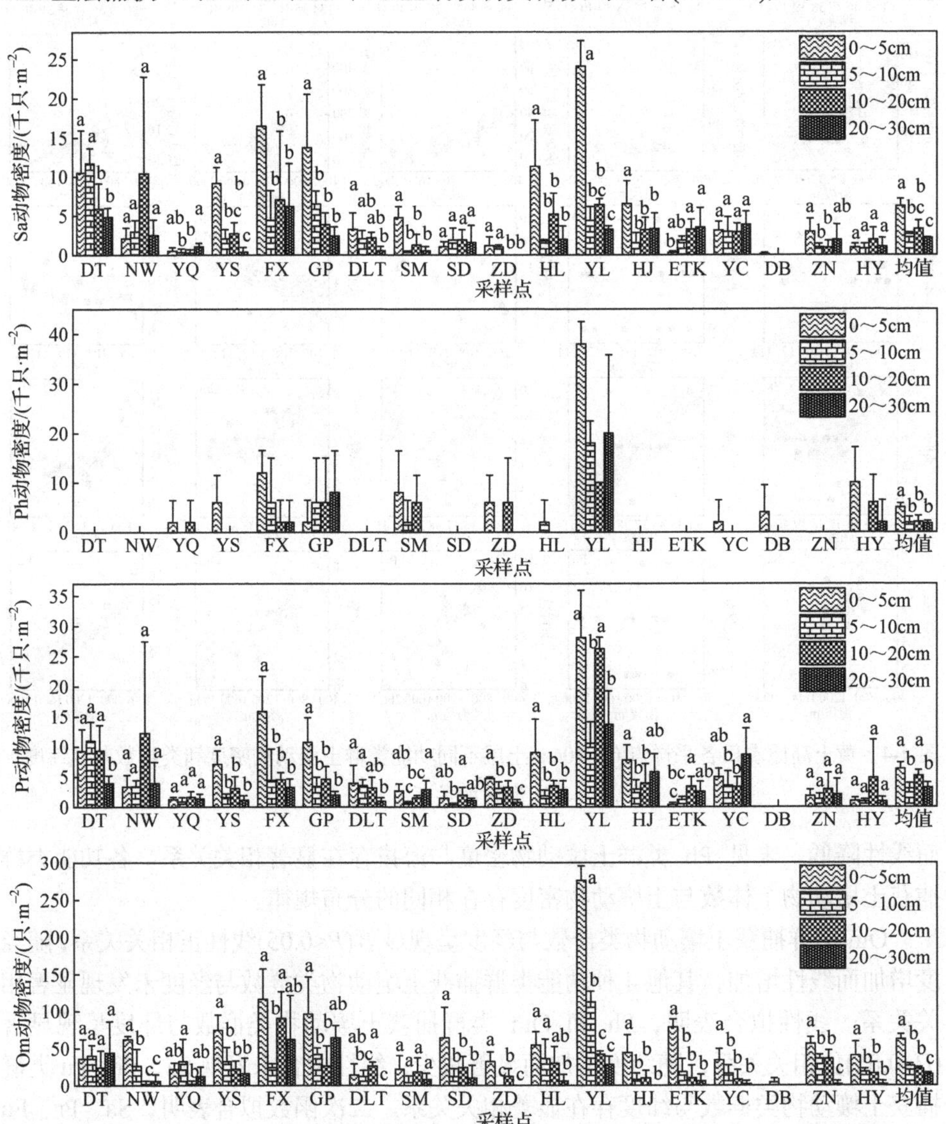

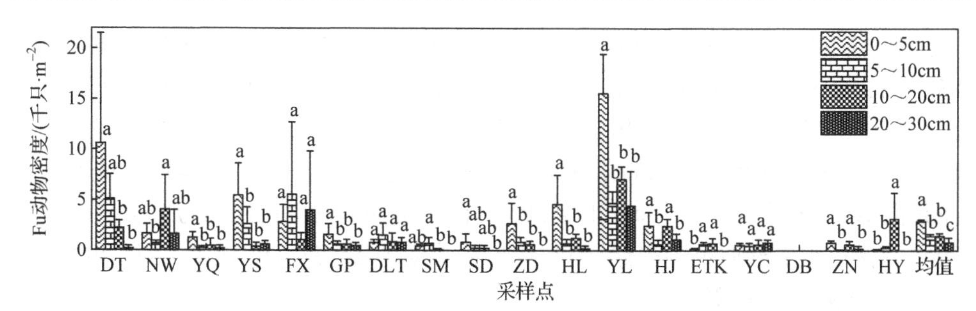

图 4-5　黄土高原农田各采样点不同功能类群土壤动物类群数分布

10~20cm、20~30cm 土层。0~5cm 土层捕获 Sa、Ph、Pr、Om、Fu 土壤动物个体数均显著(P<0.05)大于 5~10cm、10~20cm、20~30cm 土层。

在 0~5cm 土层，黄土高原范围内 Pr 类群土壤动物密度占比最大，达到 40.52%，其次为 Sa 类群土壤动物，为 40.21%。在大同市、阳曲县，0~5cm 土层 Fu 类群土壤动物密度占比最大，分别为 34.85%、41.85%。在宁武县、达拉特旗、绥德县、志丹县、杨陵区、杭锦旗、鄂托克旗、银川市、海原县，0~5cm 土层 Pr 类群土壤动物密度占比最大，分别为 46.17%、49.15%、42.36%、54.62%、41.25%、46.11%、42.34%、57.10%、47.16%。在榆社县、汾西县、高平市、神木市、黄陵县、定边县、中宁县，0~5cm 土层 Sa 类群土壤动物密度占比最大，分别为 41.93%、46.69%、52.56%、60.29%、45.44%、94.34%、53.19%。除定边县以外，其余采样点 0~5cm 土层 Ph 类群土壤动物密度占比均为最小。在 0~5cm 土层，Pr 类群土壤动物类群数占比最大，达到 36.34%，其次为 Fu 类群，为 23.16%。

在 5~10cm 土层，黄土高原范围内 Pr 类群土壤动物密度占比最大，达到 42.36%，其次为 Sa 类群土壤动物，为 37.18%。在榆社县、汾西县、神木市，5~10cm 土层 Fu 类群土壤动物密度占比最大，分别为 41.81%、38.49%、40.61%。在定边县，5~10cm 土层发现的土壤动物均为 Om 类群。在宁武县、阳曲县、达拉特旗、志丹县、黄陵县、杨陵区、杭锦旗、银川市、中宁县、海原县，5~10cm 土层 Pr 类群土壤动物密度占比最大，分别为 47.26%、58.00%、49.48%，62.18%、41.70%、53.24%、57.44%、50.42%、55.02%、44.60%。在大同市、高平市、绥德县、鄂托克旗，5~10cm 土层 Sa 类群土壤动物密度占比最大，分别为 41.18%、61.55%、74.65%、50.21%。在各个采样点 5~10cm 土层，Ph 类群土壤动物密度占比均为最小。在 5~10cm 土层，黄土高原范围内捕获 Pr 类群土壤动物类群数占比最大，达到 37.64%，其次为 Fu 类群，为 23.34%。

在 10~20cm 土层，黄土高原范围内 Pr 类群土壤动物密度占比最大，达到 51.84%，其次为 Sa 类群土壤动物，为 33.12%。在大同市、宁武县、阳曲县、榆社县、高平市、达拉特旗、神木市、绥德县、志丹县、杨陵区、杭锦旗、鄂托克旗、银川市、中宁县、海原县，10~20cm 土层 Pr 类群土壤动物密度占比最大，分别为 53.20%、45.75%、68.48%、49.34%、50.49%、50.36%、51.97%、46.66%、83.81%、65.96%、40.93%、45.88%、48.53%、65.25%、48.22%。在汾西县、黄陵县，10～20cm 土层 Sa 类群土壤动物密度占比最大，分别为 55.32%、52.23%。在定边县 10～20cm 土层未捕获到土壤动物。在志丹县未发现 Sa 类群土壤动物。在其他 16 个采样点 10～20cm 土层，Ph 类群土壤动物密度占比均为最小。在 10～20cm 土层，黄土高原范围内捕获 Pr 类群土壤动物类群数占比最大，达到 40.53%，其次为 Sa 类群，为 25.76%。

在 20～30cm 土层，黄土高原范围内 Pr 类群土壤动物密度占比最大，达到 51.59%，其次为 Sa 类群土壤动物，为 35.02%。在宁武县、阳曲县、榆社县、达拉特旗、神木市、志丹县、黄陵县、杨陵区、杭锦旗、银川市、中宁县，20～30cm 土层 Pr 类群土壤动物密度占比最大，分别为 48.33%、51.16%、52.86%、41.28%、84.14%、100.00%、56.51%、63.74%、56.87%、64.81%、49.18%。在大同市、汾西县、高平市、绥德县、鄂托克旗、海原县，20～30cm 土层 Sa 类群土壤动物密度占比最大，分别为 53.81%、45.83%、49.02%、59.73%、58.18%、53.23%。在 20～30cm 土层，黄土高原范围内捕获 Pr 类群土壤动物类群数占比最大，达到 45.80%，其次为 Sa 类群，为 26.76%。

本章土壤动物密度呈现东大西小的态势，随纬度增加呈现先减小后增加的趋势($P<0.05$)，随海拔增高呈现线性降低的趋势($P<0.05$)。选取玉米农田作为研究对象，具有一致的农作物条件，不同之处在于气候因素的变化及可能存在的农耕差异。研究表明，黄土高原草地土壤动物密度随纬度增加呈现线性降低趋势，这可能是因为草地主要受到气候因素影响，而农田还受到大量人为措施(灌溉、翻耕等)的影响。黄土高原北部部分地区靠近黄河，农田能够得到灌溉，这可能是农田土壤动物密度随纬度增加呈现二次函数分布的原因之一。此外，取样时了解到黄土高原北部地区温差大，害虫较少，当地农民普遍不施用杀虫剂，这可能也是农田土壤动物密度随纬度增加呈现二次函数分布的原因之一。

殷秀琴等(2010)认为，我国土壤动物密度从高纬度向低纬度地区有逐渐增加的趋势，且与局地环境条件密切相关。付晓宇(2023)研究发现，从寒温带到暖温带，土壤动物个体数先减少后增加，而类群数呈现增加趋势。土壤动物的地理分布现状是长期适应环境的结果，当环境发生改变，土壤动物群落随之改变，因此土壤动物分布特征处于变化之中。将土壤动物划分为不同功能类群，发现植食性和杂食性土壤动物密度随纬度增加而线性减小，腐食性、捕食性和菌食性土壤动物呈现二次函数分布。

黄土高原气温和降水在空间上呈现地带性分布，呈现由南向北、由东向西递减的趋势。降水和气温的差异是黄土高原农田土壤动物分布的重要原因。例如，弹尾类和无气门类土壤动物只有在高湿条件下才能进行呼吸，其生长发育对温湿度均有一定的要求。海拔为 520～1953m 时，随海拔升高，土壤动物密度和类群数呈现线性减小趋势。对长白山海拔 600～2200m 的土壤动物类群分布进行研究，发现其呈现单峰型分布，温度、降水及土壤全氮和速效磷是主要的影响因素(刘丹丹等，2023)。纬度位置也可能协同海拔对土壤动物产生同步影响，土壤动物随海拔的增加而减少、增加和单峰形 3 种分布类型均有可能存在。

本节土壤动物类群数、个体数均表现出明显的“表聚性”，72%的土壤动物呈现随土壤深度增加类群数线性减少的趋势，73.21%的土壤动物个体在表层 0～10cm 土层捕获。影响土壤动物垂直分布的因素很多，表层土壤水热条件适宜、结构疏松、通气性好等条件更适合土壤动物生存。通常在自然条件下，土壤表层有枯落物存在，为土壤动物提供了食物及庇护所，土壤动物密度较大。在森林生态系统中，枯落物释放出大量有机物质，为土壤动物提供了丰富的食物来源，土壤动物大量聚集在表层土壤；在草地生态系统，土壤动物的垂直分布同样表现出明显的“表聚性”，中小型土壤动物的“表聚性”较大型土壤动物更加明显。在农田地区，土壤表层由于翻耕、除草，通常并无枯落物覆盖，这能够显著减少大型土壤动物数量及居住在枯落物层的土壤动物类群数。土壤动物表现出“表聚性”更多可能是由于表层土壤土质结构疏松、土壤孔隙中的空气充足，更适合土壤动物生存。

4.4　土壤动物群落变化的驱动因素分析

为了定量、客观地评估环境因子对土壤动物群落特征的影响，利用多元线性逐步回归模型筛选环境因子。选取年平均气温(MAT)，年平均降水量(MAP)，各点取样前 1 个月、3 个月、6 个月和 12 个月的平均气温(MT1、MT3、MT6 和 MT12)和降水量(QP1、QP3、QP6 和 QP12)，土壤砂粒含量(sand)，土壤黏粒含量(clay)，土壤粉粒含量(silt)，土壤容重(SBD)，土壤含水量(SWC)，土壤电导率(EC)，土壤 pH，土壤有机碳含量(SOC)，土壤全氮含量(TN)，土壤硝态氮含量(NO_3^--N)，土壤铵态氮含量(NH_4^+-N)，土壤速效钾含量(AK)，土壤速效磷含量(AP)和土壤全磷含量(TP)共 24 个解释变量。选择土壤动物密度、捕获土壤动物类群数、多样性指数、丰富度指数、优势度指数、均匀度指数(响应变量)表征土壤动物群落特征，对响应变量进行正态分布检验，对不符合正态分布的变量进行转换操作。

黄土高原农田 0～30cm 土层土壤动物密度、捕获土壤动物类群数、多样性指数、丰富度指数、优势度指数、均匀度指数与解释变量之间的多元线性逐步回归模型见表 4-3。最优模型结果表明，黄土高原农田 0～30cm 土层土壤动物密度与 TP、SOC、MT1、pH 和 clay 这 5 个解释变量之间建立的多元线性逐步回归模型拟合度最高，调整后的 R^2 达到 0.718，表明这 5 个解释变量可以解释土壤动物密度 71.8%的变化量。捕获土壤动物类群数与 SOC、NH_4^+-N、QP3、QP1、QP12 和 pH 这 6 个解释变量之间建立的多元线性逐步回归模型拟合度最高，调整后的 R^2 达到 0.799，表明这 6 个解释变量可以解释捕获土壤动物类群数 79.9%的变化量。多样性指数与 MT1、SOC 和 NO_3^--N 这 3 个解释变量之间建立的多元线性逐步回归模型拟合度最高，调整后的 R^2 达到 0.556，表明这 3 个解释变量可以解释多样性指数 55.6%的变化量。丰富度指数与 MT3、SOC、NO_3^--N、NH_4^+-N 和 SWC 这 5 个解释变量之间建立的多元线性逐步回归模型拟合度最高，调整后的 R^2 达到 0.440。优势度指数与 MT1、NO_3^--N 和 SOC 这 3 个解释变量之间建立的多元线性逐步回归模型拟合度最高，调整后的 R^2 达到 0.457，表明这 3 个解释变量可以解释优势度指数 45.7%的变化量。均匀度指数与 NO_3^--N 这 1 个解释变量之间建立的多元线性逐步回归模型拟合度最高，调整后的 R^2 为 0.123，表明这 1 个解释变量可以解释均匀度指数 12.3%的变化量。

表 4-3 黄土高原农田 0～30cm 土层土壤动物群落特征与环境因子的多元线性逐步回归模型

土壤动物多样性指标	非标准化系数 B	标准化系数 β	显著性	VIF	调整后的 R^2
		土壤动物密度			
常数	177.357	—	0.000	—	—
TP	26.978	0.312	0.000	2.323	0.482
SOC	42.502	0.491	0.000	1.536	0.569
MT1	26.525	0.307	0.000	1.160	0.661
pH	23.043	0.266	0.000	1.297	0.706
clay	15.211	0.176	0.035	2.120	0.718
		捕获土壤动物类群数			
常数	8.707	—	0.000	—	—
SOC	0.577	0.184	0.004	1.658	0.503
NH_4^+-N	−0.306	−0.097	0.079	1.330	0.614
QP3	−12.315	−3.925	0.000	42.563	0.664
QP1	8.279	2.639	0.000	27.584	0.739
QP12	5.513	1.757	0.000	6.589	0.782
pH	0.605	0.193	0.001	1.447	0.799
		多样性指数			
常数	5.695	—	0.000	—	—
MT1	0.924	0.395	0.000	1.089	0.280
SOC	1.049	0.449	0.000	1.074	0.390
NO_3^--N	−1.022	−0.437	0.000	1.145	0.556

续表

土壤动物多样性指标	非标准化系数 B	标准化系数 β	显著性	VIF	调整后的 R^2
丰富度指数					
常数	0.611	—	0.000	—	—
MT3	0.077	0.495	0.000	1.265	0.176
SOC	0.066	0.441	0.000	1.112	0.311
NO_3^--N	−0.038	−0.238	0.008	1.164	0.356
NH_4^+-N	−0.061	−0.351	0.000	1.348	0.407
SWC	−0.038	−0.239	0.017	1.492	0.440
优势度指数					
常数	−0.829	—	0.000	—	—
MT1	−0.085	−0.351	0.000	1.067	0.213
NO_3^--N	0.110	0.445	0.000	1.142	0.309
SOC	−0.097	−0.404	0.000	1.088	0.457
均匀度指数					
常数	0.597	—	0.000	—	—
NO_3^--N	−0.062	−0.351	0.001	1.000	0.123

注：VIF 为方差膨胀因子。

黄土高原农田 0～5cm 土层土壤动物密度与 TP、MT1、pH、TN、clay 和 SWC 这 6 个解释变量之间建立的多元线性逐步回归模型拟合度最高，调整后的 R^2 达到 0.700，表明这 6 个解释变量可以解释土壤动物密度 70.0%的变化量。捕获土壤动物类群数与 MT12、clay、SOC、pH、silt 和 SBD 这 6 个解释变量之间建立的多元线性逐步回归模型拟合度最高，调整后的 R^2 达到 0.643，表明这 6 个解释变量可以解释捕获土壤动物类群数 64.3%的变化量。多样性指数与 MT1、SBD、silt、TP、EC 和 MT3 这 6 个解释变量之间建立的多元线性逐步回归模型拟合度最高，调整后的 R^2 达到 0.521，表明这 6 个解释变量可以解释多样性指数 52.1%的变化量。丰富度指数与 MT12、MT6、silt、SBD、SWC、AP 和 clay 这 7 个解释变量之间建立的多元线性逐步回归模型拟合度最高，调整后的 R^2 达到 0.542，表明这 7 个解释变量可以解释丰富度指数 54.2%的变化量。优势度指数与 MT1、MAP、QP6、TN 和 sand 这 5 个解释变量之间建立的多元线性逐步回归模型拟合度最高，调整后的 R^2 达到 0.552，表明这 5 个解释变量可以解释优势度指数 55.2%的变化量。均匀度指数与 SWC 和 clay 这 2 个解释变量之间建立的多元线性逐步回归模型拟合度最高，调整后的 R^2 为 0.147，表明这 2 个解释变量可以解释均匀度指数 14.7%的变化量。

为进一步评估环境因子对土壤动物类群的影响，利用冗余分析(RDA)或典范对应分析(CCA)进一步对环境因子与土壤动物类群间关系进行分析。

黄土高原各地区农田0～30cm土层的总平均土壤动物优势类群和常见类群共计23个，占土壤动物总密度的85.53%，本小节对稀有类群进行了剔除处理。降趋势对应分析(DCA)发现，排序坐标轴长度均小于4，选择冗余分析(RDA)揭示环境因子对土壤动物群落特征的影响。蒙特卡洛检验显示，所有轴均达到显著水平(P=0.002)，表明RDA具有较高可信度(表4-4)。第一排序轴可以解释38.88%的土壤动物群落特征变化，第二排序轴解释了28.08%的土壤动物群落特征变化。向前选择模型结果表明，在24个环境因子中，共有15个因子显著(P<0.05)影响土壤动物群落特征，其中TP和AP对土壤动物群落特征变化的解释度较高，分别达24.6%和16.5%。TP与第一排序轴相关性较高，AP与第二排序轴相关性较高[图4-6(a)]。土壤动物类群均分布在第一排序轴正半轴部分，其与TP、AP、SOC、MAT、SWC等环境因素呈现显著(P<0.05)正相关关系，表明土壤动物倾向于温度湿度适宜、土壤养分状况良好的环境。土壤动物群落与TP和AP均呈显著正相关关系，表明磷元素对土壤动物群落存在较大影响。

表4-4　黄土高原农田0～30cm土层环境因子对土壤动物类群组成影响的RDA结果

环境因子	解释度/%	贡献度/%	P
TP	24.6	30.5	0.002
AP	16.5	20.5	0.002
SOC	4.3	5.4	0.002
SBD	3.8	4.8	0.002
QP1	3.0	3.7	0.002
QP6	5.8	7.2	0.002
QP12	2.8	3.5	0.002
QP3	4.3	5.3	0.002
SWC	3.3	4.1	0.002
pH	2.5	3.1	0.002
MT1	1.3	1.6	0.002
MT6	2.0	2.5	0.002
MT12	1.5	1.8	0.002
MAT	1.2	1.5	0.004
MT3	1.2	1.5	0.006

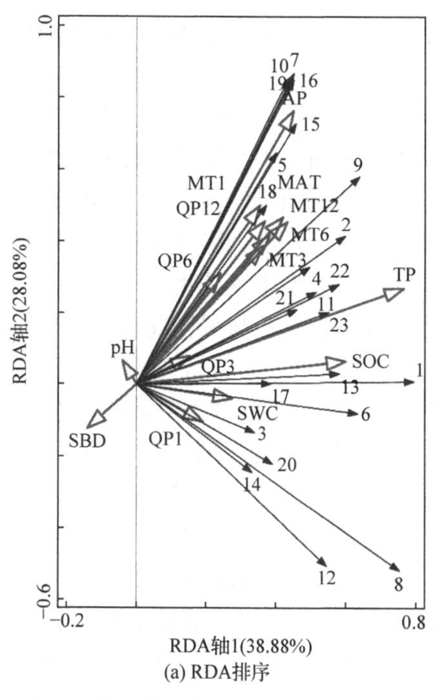

(a) RDA排序

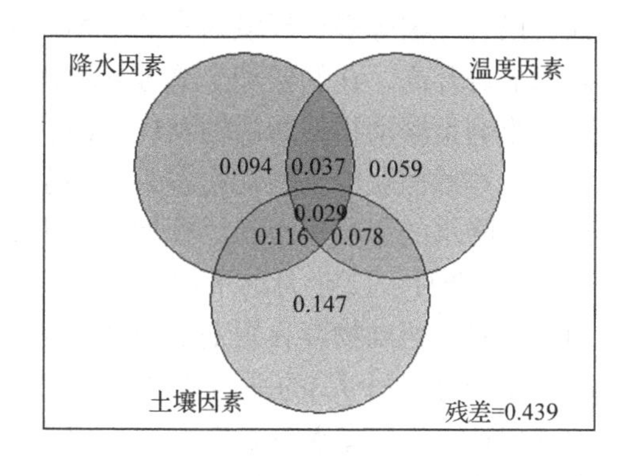

(b) 变差分解

图4-6　黄土高原农田0～30cm土层土壤动物群落组成与环境因子之间的RDA排序及变差分解
1-囊螨科；2-派盾螨科；3-双革螨科；4-胭螨科；5-土革螨科；6-厉螨科；7-二爪螨科；8-罗甲螨科；9-阿斯甲螨科；10-短缝甲螨科；11-上罗甲螨科；12-懒甲螨科；13-奥甲螨科；14-薄口螨科；15-盖头甲螨科；16-卷甲螨科；17-矮赫甲螨科；18-无爪螨科；19-长须螨科；20-等节䖴科；21-棘䖴科；22-蚁科；23-鞘翅目幼虫

变差分解表明，降水因素、温度因素和土壤因素共可以解释土壤动物群落56.11%的变化，土壤因素的解释率最大，可达37.04%，其次是降水因素(27.63%)、温度因素(20.41%)[图4-6(b)]。降水因素和温度因素可视为气候因素，其可解释土壤动物群落41.37%的变化。因此，黄土高原农田气候因素对土壤动物群落构成的影响要大于土壤因素。

黄土高原农田0～5cm土层的总平均土壤动物优势类群和常见类群共21个，占土壤动物总密度的88.32%，对稀有类群进行了剔除处理。降趋势对应分析(DCA)发现，排序坐标轴长度均小于4，因此选择冗余分析(RDA)揭示环境因子对土壤动物特征的影响。蒙特卡洛检验显示，所有轴均达到显著水平(P=0.002)，表明RDA具有较高可信度。第一排序轴可以解释36.81%的土壤动物群落特征变化，第二排序轴解释了26.83%的土壤动物群落特征变化。向前选择模型结果表明，在24个环境因子中，共有16个因子显著(P<0.05)影响土壤动物群落特征，其中AP和TP对土壤动物群落特征变化的解释度较大，分别达22.8%和12.4%。变差分解表明，降水因素、温度因素和土壤因素共可以解释土壤动物群落50.00%的变化，土壤因素的解释率最大，可达31.56%，其次是降水因素(24.44%)、温度因素

(18.91%)。降水因素和温度因素可视为气候因素，其可解释土壤动物群落 38.05% 的变化。

土壤动物与生物和非生物环境因素之间存在复杂多维的相互作用关系，其受到气候、土壤等多种环境因素的影响。土壤动物密度随年平均气温和降水量的升高而显著升高。在气候和土壤等环境优异的生境，土壤动物较为丰富，温度可以直接影响土壤动物的酶活性及代谢活动，温度过高或过低都会影响土壤动物生存状态。本章捕获的土壤动物多为中小型土壤动物，与大型土壤动物相比，其受到温度、降水的影响较小。尽管如此，土壤动物密度和类群数与采样前 1 个月、3 个月、6 个月、12 个月的平均气温均表现出了显著的相关性，且 R^2 差距不大，说明温度对土壤动物存在短期及长期持续的影响。土壤动物密度和类群数与短期(采样前 1 个月、3 个月)的平均降水量未表现出显著相关性，而与长期(采样前 6 个月、12 个月)的平均降水量表现出显著相关性。说明土壤动物对于短期的降水量变化反响并不大，土壤动物能够适应短期的水分不利条件，而当降水不利的情况持续一定时间后，土壤动物的生存繁衍受到影响。一般认为温度过高或过低都会影响土壤动物类群生存，黄土高原平均温度较低，低于土壤动物最适的生存温度(15℃)，因此本章土壤动物密度和类群数均随温度的升高而增加。土壤动物对温度、降水响应的时间效应有待进一步研究。

本章土壤动物密度随土壤黏粒含量、土壤粉粒含量、土壤有机质含量、土壤全氮含量、土壤速效磷含量和土壤全磷含量的增加而显著线性增加，而随土壤砂粒含量增加而显著减小，土壤动物密度对土壤全磷含量和有机质含量响应较强烈。各生态指数与土壤理化性质也存在显著相关关系。相关研究已经证实，土壤容重、土壤全氮含量、有机质含量、土壤磷含量、土壤钾含量、电导率等理化性质与土壤动物的生存及繁衍息息相关。在不同的立地条件下，土壤动物对不同环境因素的响应并不相同，通常情况下，有机质对土壤动物类群具有积极影响。在黄土高原的研究发现，林地土壤节肢动物占比分别比草地和撂荒地高 35.6%和 56.5%。土壤有机质对土壤动物密度有正向影响，土壤动物的氮磷比明显低于生境中植物的氮磷比，磷对土壤动物的影响显著较氮要大，添加磷促进了植食性和捕食性土壤动物增多。由于研究者关注的土壤动物类群、采样方法等不同，因此对于影响因素的对比缺乏统一的判定标准。在观察中发现，多数土壤中小型节肢动物外表覆盖一层甲壳，其对于磷素可能有较大需求，这可能是土壤动物密度与土壤磷含量呈现正相关的原因之一。土壤动物受到土壤理化性质的影响，同时土壤动物也能够影响土壤理化性质的变化。例如，中型土壤动物能够通过取食微生物刺激可溶性有机物释放、促进团聚体颗粒形成等过程，影响土壤有机碳转化。

4.5　本章小结

本章以黄土高原农田土壤动物为研究对象，调查研究了黄土高原农田土壤动物的数量、群落构成、功能类群组成、群落多样性特征，探明了土壤动物在黄土高原区域农田生态系统中的分布规律。本章主要结论如下。

(1) 在黄土高原农田地区共捕获土壤动物 60 个类群 18098 只，隶属于 3 门 10 纲 18 目 55 科。在 0～30cm 土层，黄土高原农田土壤动物平均密度达到 38863 只 · m^{-2}，其中中小型节肢动物平均密度为 38688 只 · m^{-2}，大型土壤动物平均密度为 175 只 · m^{-2}。从目一级来看，中气门螨目和疥螨目为优势类群，分别占捕获土壤动物总数的 29.21%和 52.77%；从科一级来看，罗甲螨科和囊螨科为优势类群。腐食性、捕食性、菌食性土壤动物占总土壤动物数量 99.65%。

(2) 黄土高原地区土壤动物密度呈现东大西小的趋势，捕获土壤动物个体数和类群数呈现东多西少的趋势；土壤动物密度、捕获土壤动物个体数和类群数与海拔呈现显著的($P<0.05$)线性相关关系，随海拔升高，土壤动物密度越来越小。采样点、土层深度及其交互作用均能够显著影响土壤动物分布。本章土壤动物个体数、类群数及各功能类群均呈现出明显的“表聚性”分布特征，72%的土壤动物类群数随着土层深度的增加而递减；73.21%的土壤动物个体分布在 0～10cm 土层。

第 5 章　刈割覆盖、氮添加和火烧对土壤动物的影响

干旱半干旱生态系统面积占全球陆地面积的 30%～40%，气候变化和不合理的土地利用均会造成其土壤退化。我国政府启动退耕还林(草)工程后，黄土高原植被恢复取得初步成效，其中半干旱区植被有效覆盖度为 45.92%，干旱区为 26.53% (Zhang et al.，2022)。物质循环是陆地生态系统一切生命活动的基础。枯落物层是地表物质循环过程的重要载体，生长季末，植物开始自然枯萎并凋落，从而在地表形成枯落物层。枯落物经分解腐化形成土壤有机碳并固定在土壤中，后经土壤生物矿化，部分分解产物被植物再次利用从而形成碳循环。通常，具有更大生物量和更快生长速度的植被会将更多的植物残留物返回土壤，使土壤有机碳增加。因此，了解黄土高原不同植被枯落物分解特征，对于维持该地区植被生产力和土壤健康发展具有重要意义。

土壤动物作为分解者，通过摄食分解枯落物和土壤有机质参与养分循环，改变土壤性质进而维持土壤生态系统结构和功能。土壤动物对环境变化极为敏感，因此常用于指示生境变化，这使得越来越多的学者开始重视人为干扰下土壤动物的变化。刈割是全球范围内广泛使用的草地管理措施。有研究表明，刈割可显著影响枯落物积累量，在降低地上植被生物量的同时增加杂草，从而造成生境条件恶化，间接影响土壤动物群落分布状况。刈割作为常见人为干扰，对半干旱地区生态系统的稳定性和演替具有重要作用。当前在干旱半干旱地区开展的刈割研究多集中在典型草原，并非丘陵沟壑区，且更多关注土壤养分、土壤微生物、植被群落等对刈割的响应，而有关刈割对土壤动物的影响研究少之又少。

考虑到刈割会造成地表植被覆盖度降低，特别是在生态脆弱的黄土高原地区，易出现风蚀和水蚀现象，进而对生态系统稳定性造成负面影响，本章研究将刈割后的植被就地覆盖。刈割覆盖研究主要集中在苹果园和茶园的土壤养分方向，这响应了我国农业农村部 2022 年印发的《到 2025 年化肥减量化行动方案》。与刈割覆盖措施相比，我国秸秆还田实施较早，并且已在土壤动物、微生物、养分和呼吸等方面取得众多研究成果。刈割覆盖会在土壤表面形成一层阻碍大气与土壤水热交换的阻隔层，改变土壤水肥气热分配。土壤动物多样性和功能可灵敏反映人类活动和气候变化引起的土壤扰动，但少有学者关注刈割后就地覆盖对灌木和草本枯落物分解及土壤动物的作用。

随着工业化的推进，化石燃料燃烧、农业化肥使用和过度放牧等人类活动，

导致大气氮沉降迅速增加。大气氮输入已超过森林年需要量，并且绝大多数氮沉降可在短时间内汇集于土壤之中。已有众多研究者针对氮沉降开展研究，主要集中在土壤酸化、生态系统养分循环、温室气体排放及植物和微生物对氮沉降的响应，而对氮沉降下土壤动物群落的反应仍知之甚少。

氮沉降是生态系统的干扰因子，氮沉降加剧会直接或间接影响土壤动物种类、数量和结构多样性。无机氮输入较多会促进偏好该营养物质的土壤动物繁殖生长，同时削弱其他类群竞争作用，进而对土壤动物群落产生消极影响。农业生产中，施加含氮化合物已成为提高作物产量的重要措施。在玉米地连续施加 6 年无机氮肥能显著降低蚯蚓生物量，施氮处理下弹尾目数量是未施氮肥的 2 倍，长期(13a)施氮肥(75～100kg · hm^{-2} · a^{-1})可显著改变甲螨亚目和弹尾目群落组成，但物种丰富度未受影响。氮沉降对土壤动物的影响并非一成不变，不同生态系统的反应不尽相同。氮沉降增加对成熟生态系统土壤动物的抑制作用更为明显，而在成熟度较低的生态系统中，氮沉降增加促进土壤动物群落发展。大气氮沉降作为全球尺度的生态学问题，对土壤动物的影响广泛且深远。我国氮沉降量总体呈现东南部高、西北部低的趋势，西北部分地区氮沉降量高于临界负荷值。

枯落物分解是陆地生态系统中碳和养分循环的基本过程，枯落物基质质量和土壤生物群落在调控局部尺度枯落物分解过程中发挥重要作用，并且对氮沉降高度敏感。全面了解氮添加对枯落物分解的影响，对于预测人为活动造成的氮沉降增加对生态系统的影响至关重要。中小型土壤节肢动物是地下物质循环的重要参与者，在枯落物分解和养分循环方面发挥重要作用。大部分枯落物分解试验主要集中在森林生态系统，随着植被的不断恢复，越来越多的学者开始关注黄土高原林地和草地生态系统枯落物分解，并考虑氮添加对某一植被枯落物分解的影响，但并未考虑土壤动物对氮添加的响应及对枯落物分解的影响。

野火是全球生态系统中最重要的自然干扰因素之一，对大多数陆地生态系统具有深刻且长期的影响。全球每年有 3500 万～4700 万 hm^2 森林受到火灾的影响，占地球陆地面积 40.5%的草地生态系统也经常受到火灾的威胁。据估计，世界上每年约 80%的野火发生在以草为主的地区。作为影响“生态系统更新周期”的干扰之一，火可以改变植被动态、碳固存、养分循环、气候和生物多样性。未来，全球火灾风险增加可能会对全球生态系统构成更大的威胁。火灾对生物地球化学循环的影响已有较多的研究，但对土壤生物，特别是对土壤动物影响的研究还较少。

土壤动物种类繁多，生物量巨大，是陆地生态系统的重要组成部分，而且对生境变化非常敏感。火烧是一种常见的环境干扰因子，显著影响土壤动物，这可能是因为火烧可以将树木生物量中的生物元素以灰烬的形式返回到土壤中，并造成大量有机物和常量元素的损失。此外，火烧往往会烧毁大部分地上植被和枯落物层，改变土壤的水热条件。剩余的有机物大部分很快被分解，与未燃烧的土壤和枯落物相比，为分解者提供了较差的生存环境。这些环境因素决定了土壤生物群落的发展，因此火烧后土壤食物网结构与火烧前完全不同。

无论是人为火烧还是自然火烧，都可以通过直接(杀死或伤害生物体)或间接方式减少栖息地的可用性和食物资源而影响土壤生物群落。火烧特征和土壤生物本身的习性是决定火烧干扰强度的主要因素。强烈的火烧破坏枯落物层、土壤有机层所有居住的动物，中度火烧后动物的存活率为 42%～62%。此外，不同的动物物种对火烧的反应也不同。例如，与土壤内栖动物相比，地表动物更容易受到火烧的影响，火烧期间的极端高温或燃烧导致的基质或栖息地丧失会杀死无法穿透土壤或迅速逃离的表栖动物。内栖动物(如蚂蚁)通常利用更多的土壤剖面空间，因此在火烧期间受极端高温的影响较小。步甲虫和蜘蛛等土壤动物可以通过挖洞、飞行或寻找避难所来躲避火烧，蚯蚓通过躲避到土壤中而在火烧中幸存，地面甲虫的生存依赖其较厚的角质层，甲虫甚至更喜欢被烧毁的栖息地。

火烧后土壤动物群落的恢复能力取决于非生物因素和生物因素。生物因素主要有两个方面：来自未火烧地区的迁移和火烧地区剩余的土壤动物或卵。影响恢复能力的非生物因素主要包括火烧严重程度、地形、火烧季节、火烧异质性和气候条件等。火烧后土壤动物的恢复还受到植物群落特性和火烧前的土壤条件影响，植物群落的物种组成、盖度和枯落物产量随季节而变化，从而改变了土壤动物可利用的微生境条件。因此，植物群落的季节变化可以直接或间接地影响土壤动物群落。此外，温度和降水的季节变化与土壤动物的季节变化密切相关，然而尚不清楚这些因素(植被、温度、降水和其他因素)中哪些在决定火烧后土壤动物的季节性动态方面最为重要。

本章以黄土高原植被恢复中的常见植被柠条、苜蓿和长芒草为研究对象，探讨刈割覆盖对生态脆弱区土壤动物多样性和生态系统功能是保护还是破坏，揭示灌丛和草地生境土壤碳氮含量和酶活性变化同枯落物分解和土壤动物生态功能的相互关系。选择陕北六道沟小流域常见植被长芒草、苜蓿和柠条为研究对象，探讨多水平氮添加下中小型土壤节肢动物群落变化，并确定氮添加对该地区枯落物养分释放促进和抑制作用的阈值，以期为黄土高原地区氮沉降对林草地生态系统生物多样性的影响提供分析和评估的基础资料。选择火烧后草本植被恢复不同阶段的土壤节肢动物作为研究对象，通过调查火烧后土壤节肢动物的多样性，确定火烧后土壤节肢动物的恢复动态、分布格局及影响土壤节肢动物恢复的主要因素。

5.1　刈割覆盖对土壤动物的影响

5.1.1　刈割覆盖处理下近地表枯落物养分分布特征

刈割覆盖对枯落物碳含量有显著影响(P<0.05)，非刈割处理下各生境地表上

方枯落物碳含量表现为撂荒草地(NAF)>苜蓿草地(ALF)>柠条林地(KOP)，生境间差异显著(图 5-1)。KOP、ALF 和 NAF 生境枯落物碳含量较新鲜植物碳含量分别降低了 51.68%、35.30%和 24.27%。NAF 生境枯落物碳含量变化并未因刈割覆盖而产生差异，刈割覆盖和非刈割处理下的地表枯落物碳含量分别为 329.27g · kg^{-1} 和 332.29g · kg^{-1}。刈割覆盖处理下，KOP 和 ALF 生境地表枯落物碳含量较非刈割处理高并达显著水平，KOP 生境尤为明显。枯落物类型极显著(P<0.001)影响枯落物氮和磷含量(表 5-1)。非刈割处理下，ALF 生境枯落物氮含量显著高于 KOP 和 NAF 生境，刈割覆盖后，NAF 生境枯落物氮含量显著低于 KOP 和 ALF 生境。无论刈割覆盖与否，KOP 和 ALF 生境枯落物氮含量均较新鲜植物氮含量明显降低，而 NAF 生境枯落物氮含量有所增加。刈割覆盖后，KOP 生境枯落物氮含量约为新鲜植物氮含量的 7/10，非刈割枯落物氮含量约为新鲜植物氮含量的 11/20，刈割覆盖使得 KOP 生境更多的地表枯落物氮未被分解。刈割覆盖与非刈割处理下，各生境枯落物磷含量均表现为 ALF>NAF/KOP。与新鲜植物磷含量相比，NAF 生境刈割覆盖和非刈割枯落物磷含量分别增长了 119.59%和 150.21%。KOP 生境

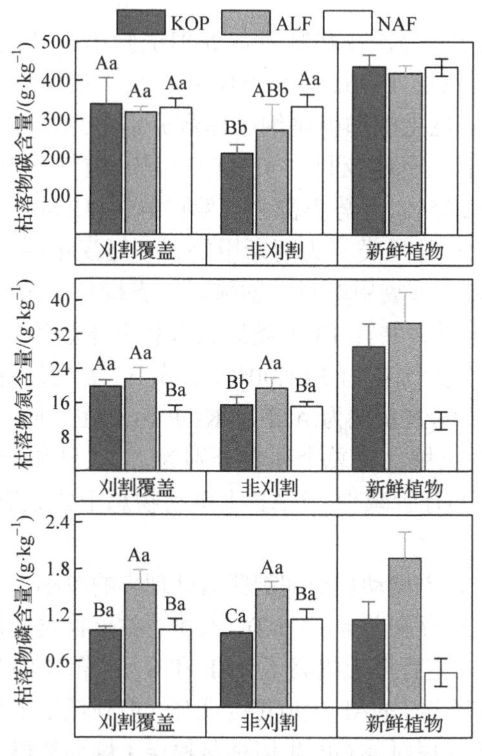

图 5-1　刈割覆盖对各生境枯落物养分的影响

不同大写字母表示同一处理不同植被差异显著，不同小写字母表示同一植被不同处理差异显著；KOP、ALF 和 NAF 分别表示柠条林地、苜蓿草地和撂荒草地，其中撂荒草地代表植被为长芒草；后同

刈割覆盖(0.996g · kg^{-1})和非刈割(0.960g · kg^{-1})处理的枯落物磷含量与新鲜植物磷含量(1.15g · kg^{-1})几乎无差别(图 5-1)。由此可知，刈割覆盖对近地表枯落物碳、氮、磷分解的影响会因生境不同而有所差异，其中 KOP 和 ALF 生境枯落物碳含量和氮含量受刈割覆盖影响更为明显。

表 5-1　刈割覆盖处理和枯落物类型对近地表枯落物养分的影响

影响因子	df	枯落物碳含量		枯落物氮含量		枯落物磷含量	
		F	*P*	*F*	*P*	*F*	*P*
刈割覆盖处理(M)	1	6.661	**0.021**	1.487	0.539	0.363	0.475
枯落物类型(L)	2	2.657	0.096	18.747	**<0.001**	53.570	**<0.001**
M×L	2	3.291	0.059	3.316	0.058	1.484	0.252

注：刈割覆盖处理分析采用 *T* 检验，加粗数据表示对参数的影响达显著水平；影响因子刈割覆盖(mowing)处理为 M，枯落物类型(litter type)为 L。

5.1.2　刈割覆盖处理下土壤动物群落结构特征

刈割就地覆盖两年后，在刈割覆盖处理试验小区分离提取土壤动物共计 16897 只，包括枯落物层 15962 只和土层 935 只，隶属节肢动物门 3 纲 13 目 49 科。其中，蛛形纲、昆虫纲和弹尾纲个体数分别占总个体数的 96.70%，2.79% 和 0.51%。目水平下，甲螨亚目、中气门亚目和前气门亚目分别占个体数的 30.32%、31.71%和 32.75%。优势类群为上罗甲螨科(12.80%)、孔洞螨科(15.27%)和跗线螨科(27.50%)；常见类群为阿斯甲螨科、矮汉甲螨科、盲甲螨科、山足甲螨科、滑珠甲螨科、大翼甲螨科、胭螨科、囊螨科、厉螨科、寄螨科、维螨科、矮蒲螨科和鼻蟹科，共计 13 个类群，占总个体数的 35.43%；优势类群和常见类群个体数共占总个体数的 91.00%，其余 33 类为稀有类群，约占 9.00%。各生境土壤动物总个体数表现为 ALF > KOP > NAF。同一生境下，刈割覆盖处理后 ALF 和 KOP 土壤动物总个体数分别为 3132 只和 1581 只，较非刈割处理(9152 只和 2358 只)有所减少，NAF 土壤动物总个体数有所增多(516 只增加至 158 只)。

对枯落物层而言，土壤动物受刈割覆盖处理影响较小，土壤动物群落结构更易因枯落物类型不同而存在差异(表 5-2)。其中，枯落物类型显著影响个体数和类群数。刈割覆盖处理一定程度上提高了 ALF 和 NAF(草本类植物)生境枯落物层土壤动物的多样性和丰富度，NAF 生境更为明显，但降低了土壤动物群落的优势度和均匀度。刈割覆盖处理对 KOP 生境枯落物层土壤动物群落的影响较小。枯落物层土壤动物均匀度指数受枯落物类型显著影响，刈割覆盖和非刈割处理下均表现为 NAF>ALF/KOP。NAF 生境，刈割覆盖处理的土壤动物均匀度显著低于非刈割处理。综上所述，NAF 生境枯落物层土壤动物更易受刈割覆盖影响。非刈割处理下，KOP 和 ALF 生境土壤动物个体数显著(P<0.05)大于 NAF 生境。刈割覆盖处理后，KOP 生境土壤动物个体数和类群数较非刈割处理有所下降，NAF 生境则有所增加，因此在刈割覆盖两年后，各生境间个体数和类群数无显著差异(图 5-2)。在枯落物层，非刈割处理下各生境土壤动物优势类群均为甲螨亚目、中气门亚目和前气门亚目，KOP、ALF 和 NAF 生境优势类群占比分别为 93.72%、93.05%和 86.05%。等翅目在 ALF(2.30%)和 KOP(2.44%)生境中为常见类群；NAF 生境中盲蛛目(3.20%)、原蛛目(6.12%)和长角蛛目(2.78%)为常见类群，等翅目和缨翅目为稀有类群，共占比 1.85%。刈割覆盖对枯落物层土壤动物类群的影响因生境差异而有所不同。刈割覆盖处理两年后，NAF 生境土壤动物类群数减少，其中中气门亚目占比较非刈割处理有所降低(31.36%降为 16.82%)，盲蛛目占比几乎不变且仍为常见类群，等翅目(5.96%)和缨翅目(6.06%)成为常见类群，长角蛛目消失，原蛛目变为稀有类群。KOP 生境刈割覆盖后，中气门亚目占比增加，甲螨亚目减少，鞘翅目幼虫和膜翅目消失。ALF 生境下，刈割覆盖处理提高了甲螨亚目和中气门亚目占比，前气门亚目从优势类群(42.58%)变为常见类群(8.52%)，双翅目幼虫、鞘翅目幼虫和原蛛目由稀有类群变为常见类群。

表 5-2　刈割覆盖处理和枯落物类型对土壤动物群落指数、个体密度和类群数的影响

影响因子		df	多样性指数		丰富度指数		优势度指数		均匀度指数		个体数		类群数	
			F	P	F	P	F	P	F	P	F	P	F	P
枯落物层	刈割覆盖处理(M)	1	0.856	0.286	0.471	0.374	1.726	0.310	0.657	0.892	2.781	0.218	2.096	0.906
	枯落物类型(L)	2	1.439	0.262	0.708	0.505	0.142	0.869	17.193	**<0.001**	5.633	**0.012**	24.376	**<0.001**
土层	刈割覆盖处理(M)	1	3.844	0.237	9.022	**0.003**	2.248	0.594	0.029	0.807	0.991	0.479	12.126	**0.041**
	枯落物类型(L)	2	2.825	0.084	6.010	**0.009**	1.645	0.219	0.195	0.825	4.729	**0.022**	3.827	**0.040**

注：刈割覆盖处理分析选用 T 检验，加粗数据表示对参数的影响达显著水平。

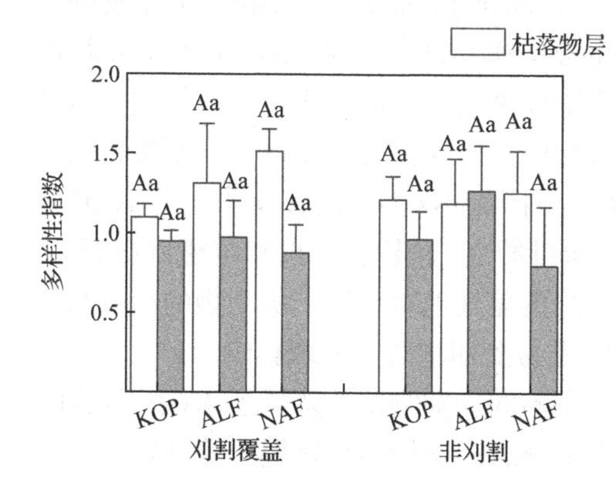

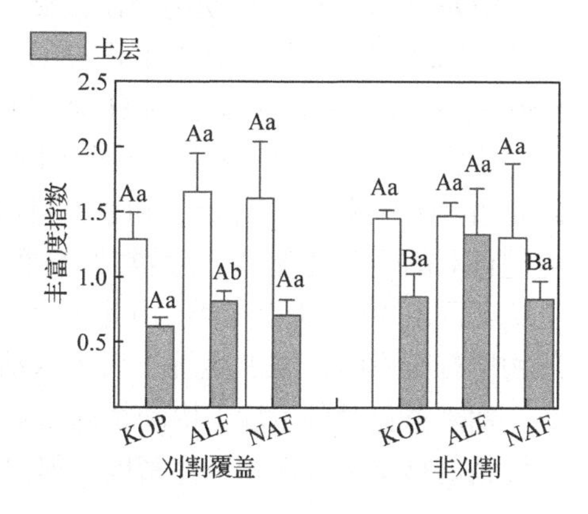

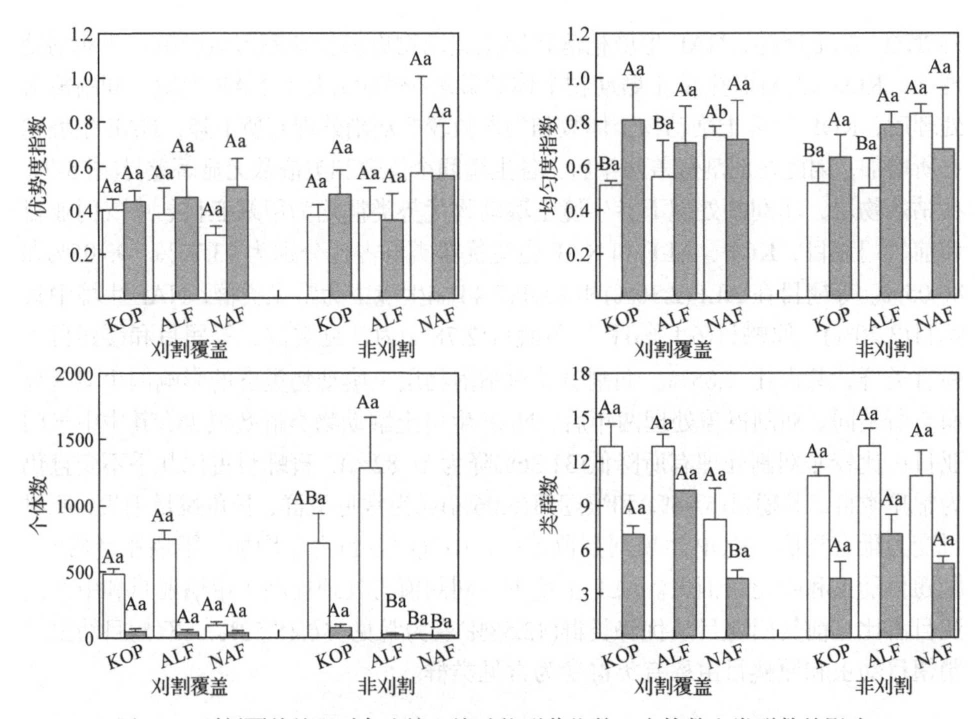

图 5-2 刈割覆盖处理对各生境土壤动物群落指数、个体数和类群数的影响

刈割覆盖处理显著影响土层土壤动物丰富度和类群数，枯落物类型对土壤动物丰富度、个体数和类群数影响显著(P<0.05)，见表 5-2。较非刈割而言，刈割覆盖后 KOP 生境土层土壤动物多样性指数无明显变化(分别为 0.9652 和 0.9461)，ALF 生境多样性指数减小(1.2685 减小为 0.9740)，NAF 生境多样性指数增大(0.7998 增大为 0.8760)。非刈割处理下，ALF 生境土层土壤动物丰富度指数显著大于 KOP 和 NAF，刈割覆盖处理显著减小土壤动物丰富度指数，ALF 生境减小幅度达显著水平。刈割覆盖处理后，ALF 生境均匀度指数有所减小。非刈割处理下，KOP 生境土层土壤动物个体数显著大于 ALF 和 NAF，刈割覆盖后生境间无显著差别(图 5-2)。非刈割处理下，KOP 生境甲螨亚目占比为 NAF 和 ALF 生境的 1.56～1.63 倍；刈割覆盖后 NAF 和 ALF 生境甲螨亚目占比增加，前气门亚目减少，这使得各生境甲螨亚目、中气门亚目和前气门亚目占比接近。刈割覆盖后，KOP 生境中盲蛛目、等翅目和原蚍目消失，土壤动物类群仅有 4 类。对 ALF 生境进行刈割覆盖处理，一年后常见类群双翅目幼虫、鞘翅目幼虫和缨翅目均消失，土壤类群由 10 类降至 7 类。由此可见，刈割覆盖处理对土层土壤动物的影响与枯落物层有所不同，ALF 生境土层土壤动物更易受刈割覆盖处理影响。

刈割覆盖对各生境土壤动物的影响有所不同。刈割覆盖降低了 KOP 和 ALF 生境枯落物层土壤动物个体密度，但提高了 NAF 生境枯落物层土壤动物个体密度和多样性指数。上述土壤动物的差异可能与枯落物基质质量有关。一方面，柠条和苜蓿均为豆科固氮植物，含有大量的粗蛋白质和丰富的碳水化合物，其叶片自然凋落后可覆盖在地表，这为土壤动物和微生物提供充足的食物；长芒草为禾本科针茅属植物，粗蛋白质含量较低，枯萎后多以立枯物为主。人为刈割覆盖后，NAF 生境地表枯落物明显增多，枯落物覆盖不仅削弱了太阳对地表的辐射，同时减少了水分蒸发，这为土壤动物和微生物提供了良好的生活空间和食物来源，从而提高 NAF 生境枯落物层土壤动物数量。另一方面，KOP 和 ALF 生境刈割覆盖后，高质量的枯落物输入增多，土壤生物可能产生上行控制效应(傅声雷等，2019)，使得分解过程更依赖细菌，进而改变以微生物为食的土壤生物及更高级别的土壤生物，枯落物层 KOP 和 ALF 生境食菌性的前气门亚目土壤动物占比减小。加之枯落物覆盖改变了近地表枯落物的水热条件，有利于微生物繁殖，一定程度上加剧了上行控制效应。即便如此，KOP 和 ALF 生境枯落物层土壤动物数量仍远大于 NAF 生境。非刈割处理下，ALF 生境土层土壤动物具有较高的多样性和丰富度，KOP 生境具有较多数量的土壤动物；刈割覆盖后，各生境间土层土壤动物个体密度、多样性指数和优势度指数几乎无差异。这可能与土壤性质有关，冗余分析结果显示，土壤有机碳含量对土壤动物群落的解释度为 34.1%，且土壤动物个体密度和甲螨亚目与土壤有机碳含量正相关。刈割覆盖后，KOP 生境土壤有机碳含量较非刈割处理略有减少，而 ALF 和 NAF 生境较非刈割处理有所增大，这一变化缩小了 3 种生境土壤有机碳含量的差异，从而使刈割覆盖后各生境间土层土壤动物个体密度几乎无差异。与非刈割处理相比，刈割覆盖后 ALF 和 NAF 生境土层甲螨亚目占比显著提高，与 KOP 生境相近，NAF 生境中食性广泛的前气门亚目占比显著降低，与 ALF 和 KOP 生境接近。此外，刈割覆盖促进了各生境氮素的输入，其中 ALF 生境较为明显，刈割覆盖前后土壤全氮含量差异显著，氮素的增加可一定程度上降低跳虫密度(Song et al.，2016)。刈割覆盖处理后，ALF 生境原蛛目占比减小，土壤动物多样性和丰富度减小，优势度增大。上述原因共同引起刈割覆盖后各生境间土层土壤动物类群间的差异较小。

5.1.3　土壤性质对刈割覆盖处理的响应

枯落物类型显著影响土壤全氮、全磷、速效磷、硝态氮及微生物量碳和氮(P<0.05)(图 5-3 和表 5-3)。刈割覆盖后，KOP 生境土壤有机碳含量下降(6.75g · kg^{-1}降为 6.59g · kg^{-1})，ALF 和 NAF 生境有所增大，这使得各生境间土壤有机碳含量差异缩小。非刈割处理下，土壤全氮含量 KOP>ALF>NAF，刈割覆盖后的土壤全氮含量变化同土壤有机碳含量相似。对于土壤全磷含量而言，非刈割处理下 NAF 生境显著高于 KOP 和 ALF 生境；刈割覆盖后，ALF 和 NAF 生境土壤全磷含量分别增加了 0.011g · kg^{-1}和 0.007g · kg^{-1}，此时 NAF 和 ALF 生境土壤全磷含量显著高于 KOP 生境。各生境土壤速效磷含量表现为 ALF>NAF>KOP，刈割覆盖后，ALF 生境土壤速效磷含量约为非刈割处理的 1.72 倍。刈割覆盖降低了 KOP 生境土壤速效磷含量，进而导致刈割覆盖后各生境间土壤速效磷差异增大。刈割覆盖降低了土壤硝态氮和铵态氮含量，非刈割处理生境间土壤硝态氮含量呈现 KOP>ALF>NAF，且 KOP 生境显著高于其他生境；刈割覆盖处理下，各生境土壤硝态氮含量与非刈割处理存在差异，其中 KOP 生境降低幅度最大，下降约 6.09mg · kg^{-1},ALF 生境土壤硝态氮含量几乎保持不变(8.91mg · kg^{-1}和 9.06mg · kg^{-1})，此时 KOP 和 ALF 生境间土壤硝态氮含量无显著差异。刈割覆盖处理下，各生境间土壤铵态氮含量近似相等，变化范围为 3.52～4.05mg · kg^{-1}，ALF 生境较非刈割处理的土壤铵态氮含量下降 53.95%。刈割覆盖后，KOP 和 NAF 生境 EC 有所减小，其中 KOP 生境达显著水平，ALF 生境 EC 略有提升。此外，刈割覆盖显著提高了 ALF 生境土壤全磷含量，但降低了 ALF 生境土壤铵态氮含量。

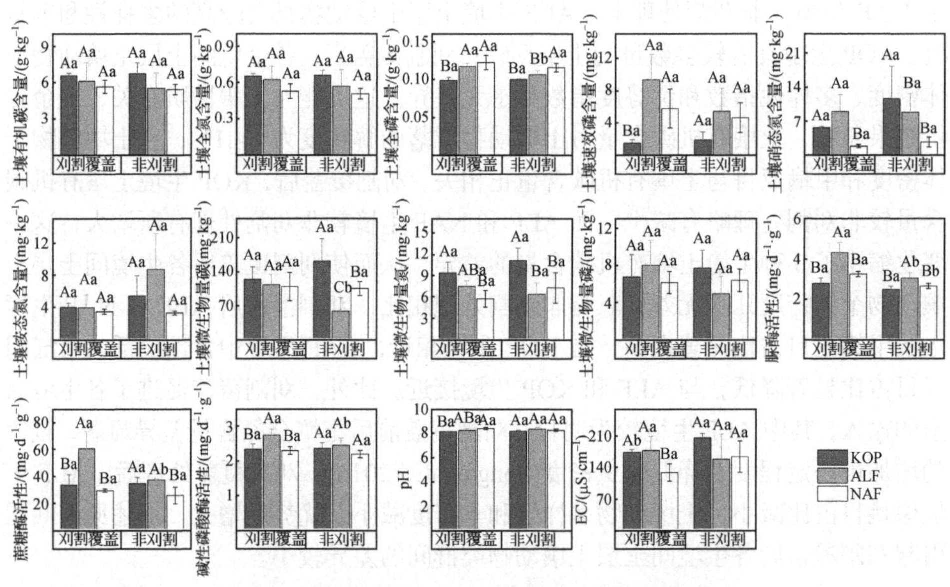

图 5-3　刈割覆盖对各生境土壤养分和酶活性的影响

表 5-3　刈割覆盖处理和枯落物类型对土壤理化及生物学性质的影响

影响因子	df	有机碳含量		土壤全氮含量		土壤全磷含量		土壤速效磷含量		硝态氮含量		铵态氮含量		pH	
		F	*P*	*F*	*P*	*F*	*P*	*F*	*P*	*F*	*P*	*F*	*P*	*F*	*P*
刈割覆盖处理(M)	1	0.181	0.453	0.506	0.529	1.107	0.108	2.730	0.278	1.494	0.239	3.114	0.372	5.101	0.477
枯落物类型(L)	2	2.156	0.143	3.667	**0.045**	20.181	**<0.001**	10.964	**0.001**	10.315	**0.001**	0.340	0.716	3.413	0.054
M×L	2	0.259	0.774	0.207	0.815	2.174	0.141	1.699	0.209	1.722	0.205	0.244	0.786	2.364	0.121

续表

影响因子	df	EC		微生物量碳		微生物量氮		微生物量磷		脲酶活性		蔗糖酶活性		碱性磷酸酶活性	
		F	*P*	*F*	*P*	*F*	*P*	*F*	*P*	*F*	*P*	*F*	*P*	*F*	*P*
刈割覆盖处理(M)	1	0.020	0.923	6.004	0.195	2.845	0.764	0.124	0.217	7.753	**0.012**	10.717	0.137	0.376	0.225
枯落物类型(L)	2	2.304	0.127	7.916	**0.003**	11.958	**<0.001**	0.478	0.627	30.694	**<0.001**	26.453	**<0.001**	10.998	**0.001**
M×L	2	1.452	0.259	5.393	**0.014**	2.384	0.119	2.674	0.095	6.712	**0.006**	8.533	**0.002**	1.913	0.175

注：刈割覆盖处理分析选用 *T* 检验，加粗数据表示对参数的影响达显著水平。

刈割覆盖处理和枯落物类型的交互作用显著影响微生物生物量碳(简称“微生物量碳”)、土壤脲酶和蔗糖酶活性。枯落物类型对土壤酶活性的影响达极显著水平(P<0.001)。非刈割处理下，不同生境间土壤微生物量碳、微生物生物量氮(简称“微生物量氮”)、微生物生物量磷(简称“微生物量磷”)均呈现 KOP>NAF>ALF。对于土壤微生物量碳而言，非刈割处理下 KOP 生境约为 ALF 生境的 2.74 倍，约为 NAF 生境的 1.54 倍，生境间差异显著。刈割覆盖后，KOP 生境土壤微生物量碳降低，ALF 生境增大，NAF 生境基本不变，最终各生境间无显著差异。刈割覆盖两年后，KOP 生境的土壤微生物量氮和微生物量磷较非刈割处理均有不同程度的降低，ALF 生境则表现为增加，且土壤微生物量磷增加更为明显(4.96mg · kg^{-1} 增加为 8.01mg · kg^{-1})。刈割覆盖处理后，各生境土壤微生物量氮表现为 KOP>ALF>NAF。刈割覆盖增加了 ALF 生境的土壤微生物量碳、微生物量氮、微生物量磷，但降低了 KOP 生境的土壤微生物量碳、微生物量氮、微生物量磷。非刈割处理下，ALF 生境土壤脲酶活性显著高于 KOP 和 NAF 生境；刈割覆盖后，KOP、ALF 和 NAF 各生境脲酶活性均有提高，分别提高 0.30mg · d^{-1} · g^{-1}、1.28mg · d^{-1} · g^{-1} 和 0.59mg · d^{-1} · g^{-1}，并且刈割覆盖处理下 ALF 生境的土壤脲酶活性显著高于非刈割处理。对于土壤蔗糖酶而言，非刈割处理下 KOP 和 ALF 生境显著高于 NAF 生境；刈割覆盖后，ALF 生境土壤蔗糖酶活性(60.38mg^{-1} · d^{-1} · g^{-1})显著高于 KOP(33.48mg^{-1} · d^{-1} · g^{-1})和 NAF 生境(29.36mg^{-1} · d^{-1} · g^{-1})，刈割覆盖对 ALF 生境土壤蔗糖酶活性的提升尤为显著。碱性磷酸酶活性在非刈割处理的各生境间无显著差异，刈割覆盖后，ALF 生境碱性磷酸酶活性显著高于 KOP 和 NAF 生境。综上所述，刈割覆盖对土壤微生物量碳、微生物量氮、微生物量磷及酶活性的影响会因植被类型的不同而存在差异。

枯落物分解过程中养分变化多元，其中枯落物碳含量普遍下降，氮含量和磷含量因受各种因素影响或累积或释放。非刈割处理下，枯落物碳含量在 KOP 和

ALF 生境降低明显，NAF 生境基本不变(图 5-1)。枯落物初始基质质量是影响其分解的内在因素，枯落物分解速率与初始枯落物氮含量呈极显著正相关关系，与碳氮比负相关。枯落物中的可溶性碳水化合物会在淋溶作用下快速分解，剩余难分解的物质如单宁、木质素和纤维素等会在微生物的作用下缓慢分解。当碳氮比大于 30 时，氮成为有机碳释放的限制因素，微生物分解速率会因碳氮比升高而降低。调查发现，长芒草较柠条和苜蓿的氮含量更低。此外，柠条冠幅较大，苜蓿为固氮植物且地表覆盖度高于长芒草，削弱地表辐射，改变微环境，使得 KOP 和 ALF 生境存在更多的土壤动物和微生物，从而提高枯落物分解速率。非刈割处理下，KOP 和 ALF 生境枯落物氮含量减少，而 NAF 生境枯落物氮含量不降反升(图 5-1)。淋溶作用可使枯落物中的氮盐淋失，但枯落物中更多的氮以大分子蛋白质的形式存在，其分解主要依赖生物因子。非刈割处理下，KOP 和 ALF 生境土壤动物个体数显著多于 NAF 生境(图 5-2)。甲螨亚目多为腐食性类群，KOP 生境枯落物层甲螨亚目占比约为 50%，冗余分析结果显示，甲螨亚目与枯落物碳、氮、磷含量变化均呈正相关。当初始氮含量较低时，枯落物分解过程中会出现氮富集现象。柠条和苜蓿初始枯落物氮含量为长芒草的 2.5～3.0 倍，这也是本章 NAF 生境枯落物氮含量不降反升的原因。非刈割处理下的 NAF 生境枯落物出现明显磷富集现象，ALF 生境枯落物磷含量较 KOP 生境略高(图 5-1)。枯落物磷含量除与生物因素有关外，还与物理因素有关。分解初期，磷元素的淋溶作用强于氮元素，分解后期微生物发挥作用，其繁殖生长需要消耗大量的三磷酸腺苷，因此会在初始枯落物磷含量低的生境内出现磷富集现象。长芒草枯落物的初始磷含量远低于柠条和苜蓿，因此在 NAF 生境出现磷富集现象是可接受的。初始碳磷比越小，枯落物磷释放越多，本章 ALF 生境的碳磷比为 216.01，小于 KOP 生境的 381.57 和 NAF 生境的 950.88。

刈割覆盖后，KOP 和 ALF 生境枯落物碳含量显著高于非刈割，NAF 生境无明显变化(图 5-1)。枯落物分解过程中需要大量的氮，虽然柠条和苜蓿枯落物叶片碳氮比小于长芒草，但刈割破坏了植物营养器官，减弱光合作用的同时改变根系生长。刈割覆盖增加了生境枯落物积累量，大量柠条枝干和苜蓿秸秆进入生境，然而微生物活动最适宜的碳氮比为 25∶1，过多的枯落物覆盖使得碳氮失衡，加剧了微生物与植物之间氮的竞争，导致枯落物碳分解能力下降。放线菌门和变形菌门可有效分解纤维素，刈割覆盖后各生境两种细菌门类均减少。同时，刈割覆盖的 KOP 和 ALF 生境枯落物层土壤动物个体数较非刈割处理有所降低，且以植食性和菌食性为主的前气门亚目密度降低更为明显。上述因素共同引起刈割覆盖后 KOP 和 ALF 生境枯落物碳含量显著高于非刈割处理。刈割覆盖后，NAF 生境枯落物氮含量几乎无变化，而 KOP 和 ALF 生境枯落物氮释放量减少，KOP 生境更为显著。这是因为刈割覆盖会增加植被粗蛋白含量，柠条和苜蓿生物量远高于长芒草，通常木质植物分解较草本植物慢。刈割覆盖后，NAF 生境细菌数量明显增加，ALF 生境细菌和真菌数量有所增加，由于微生物对氮的需求增加，更多的氮被固定从而降低氮释放量。刈割覆盖仅微弱降低了 NAF 生境枯落物磷含量，仍为磷富集，这说明刈割覆盖并不能有效缓解 NAF 生境的磷限制。

刈割覆盖后，ALF 生境土壤有机碳和全氮含量升高(图 5-3)，这与枯落物碳和氮释放相关。由于刈割覆盖后枯落物碳和氮释放量均较非刈割有所减少，因此这一现象更多是与苜蓿拥有更多的细根有关。与地上枯落物相比，细根周转快，其死亡分解可发生在一年四季并持续向土壤输入碳和养分。细根死亡分解释放的氮和磷等元素会影响植被生长和土壤生物活动。细根分解向土壤中输入的有机物占输入总量的 40%以上，其向土壤归还的氮较枯落物高 18%～55%。因此，细根分解是刈割覆盖后土壤有机质和养分的主要来源。刈割覆盖后，ALF 生境铵态氮含量降低，微生物量碳、微生物量氮、微生物量磷及土壤脲酶和蔗糖酶活性显著升高，这是因为土壤有机碳和全氮的积累提高了微生物量碳和微生物量氮的利用效率，继而影响与碳和氮相关酶的分泌。其他研究表明，枯落物输入增加碳源，刺激微生物代谢，增加微生物量碳。此外，刈割可促进植物根系分泌更多物质以提高土壤微生物量。不仅如此，刈割覆盖还可直接改变地表与大气的接触，在减少水分蒸发的同时，覆盖植被对地表起到积水保墒的作用，进而调控植物生长发育阶段土壤水分的纵向运输，促进植物生长，提高净初级生产力。

5.1.4　刈割覆盖后土壤动物群落和微生物与土壤因子的冗余分析

枯落物碳含量变化量与甲螨亚目、等翅目、蜘蛛目、长角䖴目和双翅目幼虫正相关。枯落物氮磷含量变化量与甲螨亚目、长角䖴目、蜘蛛目、中气门亚目、无气门亚目、双翅目幼虫和鞘翅目幼虫正相关。土壤环境因子对土壤动物群落组成的冗余分析结果如图 5-4(b)所示，第一排序轴和第二排序轴特征值分别为 52.46%和 22.96%，累计方差解释度为 83.8%。SOC 对土壤动物群落的解释度为 34.1%，*P* 值均小于 0.01，显著影响土壤群落。甲螨亚目、原䖴目、土壤动物个体数和类群数与 SOC 正相关。

土壤环境因子对土壤细菌和真菌群落组成的冗余分析结果如图 5-5 所示。其中，TN 是驱动土壤细菌群落变异的主要土壤环境因子，解释度为 22.7%；AP 与放线菌纲、黏菌门、泉古菌门和绿弯菌门正相关，TN 与泉古菌门、酸杆菌门、放线菌门、绿弯菌门、拟杆菌门、疣微菌门、黏菌门、厚壁菌门和芽单胞菌门正相关，与变形菌门负相关。pH 对土壤真菌群落变异的解释度分别为 20.7%，与子囊菌门、壶菌门、球囊菌门、芽枝霉门和油壶菌门正相关。

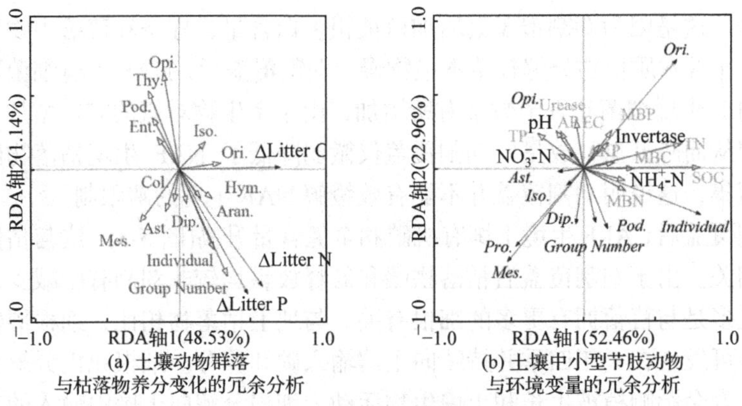

(a) 土壤动物群落与枯落物养分变化的冗余分析　(b) 土壤中小型节肢动物与环境变量的冗余分析

图 5-4　刈割覆盖下的冗余分析结果

ΔLitter C 表示枯落物碳含量变化量；ΔLitter N 表示枯落物氮含量变化量；ΔLitter P 表示枯落物磷含量变化量；SOC 表示土壤有机碳含量；TN 表示土壤全氮含量；NO_3^--N 表示土壤硝态氮含量；NH_4^+-N 表示土壤铵态氮含量；TP 表示土壤全磷含量；AP 表示土壤速效磷含量；EC 表示电导率；Invertase 表示土壤蔗糖酶活性；Urease 表示土壤脲酶活性；AKP 表示土壤碱性磷酸酶活性；MBC 表示微生物生物量碳；MBN 表示微生物生物量氮；MBP 表示微生物生物量磷；Ori.表示甲螨亚目(Oribatida)；Mes.表示中气门亚目(Mesostigmata)；Ast.表示无气门亚目(Astigmata)；Pro.表示前气门亚目(Prostigmata)；Opi.表示盲蛛目(Opiliones)；Dip.表示双翅目幼虫(Diptera larvae)；Iso.表示等翅目(Isoptera)；Col.表示鞘翅目幼虫(Coleoptera larvae)；Thy.表示缨翅目(Thysanoptera)；Pod.表示原姚目(Poduromorpha)；Ent.表示长角姚目(Entomobryomorpha)；Hym.表示膜翅目(Hymenoptera)；Aran.表示蜘蛛目(Araneae)；Group Number 表示类群数；Individual 表示个体数

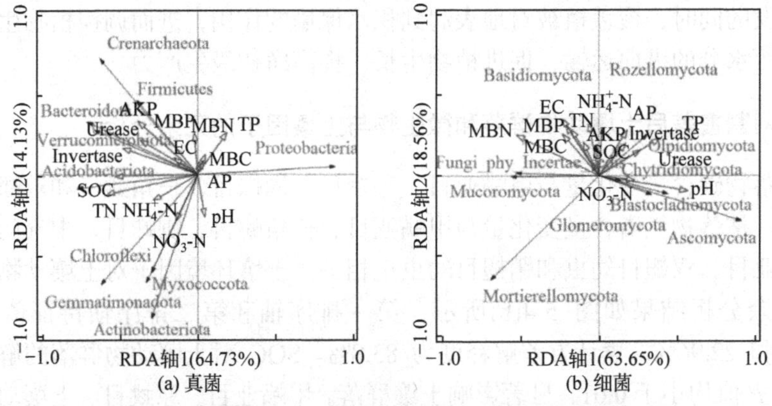

(a) 真菌　(b) 细菌

图 5-5　刈割覆盖下土壤真菌和细菌与土壤性质的冗余分析

细菌：Crenarchaeota 为泉古菌门；Proteobacteria 为变形菌门；Acidobacteriota 为酸杆菌门；Actinobacteriota 为放线菌门；Chloroflexi 为绿弯菌门；Bacteroidota 为拟杆菌门；Verrucomicrobiota 为疣微菌门；Myxococcota 为黏菌门；Firmicutes 为厚壁菌门；Gemmatimonadota 为芽单胞菌门。真菌：Ascomycota 为子囊菌门；Mortierellomycota 为被孢霉门；Basidiomycota 为担子菌门；Chytridiomycota 为壶菌门；Glomeromycota 为球囊菌门；Rozellomycota 为罗兹菌门；Mucoromycota 为毛霉门；Blastocladiomycota 为芽枝霉门；Olpidiomycota 为油壶菌门

5.2　氮添加对土壤动物的影响

本节选择陕北六道沟小流域常见植被长芒草、苜蓿和柠条为研究对象，考虑

到 NH_4NO_3 长途运输和存放不当会引发安全问题，因此试验选用常见氮肥尿素(CH_4N_2O)实现氮添加，设置对照(0kg · hm^{-2} · a^{-1}, N0)、低氮添加(30kg · hm^{-2} · a^{-1}, N30)、中氮添加(50kg · hm^{-2} · a^{-1}，N50)和高氮添加(100kg · hm^{-2} · a^{-1}，N100)4 个处理，探讨多水平氮添加下中小型土壤节肢动物群落变化，并确定氮添加对该地区枯落物养分释放促进和抑制作用的阈值，以期为黄土高原地区氮沉降对林草地生态系统生物多样性的影响提供分析和评估的基础资料。

5.2.1　氮添加条件下枯落物养分变化特征

氮添加显著影响枯落物碳含量，但对枯落物氮、磷含量无显著影响(P>0.05)(表 5-4)。其中，NAF 生境枯落物碳含量受施氮处理影响显著，N0 和 N50 处理枯落物碳含量变化量显著低于 N30 和 N100(图 5-6)。ALF 生境最高枯落物碳含量出现在 N50 处理(328.73g · kg^{-1})，此时枯落物碳含量较初始碳含量仅减少了 90.95g · kg^{-1}。当施氮量为 N30 时，NAF 和 ALF 枯落物碳含量减少了约 50%。

表 5-4　氮添加和枯落物类型及其交互作用对枯落物养分含量的影响

影响因子	df	枯落物碳含量		枯落物氮含量		枯落物磷含量	
		F	*P*	*F*	*P*	*F*	*P*
氮添加(N)	3	3.379	**0.039**	0.224	0.879	0.016	0.997
枯落物类型(L)	1	0.856	0.756	1.804	**<0.001**	0.851	**<0.001**
N×L	7	1.487	0.241	19.662	**<0.001**	321.554	**<0.001**

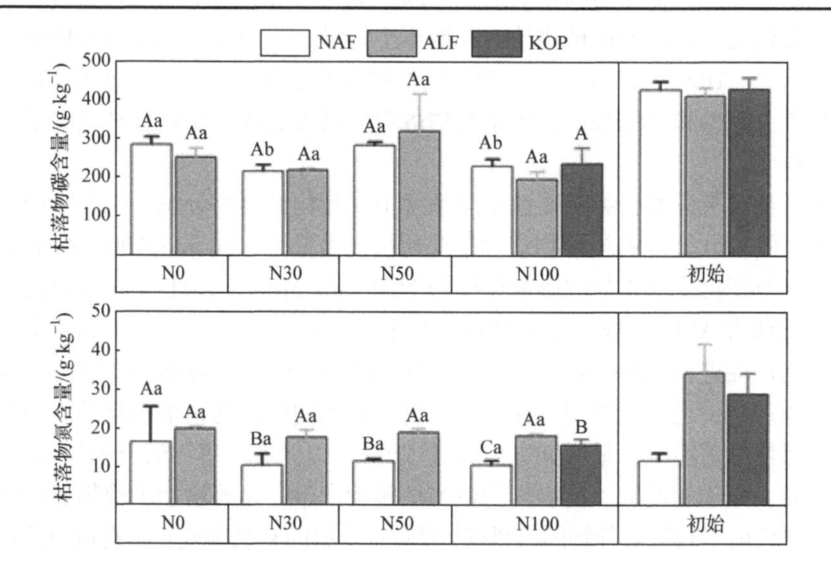

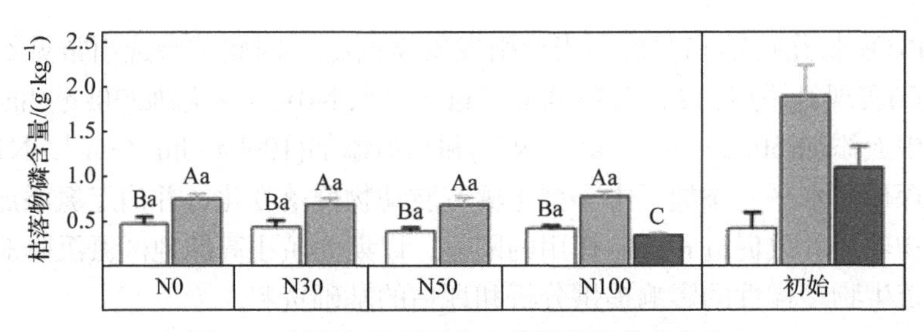

图 5-6　氮添加处理下各生境枯落物养分变化

枯落物分解过程中，枯落物氮、磷含量除受枯落物类型影响外，枯落物类型与氮添加的交互作用也极显著(P<0.001)影响枯落物氮、磷含量。ALF 和 KOP 生境，不同施氮处理的枯落物氮含量较初始枯落物氮含量均显著降低，下降范围为 13.09～16.68g · kg^{-1}。NAF 生境枯落物氮几乎未分解，N0 处理枯落物氮含量不降反升，较初始枯落物氮含量增加 4.78gk · g^{-1}。同一施氮处理下，不同生境间枯落物氮含量的差异出现在 N30、N50 和 N100 处理中，表现在 N30 和 N50 处理的 ALF 生境枯落物氮含量显著高于 NAF，N100 处理的枯落物氮含量 ALF>KOP>NAF。不同施氮处理的枯落物磷含量均表现为 ALF>NAF。与初始枯落物磷含量相比，NAF 生境枯落物磷含量几乎无变化，而 KOP 和 ALF 生境枯落物磷含量分别减少了约 65.95 和 60.56%。综上所述，氮添加对枯落物碳含量的影响既有促进作用又有抑制作用；不同施氮量虽未引起枯落物氮含量显著变化，但其一定程度上促进了 ALF 生境枯落物氮含量的减少。

枯落物通过分解释放植物生长所需养分来维持生态系统稳定。分解过程受气候、土壤性质、土壤生物和植被类型共同影响，氮沉降对上述因素均有影响。氮添加刺激植物生长，增加植物地上和地下生物量，从而通过枯落物和根际沉积向土壤输入氮。Yue 等(2016)研究指出，氮添加增加了森林和草地的地下生物量，分别增加了 15.9%和 28.2%，其中草地枯落物对氮添加的反应较森林、湿地和苔原更为积极。

氮添加已被证实会影响陆地生态系统中的植物枯落物分解。本小节中，NAF 生境 N0 和 N50 处理的枯落物碳含量变化量显著低于 N30 和 N100，ALF 生境枯落物碳含量变化受氮添加的影响规律与 NAF 生境相似，并且 N50 处理的枯落物碳含量表现为 ALF>NAF。由此可知，当施氮量为 N30 时，长芒草和苜蓿枯落物碳释放均被促进；当施氮量为 N50 时，苜蓿枯落物碳释放被抑制(图 5-6)。考虑是外源氮添加减少土壤氮限制，在促进植物生长的同时改变枯落物化学成分所致。氮添加可使枯落物氮含量增加进而降低碳氮比，以促进枯落物的分解和养分释放。与此同时，氮添加增加了植物生物量和枯落物产量，显著增加了植物碳的输入，微生物更倾向于利用易分解的有机碳，而对难分解的有机碳或复杂有机氮源底物的代谢能力下降。禾本科草本植物对枯落物分解氮的重吸收速率大于灌木，灌木从土壤中吸收氮的速率大于草本植物。植被类型不同也会使同一氮添加条件下枯落物养分存在差异。枯落物固有养分往往比外源氮对分解的影响更大，初始枯落物养分被认为是区域尺度上枯落物氮释放的主要控制者，通常初始氮含量较高的枯落物具有较大的总氮释放速率。苜蓿枯落物初始碳氮比远小于长芒草，施氮处理促进了 ALF 生境枯落物氮释放，但不同梯度施氮处理间差异较小；NAF 生境施氮处理与未施氮处理相比，枯落物氮含量变化更明显。因此，在关注外源氮添加影响的同时，不应忽视枯落物自身养分变化及不同植被对土壤养分利用的影响。

中等强度的氮沉降对生物有利，可促进土壤动物多样化，而过量则会造成负面影响，表现为降低酶活性、改变微生物对底物的利用，进而调控枯落物分解速率。氮添加可增加细菌与真菌的比例，从而使得具有较高代谢活性的细菌主导微生物群落，并刺激枯落物分解。一些微生物在分解顽固有机物需要在低氮环境下进行，这可能是 N50 处理下 ALF 生境枯落物碳分解较慢的原因之一。木质素与纤维素占枯落物干质量的 65%～80%，枯落物中的纤维素可被噬纤维菌属分解，担子菌门对纤维素分解的贡献最大。N50 处理下，NAF 生境担子菌门相对丰度约为 ALF 生境的 5 倍。木质素降解酶主要由白腐菌(担子菌门)在氮受限条件下产生，氮增加会抑制木质素降解酶活性，进而降低枯落物分解后期的分解速率，阻止碳流向异养型土壤食物网，从而降低土壤有机碳分解速率，造成土壤碳累积。同时，随着施氮量的加大，木质素降解率的抑制作用将大于纤维素降解酶的累积作用。纤维素是植物产生的最普通的有机底物，不同植被类型的底物利用率受氮添加的影响不一致。有学者认为，氮添加可降低松林微生物的潜在活性，而阔叶林中氮添加与底物利用率无显著关系。氮添加使得微生物对底物碳和氮的利用提高，本小节氮添加对枯落物氮、磷分解的影响不显著，这可能与施氮时间较短和植被类型有关。

人为氮添加一定程度上消除或缓解了氮对生态系统的限制，从而转化为其他养分限制，如磷限制。图 5-7 显示，土壤磷含量随着施氮量的增加整体呈微弱减小趋势。Dias 等(2012)在研究灌木林模拟氮沉降时证实了这一点，即施氮处理后土壤磷含量显著下降。ALF 生境土壤有机碳含量对氮添加的响应在 N30 处理最高，NAF 生境在 N50 处理最高，土壤有机碳含量对氮添加的响应因植被类型而异。氮添加可以减少微生物生物量，这与本小节结果存在差异，ALF 生境土壤微生物量碳、微生物量氮、微生物量磷和酶活性均以 N30 为拐点先增后降，而 NAF 生境随着施氮量的增加基本呈增大趋势(图 5-7)。枯落物分解可释放土壤酶进入土中，提高土壤微生物量。土壤酶主要源于土壤微生物，还与土壤动物、植物及其分泌物有关。氮添加提高了土壤氮磷比，使微生物对磷的需求相对增加，进而分泌更多磷酸酶以获取代谢所需的磷元素。氮添加增加了蔗糖酶活性，一定范围的氮添

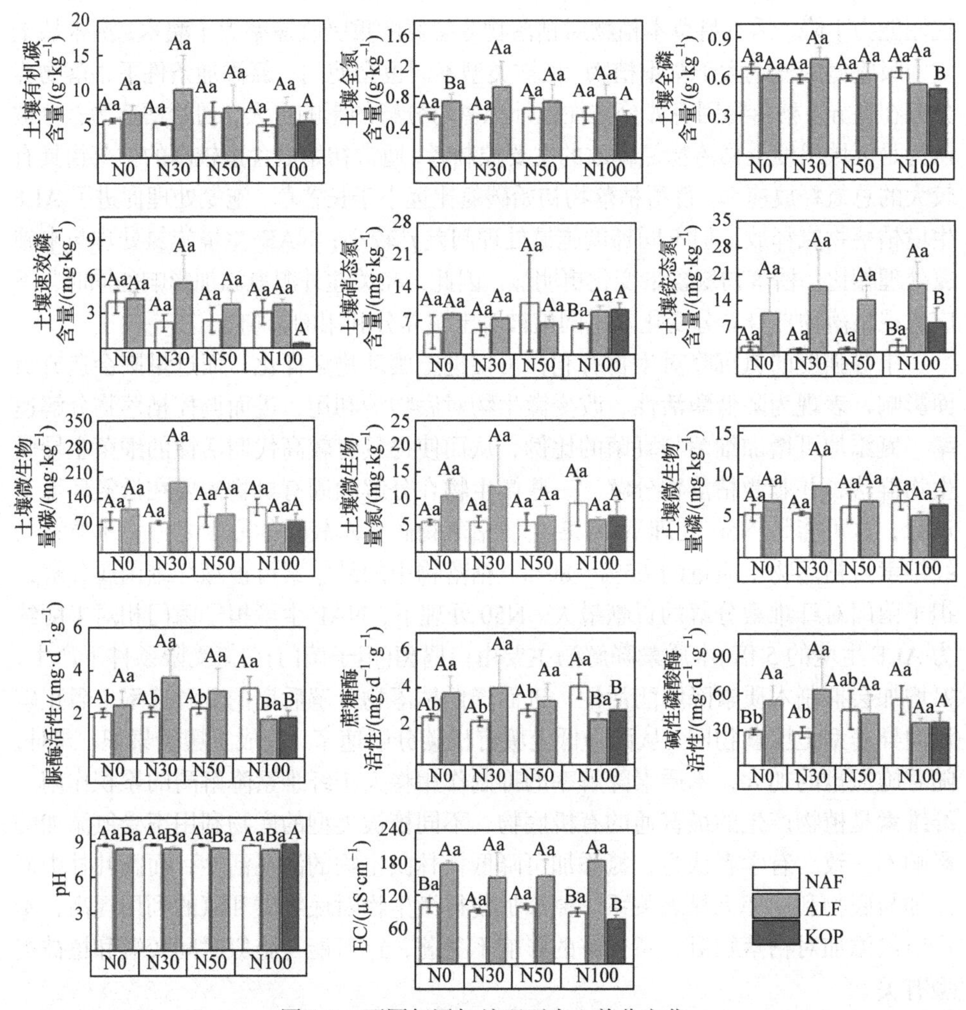

图 5-7　不同氮添加处理下表土养分变化

加可有效减轻土壤微生物的营养压力，而当氮输入量过高时，土壤微生物对土壤养分的吸收利用有所减弱。苜蓿为固氮作物，因此施加一定外源氮可能会抑制其微生物活动，进而降低微生物生物量；长芒草添加外源氮后，土壤碳氮比减小，微生物分解矿化作用加速。依据试验研究结果，ALF 和 NAF 生境氮添加对土壤微生物生物量的影响还需要进行长期的监测。

5.2.2　氮添加对土壤性质的影响

短期氮添加对土壤理化和生物学性质几乎无影响，枯落物类型及其与氮添加的交互作用显著影响土壤性质(表 5-5)。枯落物类型显著影响土壤有机碳和全氮含量。ALF 生境土壤有机碳和全氮含量高于 NAF 生境。N30 处理下，两种生境间土壤有机碳和全氮含量差值最大，分别为 4.843g · kg^{-1} 和 0.393g · kg^{-1}(图 5-7)。N30 处理下，土壤全磷和速效磷含量在 ALF 和 NAF 生境中的差值最大。N50 处理下，NAF 生境土壤硝态氮比 ALF 高 4.147mg · kg^{-1}。NAF 生境土壤有机碳、全氮和硝态氮含量均表现出在 N50 处理时最高。NAF 生境铵态氮含量整体处于较低水平，为 ALF 生境的 1/8～1/4；N30 处理下，二者相差最大(16.750mg · kg^{-1})。较高的施氮量显著影响土壤表层速效磷和铵态氮、硝态氮。N100 处理下，NAF 和 ALF 生境的全磷和速效磷含量均高于 KOP 生境，速效磷含量差异达显著水平。N100 处理下，KOP 和 ALF 生境的硝态氮含量近似相等，分别为 9.727mg · kg^{-1} 和 9.260mg · kg^{-1}，显著高于 NAF 生境(6.310mg · kg^{-1})；铵态氮含量略有不同，表现为 ALF>KOP>NAF。研究区土壤整体呈碱性，ALF 生境 pH 显著小于 NAF 生境，同时 ALF 生境具有较大的 EC。除 N100 处理外，ALF 生境土壤微生物量碳、微生物量氮、微生物量磷均大于 NAF，并且在 N30 处理差值达最大。N100 处理下，NAF 生境的微生物量碳、微生物量氮、微生物量磷大于 ALF。表 5-5 显示，枯落物类型与氮添加的交互作用显著影响土壤酶活性。随着施氮量的增加，NAF 生境土壤脲酶、蔗糖酶和碱性磷酸酶活性均显著提升，N100 处理分别是 N0 处理的 1.51 倍、1.61 倍和 1.91 倍。ALF 生境有所不同，土壤脲酶、蔗糖酶和碱性磷酸酶的最大活性均出现在 N30 处理，不同处理间存在差异，但未达显著水平。N100 处理的 NAF 生境各酶活性均显著大于 ALF 和 KOP。由此可见，NAF 生境土壤酶活性对高施氮量有较好的响应，施氮量对 ALF 生境土壤碳氮磷含量和微生物量碳、微生物量氮、微生物量磷的提高只在 N30 处理较为明显。

表 5-5　氮添加和枯落物类型对土壤理化及生物学性质的影响

影响因子	df	有机碳含量		土壤全氮含量		土壤全磷含量		土壤速效磷含量		硝态氮含量		铵态氮含量		pH	
		F	*P*	*F*	*P*	*F*	*P*	*F*	*P*	*F*	*P*	*F*	*P*	*F*	*P*
氮添加(N)	3	0.585	0.633	0.297	0.827	1.089	0.379	1.081	0.382	0.464	0.711	0.371	0.775	1.050	0.395
枯落物类型(L)	1	4.670	**0.022**	5.559	**0.003**	5.283	0.841	0.089	**0.010**	2.191	0.449	18.148	**<0.001**	4.374	**<0.001**
N×L	3	1.059	0.391	0.898	0.461	2.640	0.081	2.567	0.087	1.451	0.261	0.419	0.742	0.617	0.613

影响因子	df	EC		微生物量碳		微生物量氮		微生物量磷		脲酶活性		蔗糖酶活性		碱性磷酸酶活性	
		F	*P*	*F*	*P*	*F*	*P*	*F*	*P*	*F*	*P*	*F*	*P*	*F*	*P*
氮添加(N)	3	0.928	0.447	1.045	0.397	0.745	0.539	0.409	0.748	1.083	0.382	0.047	0.986	0.133	0.939
枯落物类型(L)	1	17.720	<0.001	6.383	0.241	2.749	0.124	5.009	0.245	9.835	0.366	1.435	0.274	0.413	0.173
N×L	3	1.052	0.394	3.778	**0.029**	2.517	0.091	2.221	0.121	5.954	**0.005**	5.818	**0.006**	5.311	**0.008**

注：枯落物类型分析选用 *T* 检验，只考虑 ALF 和 NAF 生境的分析结果；加粗数据表示对参数的影响达显著水平。

氮添加会显著提高土壤中铵态氮和硝态氮含量，从而促进土壤氨化和硝化。无机氮增加有利于微生物的生长，促进有机物质分解，也可促进植物生长。本小节随施氮量的增加，NAF 生境硝态氮含量在 N50 处理达最大值，铵态氮增加幅度不明显；ALF 生境硝态氮含量几乎无变化，铵态氮含量整体呈增加趋势(图 5-7)。这一现象与前人研究结果存在差异，这是因为适宜的氮添加可补充受氮限制生态系统中的土壤氮含量，但过量添加氮会导致某些植物对无机氮的需求量达到饱和。在氮受限的样地内，外源氮可被有效固定，使得进入土壤中的铵态氮和硝态氮被植物吸收利用，从而退出土壤生态系统。同时，植物会优先吸收土壤中的硝态氮以维持植物生长，造成 NAF 生境土壤硝态氮净剩余量较小，随施氮量的增加无明显增长。此外，受电荷影响，带负电荷的硝态氮更易受淋溶作用而出现损失。

5.2.3 氮添加对土壤动物群落特征的影响

本小节分离提取土壤动物共 9506 只，包括枯落物层 8313 只和土层 1193 只，隶属节肢动物门 3 纲 12 目 48 科。其中，蛛形纲、昆虫纲和弹尾纲分别占总个体数的 93.05%、5.14%和 1.81%。目水平下，甲螨亚目、中气门亚目、前气门亚目、等翅目和原蚍目分别占总个体数的 39.07%、45.45%、7.45%、4.01%和 1.76%。优势类群为上罗甲螨科和孔洞螨科，二者占总个体数的 66.59%。常见类群为罗甲螨科、阿斯甲螨科、矮汉甲螨科、盲甲螨科、山足甲螨科、寄螨科、维螨科、跗线螨科、微绒螨科、矮蒲螨科、鼻蛩科和棘蚍科，占总个体数的 20.26%；优势类群和常见类群个体数共占总个体数的 86.85%，其余 34 类为稀有类群，约占 13.15%。在相同生境中，各氮添加处理下土壤动物总个体数表现为 N50 > N100 > N0 > N30。同一氮添加处理下，ALF 生境土壤动物个体数显著大于 NAF 生境，并且土壤动物个体数在 N50 处理 ALF 生境中最多(2743 只)。为明确氮添加、枯落物类型及其交互作用对土壤动物的影响，进行氮添加和枯落物类型对土壤动物群落结构、个体数和类群数的双因素方差分析(表 5-6)。对于枯落物层，氮添加对土壤动物个体数、类群数和群落结构的影响不显著，土壤动物均匀度指数、个体数和类群数受枯落物类型极显著影响(P<0.01)。由图 5-8 可知，随着施氮量的增加，NAF 生境土壤动物多样性指数和均匀度指数先减小后增大，在 N50 处理最小，分别为 0.859 和 0.511。N0 和 N30 处理下，NAF 生境土壤动物多样性指数、丰富度指数和均匀度指数均大于 ALF 生境，其中均匀度指数在两种施氮量处理间的差异达显著水平。N50 处理下，NAF 生境土壤动物多样性指数、丰富度指数和均匀度指数均小于 ALF 生境。在 N100 处理下，NAF、ALF 和 KOP 生境土壤动物群落结构无显著差异。同一氮添加处理下，各生境间土壤动物个体数和类群数差异显著，

表现为 ALF 显著大于 NAF，N50 处理的土壤动物个体数在生境间差异达到最大，ALF 生境 N50 处理的土壤动物个体数约为 NAF 生境 N50 处理的 23.75 倍。随着施氮量的增加，生境间土壤动物类群数差异逐渐增大。

表 5-6　氮添加和枯落物类型对土壤动物群落指数、个体数和类群数的影响

影响因子		df	多样性指数		丰富度指数		优势度指数		均匀度指数		个体数		类群数	
			F	*P*	*F*	*P*	*F*	*P*	*F*	*P*	*F*	*P*	*F*	*P*
枯落物层	氮添加(N)	3	0.701	0.564	0.833	0.493	1.171	0.348	1.561	0.233	0.201	0.894	0.584	0.633
	枯落物类型(L)	1	2.135	0.994	11.698	0.907	1.553	0.875	0.938	**0.005**	39.904	**<0.001**	4.228	**<0.001**
土层	氮添加(N)	3	0.125	0.944	0.184	0.906	0.399	0.756	0.508	0.682	1.101	0.374	0.212	0.887
	枯落物类型(L)	1	0.320	0.556	0.407	0.734	0.180	0.306	0.005	**0.018**	2.973	**0.002**	0.088	0.157

注：采用 *T* 检验，表中枯落物对土壤多样性指数的影响只考虑 ALF 和 NAF 生境；加粗数据表示对参数的影响达显著水平。

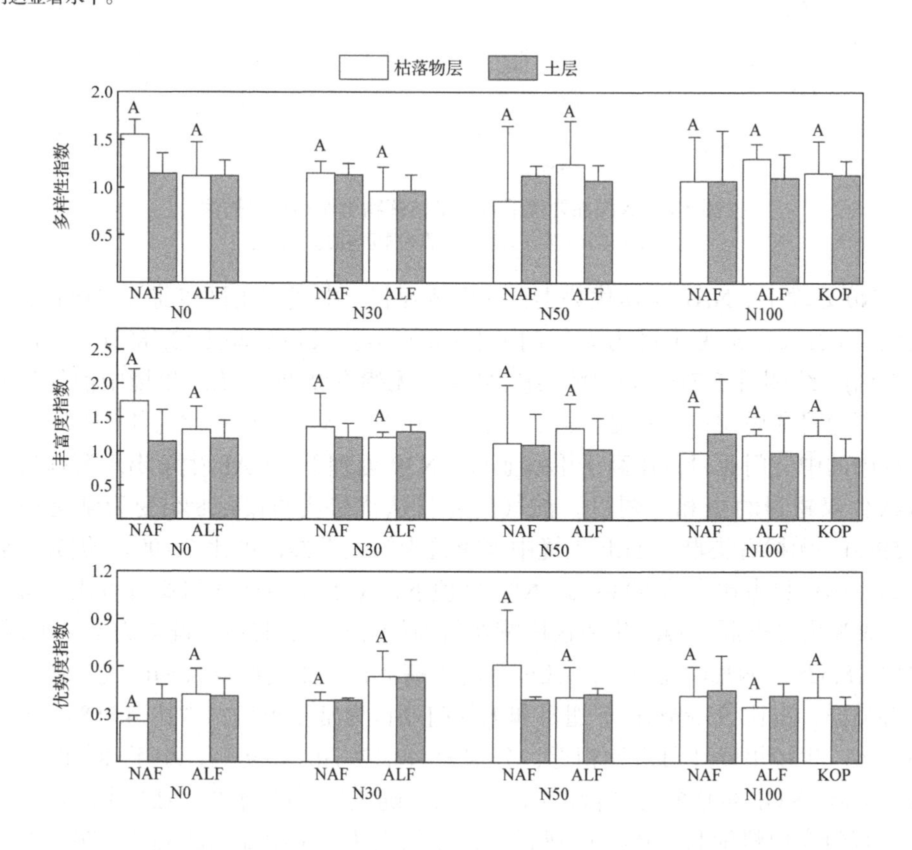

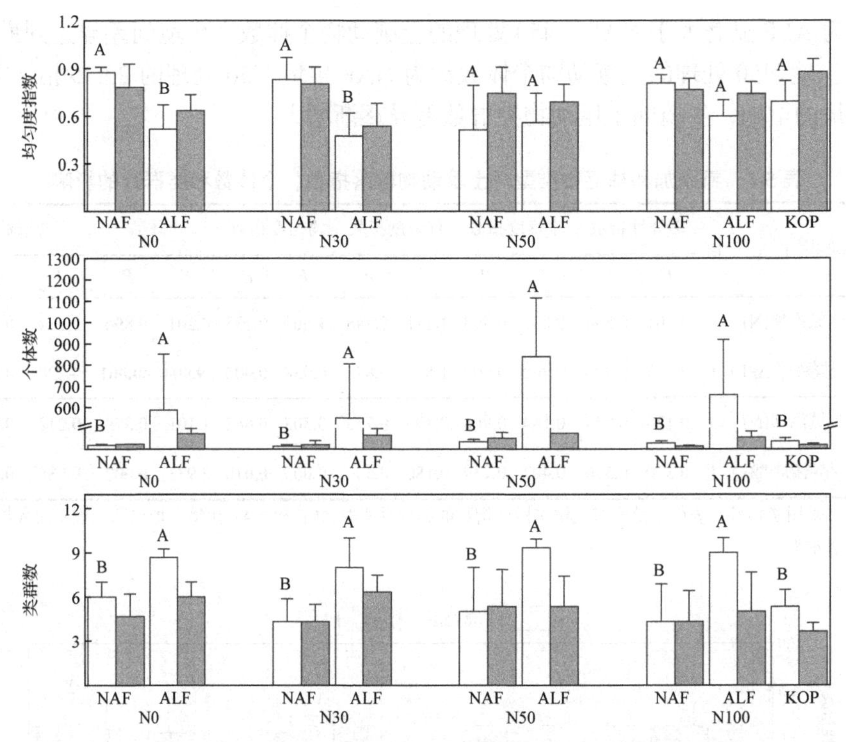

图 5-8　氮添加处理下各生境枯落物土壤动物多样性

大写字母表示同一氮添加水平不同生境的差异显著

N0 处理下，NAF 生境优势类群为甲螨亚目、中气门亚目和前气门亚目，占比约 71.12%；常见类群为无气门亚目(6.10%)、双翅目幼虫(2.38%)、等翅目(8.75%)、缨翅目(3.71%)和原姚目(7.94%)，无稀有类群。ALF 生境中前气门亚目、等翅目和原姚目为常见类群，占比 14.03%，稀有类群占比为 1.87%，优势类群中的中气门亚目占比高于甲螨亚目。N30 处理下，NAF 生境出现盲蛛目，但缺少双翅目幼虫和等翅目，前气门亚目从优势类群(24.18%)变为常见类群(8.59%)，无稀有类群。ALF 生境中等翅目为常见类群，占比 7.10%；优势类群中的甲螨亚目占比高达 69.09%。N50 处理下，ALF 生境前气门亚目占比有所增大，成为优势类群；NAF 生境仅甲螨亚目为优势类群，其他类群均为常见类群，占比 28.62%。N100 处理下，ALF 生境甲螨亚目、中气门亚目和前气门亚目为优势类群，占比 93.86%；等翅目和无气门亚目为常见类群，占比 4.38%。ALF 和 NAF 生境甲螨亚目占比相近，分别为 46.47%和 46.93%，小于 KOP 生境(54.39%)；KOP 生境常见类群占比 25.14%。随施氮量的增加，ALF 生境优势类群一直包含甲螨亚目和中气门亚目，占比依次为 84.10%、82.36%、76.78%、78.84%。在 N0、N30 和 N50 施氮处理下，随施氮量的增加，NAF 生境优势类群群落类型逐渐减少。

枯落物类型和氮添加对土层土壤动物群落结构的影响整体较小($P>0.05$)(表 5-6)。不同氮添加处理下，ALF 生境土壤动物个体数均多于 NAF，各生境土壤动物类群数相近。土层中，NAF 和 ALF 生境甲螨亚目在不同氮添加处理下占比均最大，为优势类群。中气门亚目也为优势类群，其在 ALF 生境中的占比始终大于 NAF 生境，二者占比差值最大出现在 N30 处理，为 18.89%。N0 处理下，NAF 生境前气门亚目为常见类群，后随着施氮量的增加，其成为优势类群，但占比逐渐减小。N30 处理下，ALF 生境优势类群数最多，分别为甲螨亚目(37.80%)、中气门亚目(10.22%)、前气门亚目(20.34%)和等翅目(28.77%)；长角蛛目占比 2.08%，为常见类群；盲蛛目为稀有类群。N50 处理下，ALF 生境出现鞘翅目幼虫。N100 处理下，NAF、ALF 和 KOP 生境中前气门亚目均为优势类群，占比相差较小，分别为 12.04%、15.85%和 17.85%；NAF 和 KOP 生境无稀有类群，NAF 和 ALF 生境有原蛛目存在，占比分别为 4.63%和 3.27%，KOP 则存在 3.51%的膜翅目。

枯落物碳含量变化量与甲螨亚目、盲蛛目、鞘翅目幼虫和长角蛛目正相关。枯落物氮磷含量变化量与等翅目、长角蛛目和膜翅目正相关[图 5-9(a)]。土壤环境因子与土壤动物群落组成的冗余分析结果如图 5-9(b)所示，第一排序轴和第二排序轴特征值分别为 27.19%和 9.02%，累计方差解释度为 41.5%。NH_4^+-N 和 AP 对

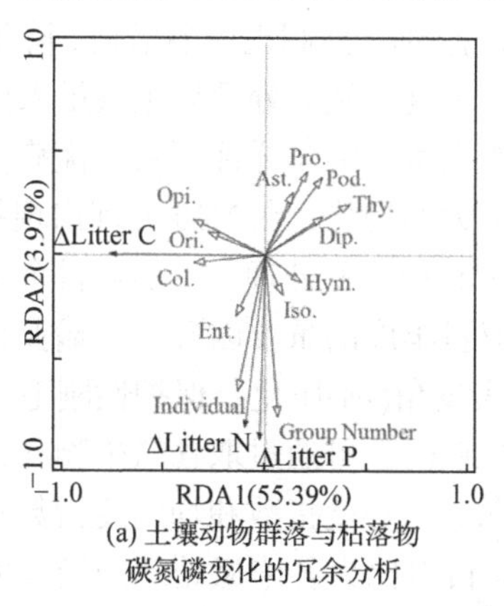

(a) 土壤动物群落与枯落物碳氮磷变化的冗余分析

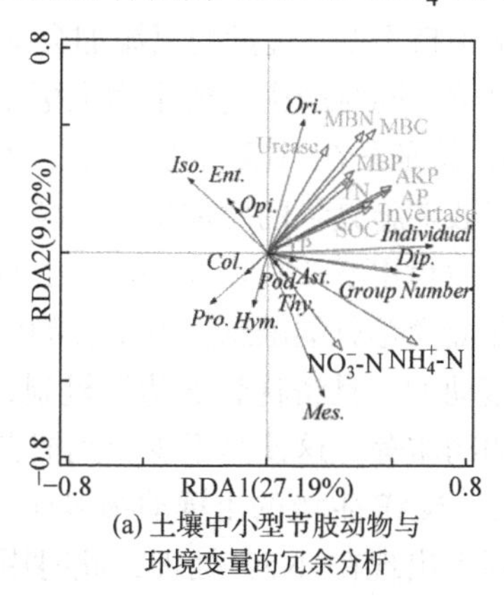

(a) 土壤中小型节肢动物与环境变量的冗余分析

图 5-9　模拟氮沉降下的冗余分析

ΔLitter C 为枯落物碳含量变化量；ΔLitter N 为枯落物氮含量变化量；ΔLitter P 为枯落物磷含量变化量；SOC 表示土壤有机碳含量；TN 表示土壤全氮含量；NO_3^--N 表示土壤硝态氮含量；NH_4^+-N 表示土壤铵态氮含量；TP 表示土壤全磷含量；AP 表示土壤速效磷含量；Invertase 表示土壤蔗糖酶活性；Urease 表示土壤脲酶活性；AKP 表示土壤碱性磷酸酶活性；MBC 表示微生物生物量碳；MBN 表示微生物生物量氮；MBP 表示微生物生物量磷；Ori. 表示甲螨亚目(Oribatida)；Mes.表示中气门亚目(Mesostigmata)；Ast.表示无气门亚目(Astigmata)；Pro.表示前气门亚目(Prostigmata)；Opi.表示盲蛛目(Opiliones)；Dip.表示双翅目幼虫(Diptera larvae)；Iso.表示等翅目(Isoptera)；Col. 表示鞘翅目幼虫(Coleoptera larvae)；Thy.表示缨翅目(Thysanoptera)；Pod.表示原蛛目(Poduromorpha)；Ent.表示长角蛛目(Entomobryomorpha)；Hym.表示膜翅目(Hymenoptera)；Group Number 表示类群数；Individual 表示个体数

土壤动物群落的解释度为 20.6%，*P* 值均小于 0.05，可认为对土壤群落有一定的影响。甲螨亚目、中气门亚目、无气门亚目、双翅目幼虫、缨翅目和原蛛目均与 AP 呈正相关，甲螨亚目与 NH_4^+-N 呈负相关。

除 N100 处理外，随施氮量的增加，NAF 和 ALF 生境土壤动物个体数和类群数均有不同程度增加；然而，NAF 生境枯落物层土壤动物多样性随施氮量的增加逐渐降低，ALF 生境与 NAF 变化相反。氮添加可影响土壤动物群落组成，出现上述差异是多方面引起的。首先与植被类型有关，野外调查显示，施氮后 ALF 生境土壤铵态氮、硝态氮含量得到显著提升，刺激植物生长，与未施氮处理相比，施氮后地上生物量明显增加，这为土壤动物提供了食物来源。苜蓿根系发达，土壤孔隙度较长芒草大，有利于土壤内气体流通，这为土壤动物繁衍生活提供了良好环境。其次与土壤动物喜好相关，氮添加对甲螨亚目、中气门亚目和前气门亚目均有显著影响，NAF 生境枯落物层和土层土壤动物个体数、类群数及甲螨亚目和中气门亚目占比均小于 ALF 生境，且随着施氮量的增加，NAF 生境原蛛目和等翅目占比整体呈减小趋势。不同土壤动物对氮的嗜好存在差异，进而引起种间竞争，造成土壤动物群落结构趋于单一化。

氮添加对土壤动物群落的影响存在阈值效应，添加适量的氮可被土壤动物有效利用，而过量的氮会对地下生态系统造成负效应。当氮添加量为 $100kg \cdot hm^{-2} \cdot a^{-1}$ 时，ALF 和 NAF 生境土壤动物个体数开始减小，类群数与 N50 处理几乎保持不变。过量的氮添加会降低土壤 pH，抑制土壤酶活性，降低土壤微生物生物量，同时减少食微生物土壤动物的多度。施氮处理后土壤虽未酸化，但 pH 减小，特别是在 ALF 生境。ALF 生境的土壤动物多样性指数、优势度指数和均匀度指数随施氮量的增加呈现先减小后增大的趋势，在 N30 处理出现拐点。此时，ALF 生境甲螨亚目占比约 70%，远高于其他施氮处理。甲螨亚目个头相对较大，对环境变化更加敏感。氮是影响甲螨亚目丰度的重要因素，甲螨亚目多为腐食性土壤动物，具备优越的防御机制，如表皮角(钙)质化、保护性刚毛、分泌一些特殊的物质等，这使其很少受到捕食者的攻击，可通过取食微生物和枯落物等维持生活。NAF 生境的土壤动物多样性指数、优势度指数和均匀度指数随施氮量变化的拐点出现在 N50 处理，此时甲螨亚目占比为各施氮处理的最大值，约为 70%，中气门亚目占比不足 10%。土壤碳氮比常被看作是土壤氮矿化的标志，氮添加降低了土壤碳氮比，加快土壤氮矿化过程，有利于有机质的积累，从而为土壤动物提供了一定食物资源。土壤有机碳含量对氮添加的响应程度会因植被类型不同而存在差异，N30 处理的 ALF 生境土壤有机碳含量最高，而 NAF 生境土壤有机碳含量最高值出现在 N50 处理，这与土壤动物优势度指数分布结果一致。冗余分析结果显示，甲螨亚目与土壤有机碳含量正相关。综合来看，与前气门亚目相比，甲螨亚目食物来源更为丰富，因此其群落在以上施氮处理中数量较多，群落优势度指数最大。

5.3　火烧对土壤动物的影响

5.3.1　火烧样地土壤动物群落特征

在 5 月、8 月和 11 月 3 个采样期内，4 个处理共获得 18 个类群 16676 只土壤动物个体。节肢动物平均密度为 4632 只 · m^{-2}。土壤节肢动物的密度在火烧长芒草处理中最小(2113 只 · m^{-2})，在苜蓿处理中最大(5820 只 · m^{-2})。蜱螨亚纲(71.72%)和弹尾目(10.44%)为优势类群，常见类群为双尾目、鞘翅目、双翅目、等翅目和膜翅目，分别占总个体数的 1.02%、2.46%、1.99%、4.18%和 5.80%。不同处理和不同采样期的土壤动物密度见表 5-7。

3 个采样期内，未火烧地(长芒草处理和苜蓿处理)的土壤节肢动物密度均呈现先增大后减小的趋势，8 月显著大于 5 月和 11 月($P<0.05$)。此外，土壤节肢动物类群数也呈现先增大后减小的趋势。与未火烧地相比，火烧长芒草(BSB)处理和火烧苜蓿(BMS)处理的土壤节肢动物密度在 3 个采样期逐渐增加(图 5-10)。在整个区域，土壤节肢动物密度受植被类型(S，$P<0.001$)、有无火烧(W，$P<0.01$)和采样时间(T，$P<0.001$)的显著影响，节肢动物类群数仅受采样时间(T)的显著影响($P<0.01$)，见表 5-8。此外，土壤节肢动物群落组成在长芒草(SB)处理和苜蓿(MS)处理之间存在差异，火烧对 SB 处理土壤节肢动物群落组成的影响大于 MS 处理(图 5-11)。

4 种生境的土壤节肢动物群落在 5 月、8 月和 11 月均存在明显差异(图 5-12)。群落间存在显著差异的主要类群随采样时间的变化而变化。5 月，影响 PC 轴 1 分布的类群主要为蜱螨亚纲和等翅目，影响 PC 轴 2 分布的类群主要为双尾目和鳞翅目幼虫。与 PC 轴 1 分离相关的主要类群为 8 月的蜱螨亚纲和双尾目，11 月的蜱螨亚纲、鞘翅目幼虫和等翅目。与 PC 轴 2 分离相关的主要类群为 8 月的鞘翅目成虫和双翅目幼虫和 11 月的同翅目。总体而言，不同处理土壤节肢动物群落结构存在差异，大多数土壤动物群体倾向于生活在 MS 和 BMS 处理下。

主成分分析结果显示，各采样期土壤节肢动物群落组成基本一致，前两个轴分别解释了 BSB、SB、BMS 和 MS 总变异的 82.02%、92.90%、83.25%和 83.52%(图 5-13)。5 月、8 月和 11 月，SB 处理的土壤节肢动物在 PC 轴 1 和 PC 轴 2 上相互分离，而 BSB、BMS 和 MS 处理的土壤节肢动物在 PC 轴 1 和 PC 轴 2 上不分离。此外，决定土壤节肢动物差异的主要类群在不同处理下也存在差异。BSB 处理下，

表 5-7　不同处理和不同采样期的土壤动物密度　　(单位：只 · m^{-2})

类群	火烧长芒草处理			长芒草处理			火烧苜蓿处理			苜蓿处理		
	5月	8月	11月	5月	8月	11月	5月	8月	11月	5月	8月	11月
蜘蛛目	30(10)	35(15)	36(15)	24(15)	40(20)	26(15)	44(25)	445(25)	50(20)	30(10)	65(35)	36(25)
蜱螨亚纲	325(80)	340(90)	895(21)	526(215)	7954(2735)	1465(255)	2480(470)	3070(930)	8570(307)	1626(365)	8086(1095)	4540(1630)
地蜈蚣目	0	5(5)	0	0	6(5)	0	0	6(6)	0	0	0	0
石蜈蚣目	0	0	0	0	0	0	0	10(10)	0	0	0	0
综合纲	0	0	0	0	0	0	0	0	0	0	7(5)	0
原尾纲	0	0	5(5)	0	0	0	0	25(5)	0	0	0	0
弹尾目	600(120)	845(240)	940(150)	226(95)	985(125)	355(65)	106(25)	442(13)	166(65)	125(35)	820(190)	196(75)
双尾目	9(10)	16(15)	0	30(11)	130(20)	0	16(5)	72(5)	0	40(20)	256(85)	0
等翅目	165(65)	56(35)	356(18)	215(65)	276(105)	460(150)	36(15)	80(5)	75(30)	55(25)	445(135)	110(50)
半翅目	20(9)	15(5)	79(41)	20(1)	26(5)	14(13)	20(1)	30(16)	59(25)	5(5)	29(17)	4(5)
虫齿目	0	0	0	0	0	0	0	0	75(45)	5(5)	6(5)	4(2)
缨翅目	0	0	0	0	0	36(15)	0	0	0	0	6(5)	0
鞘翅目幼虫	70(30)	15(15)	26(5)	16(5)	446(95)	12(2)	276(65)	120(40)	110(30)	129(40)	87(25)	65(6)
鞘翅目成虫	10(10)	35(15)	20(10)	14(6)	20(5)	25(5)	10(10)	35(15)	20(10)	9(5)	64(6)	20(3)
鳞翅目幼虫	5(5)	0	10(10)	0	0	16(6)	6(5)	0	35(15)	0	10(10)	4(3)
双翅目幼虫	70(40)	30(10)	176(55)	62(2)	15(5)	112(20)	109(30)	59(20)	252(6)	50(20)	55(25)	124(45)
膜翅目	130(50)	960(150)	20(10)	45(15)	855(165)	7(6)	380(180)	410(15)	60(20)	167(55)	166(45)	27(15)

注：表中数据为平均值(标准差)。

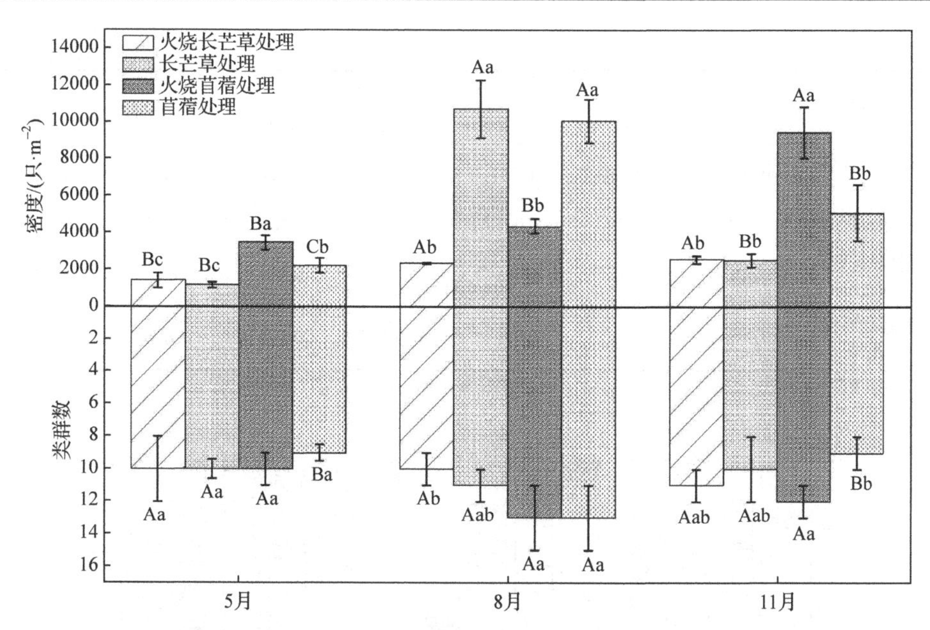

图 5-10　在火烧处理和自然处理下土壤节肢动物密度和类群数随时间的动态变化

表 5-8　环境因素和主要土壤动物类群与植被类型(S)、有无火烧(W)、采样时间(T)及其交互作用的方差分析结果

参数	*P* 值						
	S	W	T	S×W	S×T	W×T	S×W×T
蜱螨亚纲	<0.001***	0.005**	<0.001***	0.006**	0.002**	<0.001***	0.295
弹尾目	<0.001***	0.127	<0.001***	<0.001***	0.161	<0.001***	0.197
双尾目	0.003**	<0.001***	<0.001***	0.216	0.002**	<0.001***	0.262
等翅目	<0.001***	<0.001***	0.004**	0.813	<0.001***	0.004**	0.330
鞘翅目幼虫	0.018*	0.101	<0.001***	<0.001***	<0.001***	<0.001***	<0.001***
双翅目幼虫	0.009**	<0.001***	<0.001***	0.144	0.567	0.013*	0.389
膜翅目	<0.001***	0.001**	<0.001***	0.158	<0.001***	0.144	0.720
密度	<0.001***	0.007**	<0.001***	0.008**	0.004**	<0.001***	0.352
类群数	0.074	0.598	0.008**	0.013*	0.013*	0.092	0.613
土壤容重	0.039*	0.981	0.197	0.518	0.748	0.504	0.339
土壤含水量	0.027*	0.008**	<0.001***	0.165	0.001**	<0.001***	0.771
pH	0.040*	0.059	0.053	0.011*	0.590	0.003**	0.067
有机碳含量	0.138	0.923	0.014*	0.317	0.944	0.208	0.019*
全氮含量	0.025*	0.950	0.858	0.625	0.129	0.610	0.813
全磷含量	0.239	0.002**	0.082	0.162	0.245	0.283	0.231
铵态氮含量 (AN)	0.036*	0.76	<0.001***	0.843	0.479	0.010*	0.262

续表

参数	P 值						
	S	W	T	S×W	S×T	W×T	S×W×T
硝态氮含量 (NN)	<0.001***	0.010*	0.704	0.016*	0.414	0.659	0.462
速效磷含量	0.036*	0.409	<0.001***	0.462	0.560	0.775	0.322
植被盖度 (VC)	<0.001***	<0.001***	<0.001***	0.235	0.564	<0.001***	0.021*
枯落物厚度 (LT)	<0.001***	<0.001***	<0.001***	<0.001***	0.199	0.604	0.886

注：*表示在 0.05 水平显著；**表示在 0.01 水平显著；***表示在 0.001 水平显著。

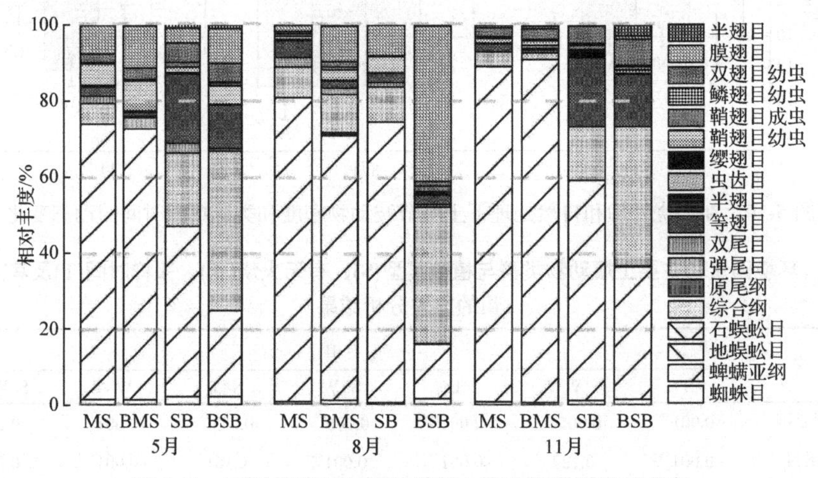

图 5-11　不同处理下不同采样期土壤动物类群相对丰度

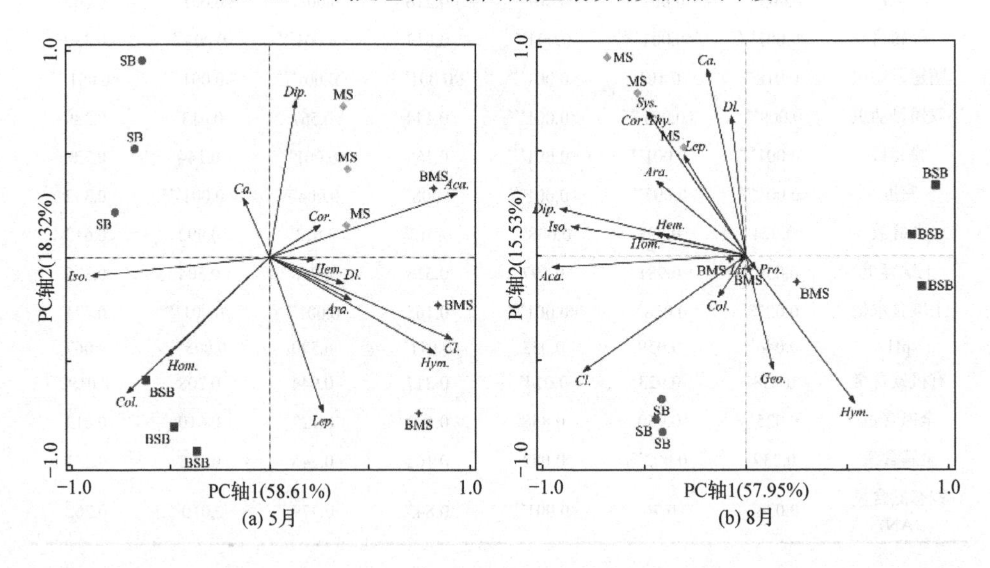

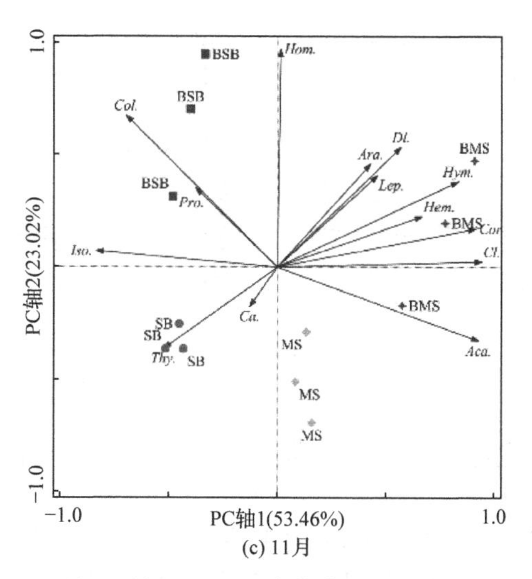

(c) 11月

图 5-12　5 月、8 月和 11 月土壤节肢动物在不同生境的分布

Ara.-蜘蛛目；Aca.-蜱螨亚纲；Geo.-地蜈蚣目；Lit.-石蜈蚣目；Sys.-综合纲；Pro.-原尾纲；Col.-弹尾目；Dip.-双尾目；Iso.-等翅目；Hem.-半翅目；Cor.-虫齿目；Thy.-缨翅目；Cl.-鞘翅目幼虫；Ca.-鞘翅目成虫；Lep.-鳞翅目幼虫；Dl.-双翅目幼虫；Hym.-膜翅目；Hom.-同翅目

与 PC 轴 1 相关的主要类群为同翅目和等翅目；SB 处理下，主要为同翅目、鞘翅目幼虫和双翅目幼虫；BMS 处理下，主要为双翅目幼虫和同翅目；MS 处理下，主要为双翅目和等翅目。BSB 处理下，与 PC 轴 2 相关的主要类群为鞘翅目幼虫和成虫；SB 处理下，主要为同翅目和鞘翅目成虫；BMS 处理下，主要为鞘翅目成虫和等翅目；MS 处理下，主要为鞘翅目幼虫和双翅目幼虫。总体而言，土壤节肢动物在 BSB 和 BMS 处理下的分布集中在 8 月和 11 月，在 SB 和 MS 处理下的分布集中在 8 月。

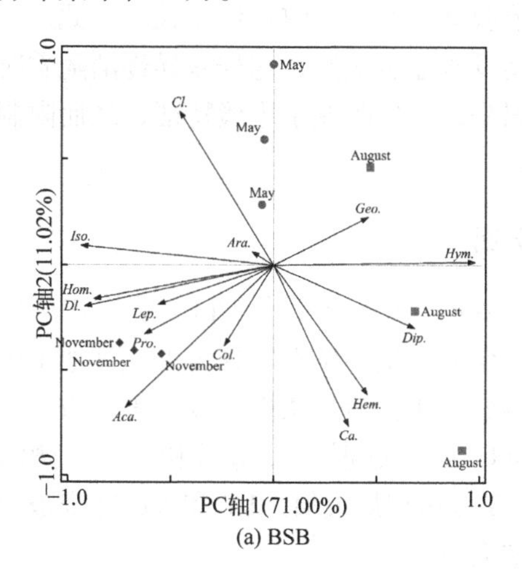

(a) BSB

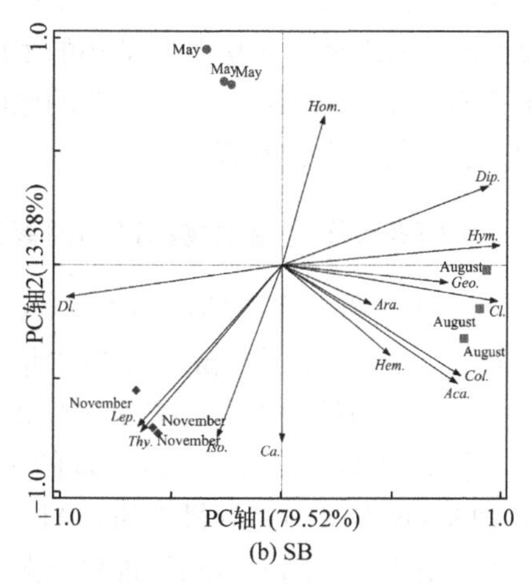

(b) SB

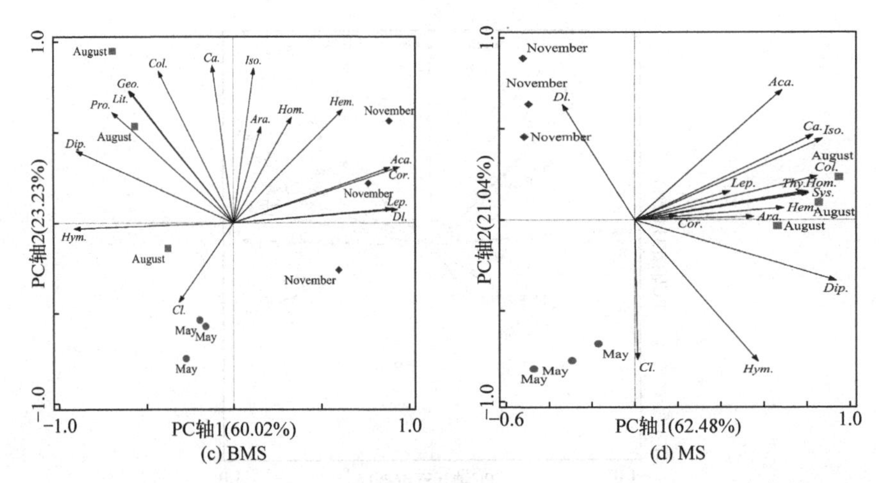

图 5-13　在火烧长芒草处理 BSB(a)、长芒草处理 SB(b)、火烧苜蓿处理 BMS(c)和苜蓿处理 MS(d)下土壤节肢动物在不同时间的分布

Ara.-蜘蛛目；Aca.-蜱螨亚纲；Geo.-地蜈蚣目；Lit.-石蜈蚣目；Sys.-综合纲；Pro.-原尾纲；Col.-弹尾目；Dip.-双尾目；Iso.-等翅目；Hem.-半翅目；Cor.-虫齿目；Thy.-缨翅目；Cl.-鞘翅目幼虫；Ca.-鞘翅目成虫；Lep.-鳞翅目幼虫；Dl.-双翅目幼虫；Hym.-膜翅目；Hom.-同翅目；May-5 月；August-8 月；November-11 月

火灾威胁着全球栖息地的生物多样性，降低土壤大型动物的多样性，严重影响了土壤动物群落。火烧显著降低了土壤节肢动物的密度，但对土壤节肢动物类群数没有显著影响(图 5-10 和表 5-8)。一般来说，火灾通过直接(杀死或伤害生物)和间接(减少栖息地可用性和食物资源)的方式影响土壤动物群落。此外，火灾对土壤生物特性的影响与火烧本身的情况(持续时间、异质性和严重程度)和环境因素(地形、季节、土壤湿度和天气条件)有很大的关系。本小节结果可能归因于火烧事件是该地区的首次火烧，并且发生在冬季。冬季大多数土壤动物进入地面或腐殖质层底部以躲避低温，火烧对土壤节肢动物的直接致死作用较弱。此外，在火烧后的 5 月取样，土壤节肢动物的密度没有显著差异，这种差异逐渐随着时间的推移而增加(图 5-10)。一个可能的原因是，火烧改变了生境特征，从而限制了土壤节肢动物的生存和繁殖。

5.3.2　火烧条件下土壤动物的影响因素分析

苜蓿处理的大多数环境参数(SWC、SOC、TN、VC 和 LT)大于长芒草处理(图 5-14)。除土壤容重、pH、全氮含量、全磷含量和硝态氮含量外，其他土壤性质均受采样时间的显著影响($P<0.05$)。SWC、TP、NN、LT 和 VC 等参数受火烧影响显著($P<0.05$)，5 月未火烧处理的 SWC 大于火烧处理，8 月和 11 月则相反。各生境的 AN 在 8 月达到最大值，AP 在 5 月达到最大值。LT 和 VC 在未被火烧的生境中更大，并随着时间的推移逐渐增大。

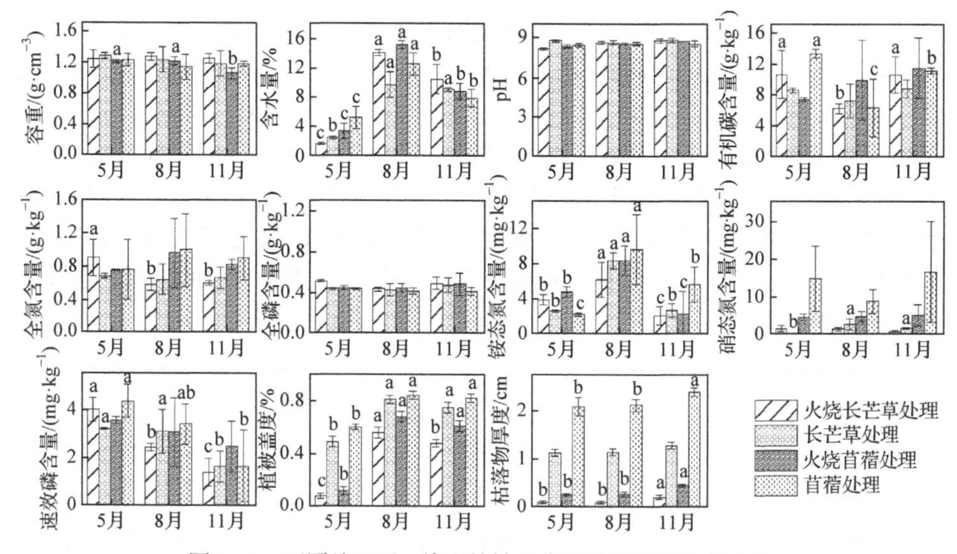

图 5-14　不同处理下土壤和植被理化性质的时间动态变化

蜘蛛目是火烧处理中常见的土壤动物类群，与 NN 呈显著正相关(P<0.01)。双尾目是未火烧处理的常见类群，与 SWC、SOC、AN、VC 呈显著正相关(P<0.05)。在火烧处理中，蜱螨亚纲与 NN、LT 呈显著正相关，与 SBD 呈显著负相关，弹尾目表现出相反的趋势。在未火烧处理中，蜱螨亚纲和弹尾目与 SWC、SOC、AN、VC 呈正相关。相比未火烧处理，火烧处理下双翅目幼虫和膜翅目与环境因子的相关性更强(图 5-15)。

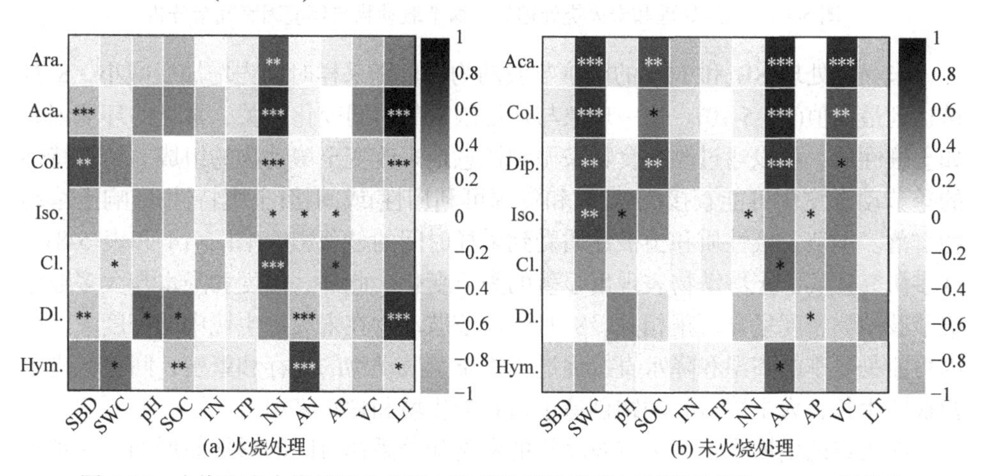

图 5-15　火烧和未火烧处理的主要土壤节肢动物类群与环境因素的 Pearson 相关性

根据 RDA 结果，火烧和未火烧处理的前两个轴分别解释了 71.04%和 67.55%的土壤节肢动物变异(图 5-16)。火烧处理下，土壤节肢动物的分布受 SBD、SOC、

NN、AN、AP 和 LT 的影响较大，对环境因子变量的正向选择发现，LT 和 AN 分别解释了 35.60%和 23.30%的变化。未火烧处理下，土壤节肢动物主要受 SWC、AN、AP 和 VC 的影响，对环境因子变量的正向选择发现，AN 和 VC 分别解释了 33.10%和 16.50%的变异。土壤节肢动物的分布受这些环境因子的个体效应和交互效应的影响，变差分解结果表明，在火烧处理中，交互效应占解释变异的最大比例(50.10%)，其次是纯土壤变量(33.90%)。在未火烧处理中，土壤变量解释了整个节肢动物变异的 62.30%，但其中只有 41.70%是该预测因子特有的，其余 20.60%是由交互效应解释。

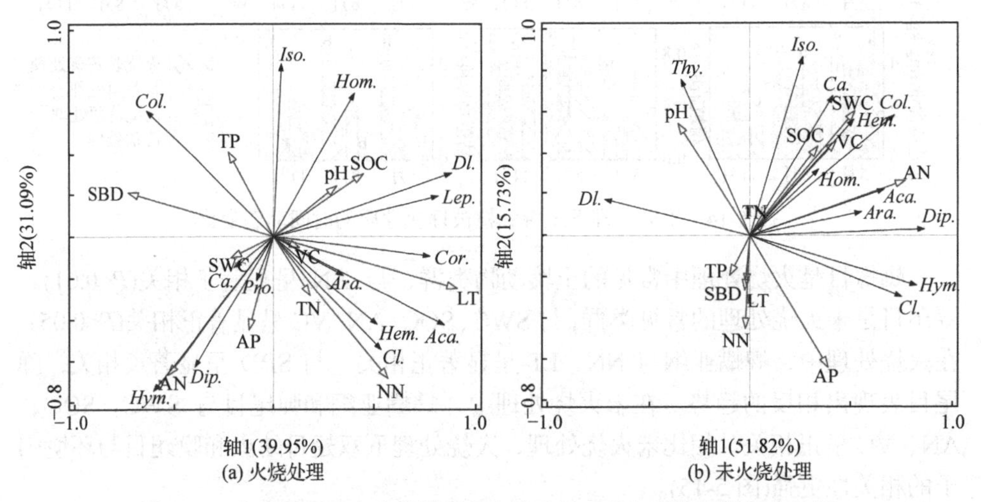

图 5-16 火烧处理和未火烧处理的土壤节肢动物与环境因素冗余分析

未火烧处理(SB 和 MS)的土壤节肢动物密度随采样时间先增加后减小，8 月份达到最大值(图 5-10)。这一现象与环境因素的时间变化有关，常见的环境因素如土壤性质，可以通过改变食物来源和栖息地来改变土壤动物的组成。植物特性的季节动态变化可能直接(小气候和资源可利用性)或间接(土壤特性)影响土壤动物群落。本节土壤性质和植被性质受到采样时间的显著影响(图 5-14 和表 5-8)。许多研究证实，土壤动物表现出显著的季节变化。此外，温度和降水与大多数土壤节肢动物密度呈显著正相关。8 月土壤节肢动物在未火烧生境中的密度大，原因可能是夏季的高温和降水直接促进了土壤节肢动物的生存和繁殖，间接促进了植被的生长，为土壤节肢动物创造了适宜的生境和食物来源。

在火烧的生境中，土壤节肢动物的密度随着采样时间的增加而增加，这种现象与未火烧的生境中不一致(图 5-10)。火烧后土壤动物群落的恢复取决于非生物和生物特性，与生物特性相比，火烧引起的非生物因子(生境特征)变化是土壤节肢动物产生差异的主要因素。一个可能的原因是，火烧破坏了大多数土壤生物首选的土壤栖息地，即枯落物和最上层腐殖质层，严重火灾事件则会破坏整个腐殖质层。火烧引起的植物群落变化可能使不同生境之间的小气候、资源可利用性和土壤性质变化，直接或间接地影响土壤节肢动物群落。未火烧的生境是稳定的系统，土壤节肢动物主要受气候季节变化(如温度和降水)的影响，与土壤节肢动物密切相关的土壤和植被特性也逐渐恢复，但环境因素(如温度和降水)对土壤节肢动物恢复的影响小于土壤节肢动物本身的影响。在恢复初期，土壤节肢动物之间的竞争较小，尚未出现捕食者，土壤节肢动物能够得到充分的发育和繁殖，其密度逐渐增加，但是节肢动物种群的数量并没有随着恢复时间的延长而显著增加。

综上所述，土壤动物群落与环境因素密切相关，土壤动物的分布受植被和土壤质量的影响最为显著。在火烧和未火烧生境，驱动土壤节肢动物变化的环境因素是不同的(图 5-16)。有枯落物层或腐殖质层的生境，土壤动物的表层聚集性更明显，火灾发生后，林下植被和枯落物几乎完全消失，土壤节肢动物的栖息地和食物来源遭到严重破坏。枯落物的积累改善了土壤动物的生存环境，这也解释了 LT 对土壤节肢动物的显著正效应。在未火烧的生境中，VC 表现出明显的季节变化，这与大多数土壤节肢动物的变化高度一致(图 5-14)。VC 反映了植物的生长状况，VC 较大的地方可以阻挡太阳辐射和光，提供充足的食物来源，有利于土壤节肢动物，特别是蜱螨亚纲、双翅目和弹尾目的生存。已有研究表明，植被的类型、多样性和组成显著影响土壤动物的生存，其复杂性水平与土壤动物多样性呈正相关。这些结果表明，土壤和植被都降低了火烧后节肢动物变异的解释率。因此，火烧后土壤节肢动物的短期恢复动态只受植被单独影响的假设是不充分的。火烧是具有双重属性的重要自然干扰因子，其对物种多样性发展的时空影响是理解全球生态系统分布和物种多样性的最重要因素之一(Pausas et al.，2017)。因此，必须对火烧引起的环境因素变化进行深入研究，以评价火烧后土壤动物群落的变化机制。

5.4　本章小结

刈割覆盖、氮添加和火烧均显著影响了土壤动物群落特征，不同地理条件下的土壤动物对三种措施的响应有所不同。

(1) 刈割覆盖有利于土壤水分和养分的保持，在干旱半干旱的黄土高原地区，刈割覆盖可能是区域生态恢复的重要手段。刈割覆盖显著影响枯落物碳含量。刈割覆盖处理下，柠条和苜蓿生境地表枯落物碳含量显著高于非刈割处理，长芒草生境无明显变化。刈割覆盖降低了柠条和苜蓿生境枯落物层土壤动物个体数，提高了长芒草生境枯落物层土壤动物个体数和多样性指数。刈割覆盖后，柠条和苜蓿生境枯落物层食菌性的前气门亚目土壤动物占比减小。刈割覆盖促进了各生境氮素的输入，并在土壤表面形成阻隔层以改变土壤水热条件，这为土壤动物和微生物提供了良好的生活空间和食物来源。

(2) 氮添加显著影响枯落物碳含量，枯落物与氮添加的交互作用显著影响枯落物氮磷含量，氮添加促进了苜蓿生境枯落物氮释放，但不同梯度氮处理间差异较小。枯落物类型显著影响土壤动物个体数和类群数。除 N100 处理外，随施氮量的增加，撂荒和苜蓿生境的土壤动物个体数和类群数均有不同程度增加。当氮添加量为 100 $kg \cdot hm^{-2} \cdot a^{-1}$时，苜蓿和撂荒生境的土壤动物个体数小于其他低氮处理。苜蓿生境土壤动物多样性指数、优势度指数和均匀度指数随施氮量的增加先减小后增大。氮添加对甲螨亚目、中气门亚目和前气门亚目均有显著影响。短期氮添加条件下，中小型土壤动物对不同生境各施氮量的响应表现出显著差异。

(3) 火烧是自然林草地中常见的干扰模式，会对生态系统的景观构成产生巨大影响。冬季轻度火烧对土壤动物个体数的影响大于对土壤动物类群数的影响，未火烧生境的土壤动物具有明显的季节动态，火烧生境土壤动物数量逐渐增加但超过未火烧生境。此外，火烧对土壤动物的影响依赖于生境的变化，火烧引起的土壤和植被特性的变化是土壤动物恢复动态的主要决定因素。

第 6 章　农田土壤动物对耕作措施的响应

合理的农业管理措施是农业可持续发展的核心，农业管理措施能够影响土壤养分循环、水分入渗和可用性、土壤物理结构及生物多样性等多种土壤特性和功能。农业管理措施通过土壤成分的转化和土壤微生境的变化，影响土壤生物种群变化及平衡。农业管理措施能够对土壤动物产生积极或消极的影响，农业生态系统从粗放型(低投入)管理向集约型(施肥、翻耕和施用农药等)管理的转变，通常被视为全球生物多样性下降的主要驱动因素之一。

施肥作为一种人为干扰，能够深刻改变土壤动物群落，使生态系统结构和功能变化。施肥能够改变土壤动物群落的食物供应、土壤理化性质、微生物特性及植物残体和根系分泌物的质量和数量等，从而影响土壤动物生存状态。施肥类型能够影响土壤动物丰度，且施肥类型的影响受气候带、生态系统类型和土壤深度的影响。

翻耕是对土壤结构影响最大的农耕措施，也是影响土壤生物多样性的主要农耕措施之一。耕作对土壤动物的影响主要是改变土壤的物理环境和食物资源。翻耕能够将地表植被残留物混入土壤，为土壤动物提供食物，且耕作造成的机械和物理干扰破坏了一些动物群的栖息地。免耕农田对土壤的干扰，在播种和收获期间能够为土壤动物提供更稳定的土壤水分和温度状况。随着耕作强度的降低，蚯蚓的丰度和物种多样性显著增加，而蚁类的个体密度和物种多样性显著降低，不同类群的功能群表现出不同的耕作效应。耕作对蚯蚓和线虫的影响因土壤质地而异，对线虫和微生物群落的影响因土壤深度而异。选择耕作制度时必须考虑当地土壤特征，才能更好地保护土壤动物多样性。

全球范围内广泛使用农药以提高作物产量，这引起了人们对生物多样性降低的担忧。尽管许多国家和地区采取了减少农药使用的举措，但全球农药使用量仍在继续增加。土壤动物接触到的农药通常通过喷洒、包种、熏蒸、淋滤和翻耕进入土壤。农药可以对土壤无脊椎动物产生直接的毒性和亚致死效应，造成机体 DNA 损伤，改变土壤无脊椎动物的酶活性、生长速度和繁殖能力等。此外，农药可以通过土壤微生物、植物和地上节肢动物的生物相互作用介导的各种间接作用进一步影响土壤无脊椎动物群落。虽然农药的有害影响通常是可预见的，但尚不清楚农药是否会普遍降低土壤生物多样性。

为明晰黄土高原地区农业管理措施对土壤动物群落的影响，探索土壤动物的调控措施，本章在曹新庄试验农场进行了 3 年的定位试验，探究施肥、翻耕和施用农药对土壤动物的影响。定位试验不同农业措施处理情况见表 6-1。

表 6-1 定位试验不同农业措施处理情况

处理编号	耕作方式	施肥情况	农药施用情况
T1	翻耕	无机肥	不施用
T2	翻耕	有机肥(腐熟湿牛粪)	不施用
T3	翻耕	秸秆还田	不施用
T4	翻耕	秸秆还田	施用
T5	免耕	秸秆还田	不施用
T6	免耕	秸秆还田	施用
T7	翻耕	无机肥+秸秆还田	不施用
CK1	翻耕	无	不施用
CK2	免耕	无	不施用

6.1 土壤动物类群分布概述

曹新庄试验农场定位试验共捕获了 2 门 6 纲 12 目 52 科共 56 个类群 54587 只土壤动物。其中，中小型土壤动物 53063 只，占比 97.2%；大型土壤动物 1524 只，占比 2.8%(表 6-2)。从目一级来看，中气门螨目和疥螨目为优势类群，分别占比 31.39%和 50.57%；从科一级来看，囊螨科为优势类群，占比 14.22%；常见类群 23 个，分别为派盾螨科(1.11%)、胭螨科(1.32%)、甲胄螨科(1.11%)、二爪螨科(8.49%)、穴螨科(1.74%)、罗甲螨科(4.00%)、阿斯甲螨科(8.00%)、短缝甲螨科(6.48%)、上罗甲螨科(2.78%)、奥甲螨科(3.23%)、盖头甲螨科(7.82%)、单翼甲螨科(1.57%)、小赫甲螨科(1.28%)、卷甲螨科(6.01%)、矮赫甲螨科(1.37%)、无爪螨科(3.79%)、巨须螨科(1.53%)、矮蒲螨科(1.76%)、长须螨科(1.43%)、等节䖴科(2.98%)、棘䖴科(4.13%)、短角䖴科(1.09%)、铗蚂科(1.08%)。按照食性差异，划分为 5 个功能类群，发现捕获土壤动物以腐食性、捕食性和菌食性土壤动物为主(表 6-1)。其中，腐食性土壤动物包括罗甲螨科、阿斯甲螨科等共 10 类 16936 只，占比 31.03%；植食性土壤动物有蓟马科共 492 只，占比 0.90%；捕食性土壤动物包括囊螨科、胭螨科等 23 类 23651 只，占比 43.33%；杂食性土壤动物包括蠋蝬科、幺蚣科等共 4 类 283 只，占比 0.52%；菌食性土壤动物包括薄口螨科、等节䖴科等共 18 类 13225 只，占比 24.23%。

表 6-2 定位试验捕获土壤动物群落

土壤动物	捕获土壤动物个体数	占比/%	多度	功能类群
中小型土壤动物类群	53063	97.24	+++	—
节肢动物门 Arthropoda	53063	97.24	+++	—
蛛形纲 Arachnida	48271	88.46	+++	—
中气门螨目 Mesostigmata	17138	31.39	+++	—
囊螨科 Ascidae	7761	14.22	+++	Pr
美绥螨科 Ameroseiidae	364	0.67	+	Pr
派盾螨科 Parholaspididae	607	1.11	++	Pr
双革螨科 Digamasellidae	186	0.34	+	Pr
胭螨科 Rhodacaridae	720	1.32	++	Pr
土革螨科 Ologamasidae	246	0.45	+	Pr
甲胄螨科 Oplitidae	606	1.11	++	Pr
厉螨科 Laelapidae	121	0.22	+	Pr
二爪螨科 Dinychidae	4633	8.49	++	Pr
蠊螨科 Blattisociidae	543	0.99	+	Pr
巨螯螨科 Macrochelidae	355	0.65	+	Pr
穴螨科 Zerconidae	951	1.74	++	Pr
植绥螨科 Phytoseiidae	45	0.08	+	Pr
疥螨目 Sarcoptiformes	27589	50.57	+++	—
罗甲螨科 Lohmanniidae	2182	4.00	++	Sa
阿斯甲螨科 Astegistidae	4367	8.00	++	Sa
短缝甲螨科 Brachychthoniidae	3537	6.48	++	Fu
上罗甲螨科 Epilohmanniidae	1519	2.78	++	Sa
懒甲螨科 Nothridae	76	0.14	+	Sa
洼甲螨科 Camisiidae	459	0.84	+	Sa
粉螨科 Acaridae	138	0.25	+	Fu
奥甲螨科 Oppiidae	1763	3.23	++	Pr
薄口螨科 Histiostomatidae	473	0.87	+	Fu
盖头甲螨科 Tectocepheidae	4266	7.82	++	Sa
盾珠甲螨科 Suctobelbidae	41	0.08	+	Pr

续表

土壤动物	捕获土壤动物个体数	占比/%	多度	功能类群
礼服甲螨科 Trhypochthoniidae	10	0.02	+	Sa
尖棱螨科 Ceratozetidae	484	0.89	+	Fu
单翼甲螨科 Haplozetidae	855	1.57	++	Fu
大翼甲螨科 Galumnidae	241	0.44	+	Fu
小赫甲螨科 Hermanniellidae	696	1.28	++	Sa
卷甲螨科 Phthiracaridae	3280	6.01	++	Sa
缝甲螨科 Hypochthoniidae	172	0.32	+	Pr
矮赫甲螨科 Nanhermanniidae	747	1.37	++	Fu
无爪螨科 Alicorhagiidae	2068	3.79	++	Pr
滑珠甲螨科 Damaeolidae	215	0.39	+	Fu
绒螨目 Trombidiformes	3501	6.42	++	—
似虱螨科 Tarsonemidae	518	0.95	+	Fu
巨须螨科 Cunaxidae	835	1.53	++	Pr
矮蒲螨科 Pygmephoridae	962	1.76	++	Fu
长须螨科 Stigmaeidae	780	1.43	++	Pr
肉食螨科 Cheyletidae	143	0.26	+	Pr
陷口螨科 Calyptostomatidae	9	0.02	+	Fu
盾螨科 Scutacaridae	254	0.47	+	Fu
伪蝎目 Pseudoscorpiones	43	0.08	+	Pr
弹尾纲 Collembola	4792	8.78	++	—
长角蛛目 Entomobryomorpha	1925	3.53	++	—
长角蛛科 Entomobryidae	270	0.49	+	Fu
等节蛛科 Isotomidae	1624	2.98	++	Fu
驼蛛科 Cyphoderidae	31	0.06	+	Fu
原蛛目 Poduromorpha	2270	4.16	++	—
土蛛科 Tullbergiidae	17	0.03	+	Fu
棘蛛科 Onychiuridae	2253	4.13	++	Fu
短角蛛目 Neelipleona	597	1.09	++	—
短角蛛科 Neelidae	597	1.09	++	Fu

续表

土壤动物	捕获土壤动物个体数	占比/%	多度	功能类群
大型土壤动物类群	1524	2.79	++	—
节肢动物门 Arthropoda	1443	2.64	++	—
蛛形纲 Arachnida	76	0.14	+	—
蜘蛛目 Araneae	76	0.14	+	Pr
双尾纲 Diplura	592	1.08	++	—
双尾目 Diplura	592	1.08	++	—
铗虮科 Japygidae	592	1.08	++	Pr
综合纲 Symphyla	266	0.49	+	—
蠋蜒科 Pauropodiae	145	0.27	+	Om
幺蚣科 Scolopendrellidae	121	0.22	+	Om
昆虫纲 Insecta	509	0.93	+	—
鞘翅目 Coleoptera	17	0.03	+	—
鞘翅目幼虫 Coleoptera larvae	2	0.00	+	Om
金龟甲科 Scarabaeidae	15	0.03	+	Om
缨翅目 Thysanoptera	492	0.90	+	—
蓟马科 Thripidae	492	0.90	+	Ph
环节动物门 Annelida	81	0.15	+	—
寡毛纲 Oligochaeta	81	0.15	+	—
正蚓目 Lumbricida	81	0.15	+	Sa
总计	54587	100	+++	—

注：+++表示优势类群(>10%)；++表示常见类群(1%～10%)；+表示稀有类群(<1%)。

试验捕获土壤动物类群随土壤深度分布呈现明显的“表聚性”(图 6-1)。采集了 0～30cm 土层的土壤动物，仅表层 0～10cm 便捕获了 77.83%的土壤动物。0～5cm 土层捕获了 57.86%的土壤动物，5～10cm 土层捕获了 19.97%的土壤动物，10～20cm 捕获了 14.81%的土壤动物，在 20～30cm 捕获了 7.36%的土壤动物。试验捕获的 56 个类群中，49 个土壤动物类群个体数随土壤深度增加呈现显著降低趋势(P<0.05)。

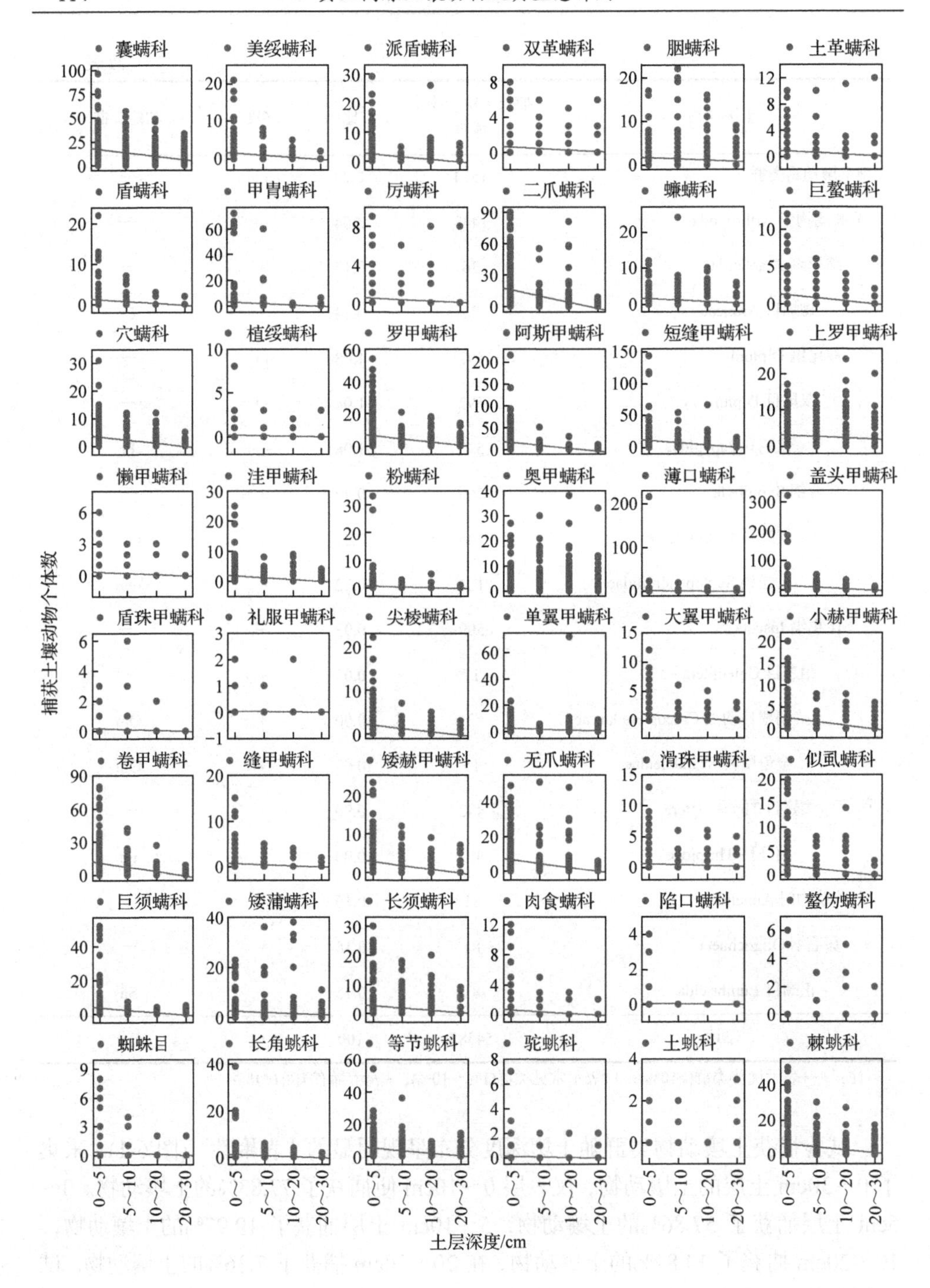
囊螨科
美绥螨科
派盾螨科
双革螨科
胭螨科
土革螨科
盾螨科
甲胄螨科
厉螨科
二爪螨科
蠊螨科
巨螯螨科
穴螨科
植绥螨科
罗甲螨科
阿斯甲螨科
短缝甲螨科
上罗甲螨科
懒甲螨科
洼甲螨科
粉螨科
奥甲螨科
薄口螨科
盖头甲螨科
盾珠甲螨科
礼服甲螨科
尖棱螨科
单翼甲螨科
大翼甲螨科
小赫甲螨科
卷甲螨科
缝甲螨科
矮赫甲螨科
无爪螨科
滑珠甲螨科
似虱螨科
巨须螨科
矮蒲螨科
长须螨科
肉食螨科
陷口螨科
螯伪螨科
蜘蛛目
长角䖴科
等节䖴科
驼䖴科
土䖴科
棘䖴科
捕获土壤动物个体数
0~5
5~10
10~20
20~30
土层深度/cm

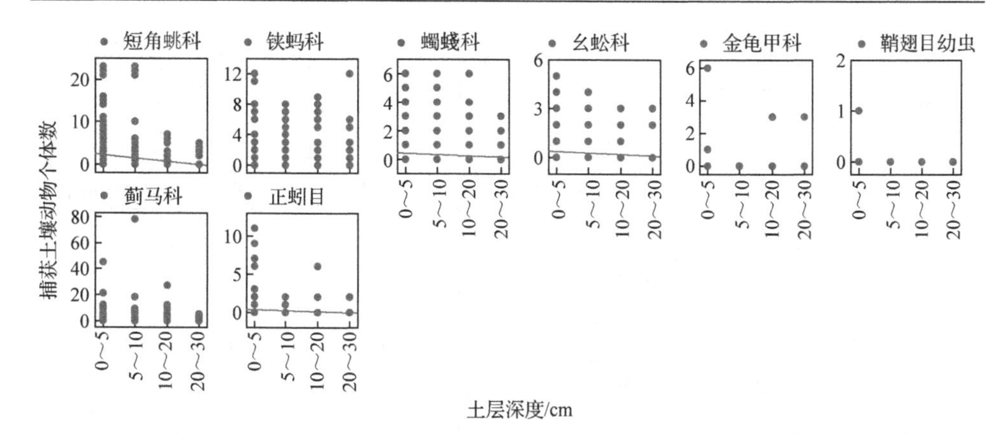

图 6-1　定位试验捕获土壤动物各类群个体数随土层深度分布情况

试验捕获土壤动物总个体数随时间变化无显著趋势(图 6-2)。美绥螨科、派盾螨科等 17 个土壤动物类群捕获个体数随时间变化呈现显著增加趋势(P<0.05)，其中腐食性土壤动物 3 类、捕食性土壤动物 9 类、杂食性土壤动物 1 类、菌食性土

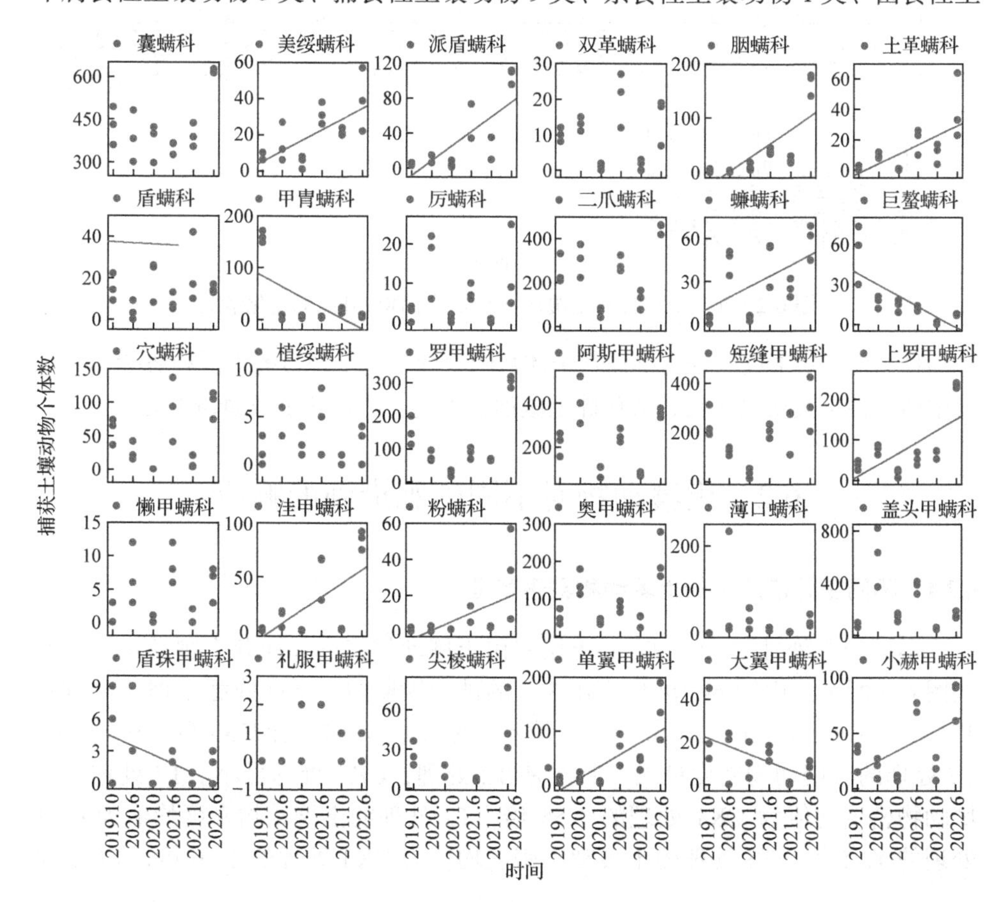

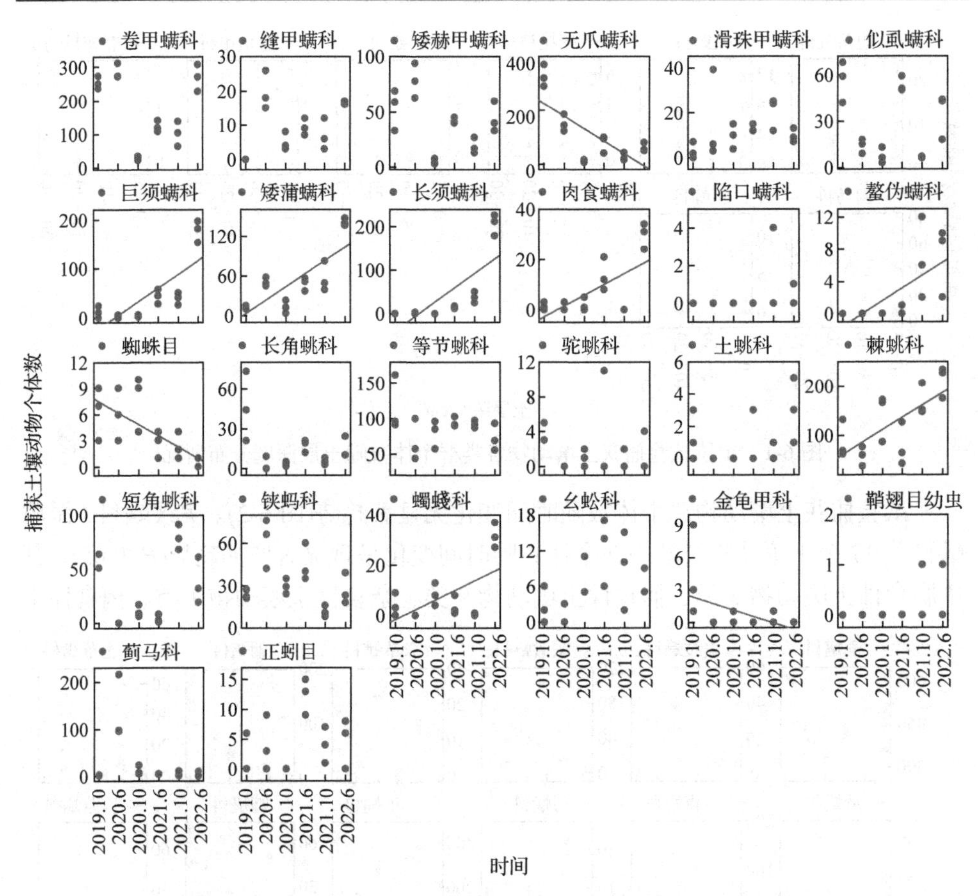

图 6-2　定位试验捕获土壤动物各类群个体数随时间变化情况

壤动物 4 类；7 个土壤动物类群捕获个体数随时间变化呈现显著降低趋势($P<0.05$)，其中捕食性土壤动物 5 类、杂食性土壤动物 1 类、菌食性土壤动物 1 类。

6.2　土壤动物对不同施肥措施的响应

6.2.1　不同施肥措施下的土壤动物群落特征

不同施肥处理下 0～30cm 土层农田土壤动物密度和捕获土壤动物类群数如图 6-3 所示。由图 6-3 可知，在 3 年的试验周期内，不同施肥处理(T1、T2、T3、T7、CK1)下，0～30cm 土层土壤动物密度在 7167～187333 只 · m^{-2} 变化，T7 处理的土壤动物密度最大，其次是 T2 处理，CK1 处理最小。T7 处理的土壤动物密度均值为 CK1 处理的 1.55 倍，T2 处理的土壤动物密度均值为 CK1 处理的 1.25 倍，T3 处理的土壤动物密度均值为 CK1 处理的 1.16 倍，T1 处理的土壤动物密度均值为 CK1 处理的 1.04 倍。不同采样时间的土壤动物密度存在显著差异，2022 年 6 月捕获土壤动物密度显著(P<0.05)大于其他采样时间，2020 年 10 月捕获土壤动物密度显著(P<0.05)小于其他采样时间。在 2020 年和 2021 年，各处理 6 月的土壤动物密度均较 10 月要大，不同施肥处理的土壤动物密度最大值均出现在 6 月，T1、T2、T7 和 CK1 处理的土壤动物密度最大值均出现在 2022 年 6 月，T3 处理的最大值出现在 2020 年 6 月。双因素方差分析表明，采样时间、不同施肥处理及其交互作用对土壤动物密度均具有显著(P<0.05)影响(表 6-3)。

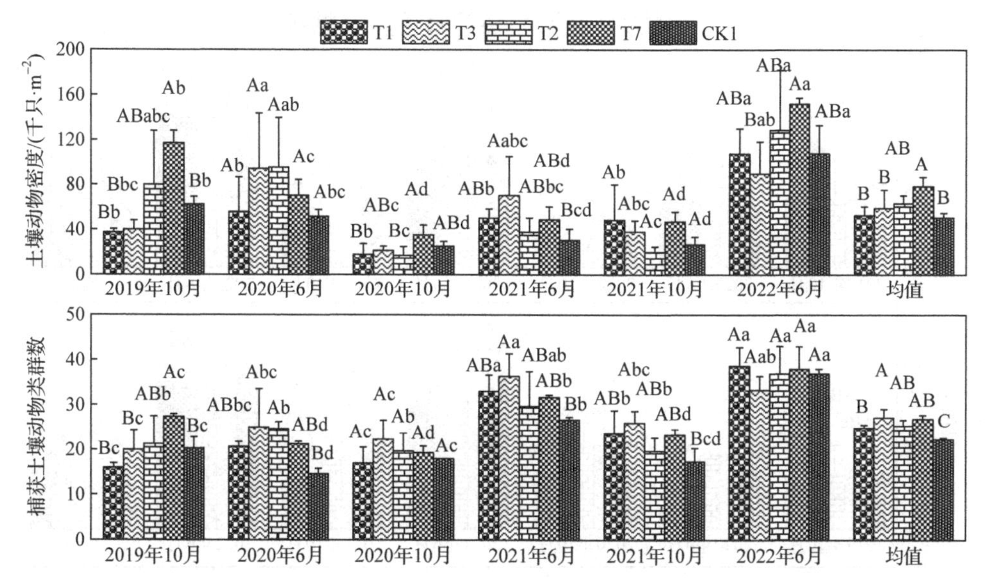

图 6-3　不同施肥处理下 0～30cm 土层农田土壤动物密度和捕获土壤动物类群数

表 6-3　采样时间、不同施肥处理及其交互作用对土壤动物各指标的双因素方差分析

指标	采样时间		不同施肥处理		采样时间×不同施肥处理	
	F	P	F	P	F	P
土壤动物密度	30.922	<0.001	4.062	<0.01	1.987	<0.05
捕获土壤动物类群数	52.366	<0.001	4.625	<0.01	1.872	<0.05
多样性指数	38.760	<0.001	3.857	<0.01	1.348	0.186
丰富度指数	45.673	<0.001	4.287	<0.01	1.353	0.183
优势度指数	23.771	<0.001	1.192	0.323	1.418	0.150
均匀度指数	3.463	<0.01	1.0610	0.120	1.729	0.053

捕获土壤动物类群数均值则表现为 T3>T7>T2>T1>CK1，捕获土壤动物类群

数在 13～43 变化(图 6-3)。不同采样时间的捕获土壤动物类群数存在显著差异，2022 年 6 月捕获土壤动物类群数显著(P<0.05)大于其他采样时间。除 CK1 外，各施肥处理 2020 年和 2021 年 6 月捕获土壤动物类群数均较 10 月要大。不同处理的捕获土壤动物类群数最大值均出现在 6 月，其中 T1、T2、T7 和 CK1 处理的捕获土壤动物类群数最大值均出现在 2022 年 6 月，T3 处理的最大值出现在 2021 年 6 月。双因素方差分析表明，采样时间、不同施肥处理及其交互作用对捕获土壤动物类群数均具有显著(P<0.05)影响(表 6-3)。

不同施肥处理的多样性指数、丰富度指数、优势度指数、均匀度指数见图 6-4。

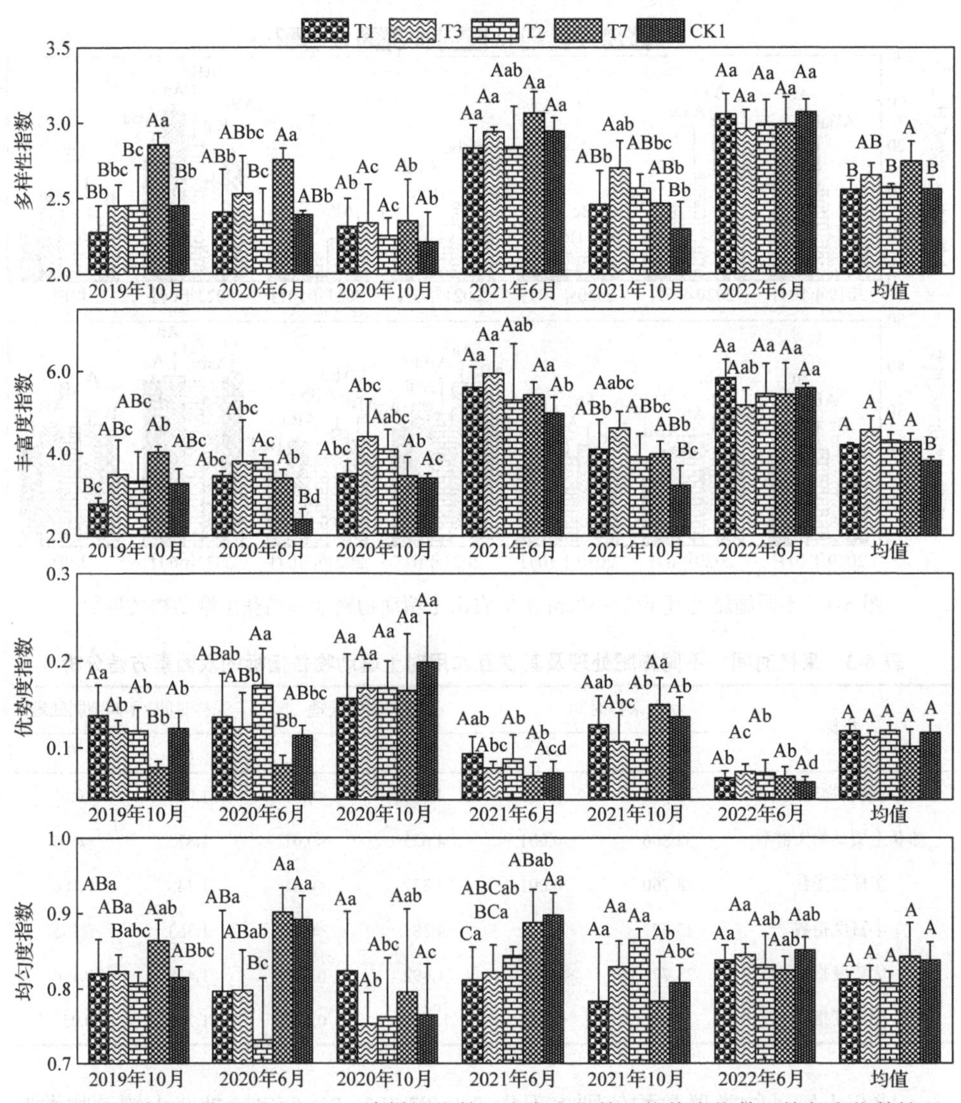

图 6-4　不同施肥处理下 0～30cm 多样性指数、丰富度指数、优势度指数、均匀度指数情况

多样性指数在 2.04～3.21 变化，丰富度指数在 2.24～6.65 变化，优势度指数在 0.05～0.25 变化，均匀度指数在 0.67～0.93 变化。多样性指数均值表现为 T7>T3>T2>T1>CK1，CK1 处理显著小于 T7 处理。丰富度指数表现为 T3>T2>T7>T1>CK1，CK1 处理显著小于其他施肥处理。优势度指数表现为 T2>T1>CK1>T3>T7，各处理之间未见显著差异。均匀度指数表现为 T7>CK1>T1>T3>T2，各处理之间未见显著差异。双因素方差分析表明，采样时间、不同施肥处理对多样性指数和丰富度指数均具有显著($P<0.05$)影响，但未发现其交互作用对多样性指数和丰富度指数存在显著影响；采样时间对优势度指数和均匀度指数具有显著影响，但未发现不同施肥处理及其与采样时间的交互作用对优势度指数和均匀度指数存在显著影响(表 6-3)。

不同施肥处理之间的相似性指数见表 6-4。Jaccard(雅卡尔)相似性指数为 0.323～0.875，土壤动物群落在中等不相似到极相似之间变化。Jaccard 相似性指数受到采样时间的显著影响，单因素方差分析表明，2022 年 6 月不同施肥处理间的 Jaccard 相似性指数显著大于其他采样时间。对 6 个采样时间的 Jaccard 相似性指数求均值，可得不同施肥处理之间的 Jaccard 相似性指数为 0.525～0.735；T3 处理和 T2 处理之间的 Jaccard 相似性指数最大，为 0.735；T7 处理与 CK1 处理之间 Jaccard 相似性指数最小，为 0.525。不同施肥处理之间的 Morisita-Horn 相似性系数为 0.523～0.969，土壤动物群落在中等相似到极相似之间变化。Morisita-Horn 相似性系数受到采样时间的显著影响，单因素方差分析表明，2020 年 10 月不同施肥处理间的 Morisita-Horn 相似性指数显著大于其他采样时间。对 6 个采样时间的 Morisita-Horn 相似性系数求均值，可得不同施肥处理之间的 Morisita-Horn 相似性系数为 0.732～0.887，土壤动物群落在中等相似到极相似之间变化；T3 处理和 T2 处理之间的 Morisita-Horn 相似性系数最大，为 0.887；T7 处理与 T1 处理之间 Morisita-Horn 的相似性系数最小，为 0.732。

表 6-4　不同施肥处理下土壤动物群落 Jaccard 相似性

2019 年 10 月	T1	T3	T2	T7	CK1
T1	—	—	—	—	—
T3	0.613	—	—	—	—
T2	0.719	0.667	—	—	—
T7	0.667	0.618	0.818	—	—
CK1	0.600	0.548	0.514	0.514	—
2020 年 6 月	T1	T3	T2	T7	CK1
T1	—	—	—	—	—

续表

2020年6月	T1	T3	T2	T7	CK1
T3	0.700	—	—	—	—
T2	0.658	0.683	—	—	—
T7	0.559	0.553	0.588	—	—
CK1	0.455	0.385	0.485	0.625	—
2020年10月	**T1**	**T3**	**T2**	**T7**	**CK1**
T1	—	—	—	—	—
T3	0.605	—	—	—	—
T2	0.694	0.789	—	—	—
T7	0.441	0.556	0.474	—	—
CK1	0.438	0.432	0.432	0.323	—
2021年6月	**T1**	**T3**	**T2**	**T7**	**CK1**
T1	—	—	—	—	—
T3	0.769	—	—	—	—
T2	0.771	0.745	—	—	—
T7	0.617	0.633	0.659	—	—
CK1	0.600	0.583	0.643	0.579	—
2021年10月	**T1**	**T3**	**T2**	**T7**	**CK1**
T1	—	—	—	—	—
T3	0.659	—	—	—	—
T2	0.511	0.675	—	—	—
T7	0.537	0.632	0.462	—	—
CK1	0.463	0.595	0.421	0.400	—
2022年6月	**T1**	**T3**	**T2**	**T7**	**CK1**
T1	—	—	—	—	—
T3	0.875	—	—	—	—
T2	0.860	0.851	—	—	—
T7	0.840	0.792	0.854	—	—
CK1	0.784	0.735	0.725	0.706	—

双因素方差分析表明，采样时间对各个功能类群土壤动物密度和类群数均存在显著(P<0.05)影响。不同施肥处理对 Pr 类群、Om 类群和 Fu 类群土壤动物密度存在显著(P<0.05)影响，对 Sa 类群、Ph 类群、Pr 类群和 Fu 类群土壤动物类群数存在显著(P<0.05)影响。采样时间和不同施肥处理的交互作用对 Sa 类群、Pr 类群、Om 类群和 Fu 类群土壤动物密度存在显著(P<0.05)影响，对 Sa 类群、Ph 类群和 Fu 类群土壤动物类群数存在显著(P<0.05)影响(表 6-5)。

表 6-5　采样时间、不同施肥处理及其交互作用对不同功能类群土壤动物密度和类群数的双因素方差分析

指标	采样时间		不同施肥处理		采样时间×不同施肥处理	
	F	P	F	P	F	P
Sa 土壤动物密度	30.330	<0.001	0.938	0.448	1.884	<0.05
Ph 土壤动物密度	5.994	<0.001	1.300	0.280	1.321	0.202
Pr 土壤动物密度	35.738	<0.001	7.442	<0.001	2.644	<0.01
Om 土壤动物密度	14.576	<0.001	9.127	<0.001	2.945	<0.01
Fu 土壤动物密度	15.327	<0.001	6.060	<0.001	1.893	<0.05
Sa 土壤动物类群数	28.243	<0.001	2.910	<0.05	1.876	<0.05
Ph 土壤动物类群数	15.425	<0.001	2.625	<0.05	3.675	<0.001
Pr 土壤动物类群数	34.638	<0.001	5.847	<0.001	1.416	0.151
Om 土壤动物类群数	13.960	<0.001	2.140	0.087	1.060	0.413
Fu 土壤动物类群数	30.730	<0.001	3.735	<0.01	3.422	<0.001

在不同施肥处理下，土壤动物主要以 Pr 类群(43.99%)、Sa 类群(28.98%)、Fu 类群(25.23%)为主，这 3 个功能类群个体数共占土壤动物总数的 98.20%(图 6-5)。相较于其他施肥处理，T7 处理的 Pr 类群、Om 类群和 Fu 类群土壤动物密度和类群数更大。对 6 个采样时间取均值，未发现 Sa 类群和 Ph 类群土壤动物密度在不同施肥处理下存在显著差异；T7 处理的 Pr 类群、Om 类群和 Fu 类群土壤动物密度显著大于其他施肥处理(图 6-6)。T7 处理捕获的 Sa 类群土壤动物类群数显著(P<0.05)小于其他处理，捕获的 Ph 类群数则显著(P<0.05)大于 T2 和 T3 处理。捕获 Pr 动物类群数表现为 CK1 处理显著(P<0.05)小于其他施肥处理。捕获 Om 动物类群数也表现为 CK1 处理最少，但仅显著(P<0.05)小于 T7 处理。捕获 Fu 动物类群数表现为 CK1 处理最少，且显著(P<0.05)小于 T7 处理和 T3 处理。

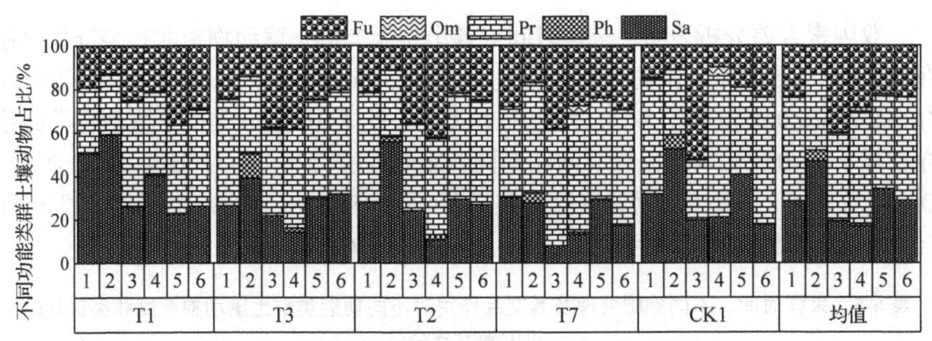

图 6-5　不同施肥处理下不同功能类群土壤动物占比

1～6 表示 6 个取样时间：1 表示 2019 年 10 月；2 表示 2020 年 6 月；3 表示 2020 年 10 月；4 表示 2021 年 6 月；5 表示 2021 年 10 月；6 表示 2022 年 6 月

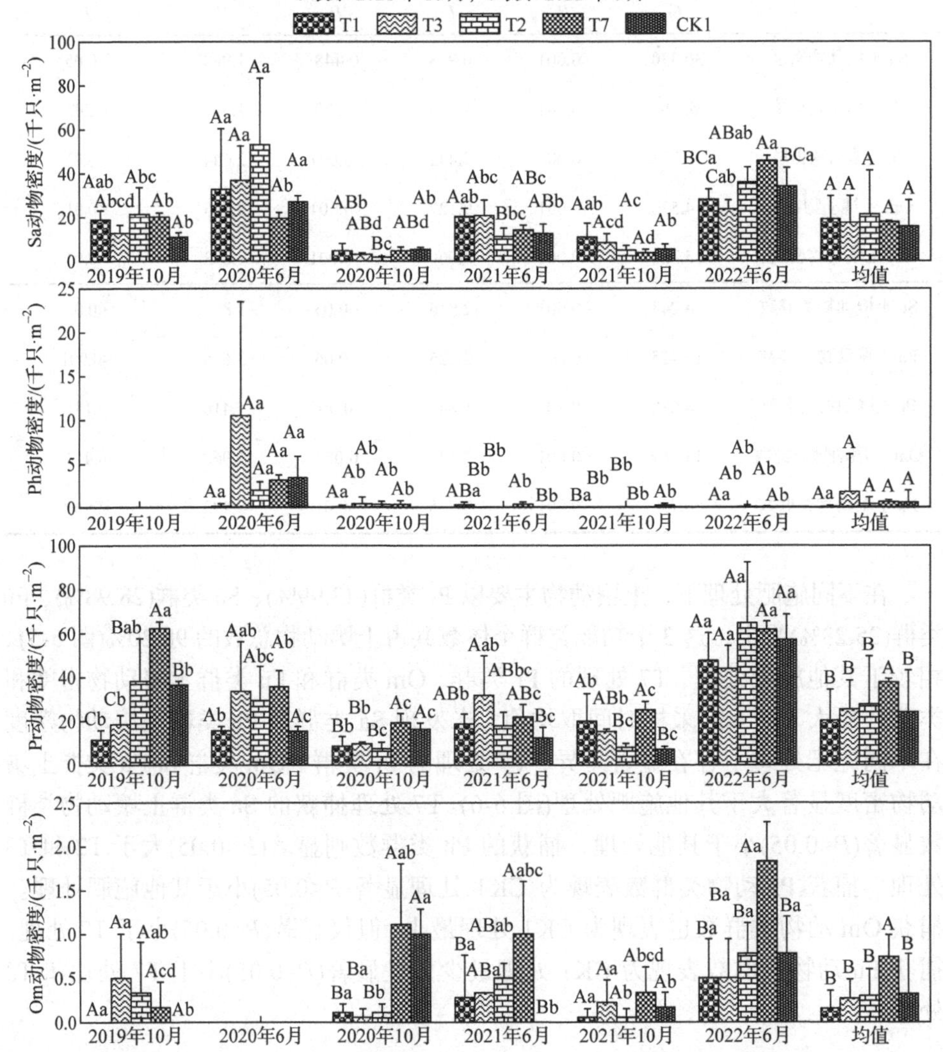

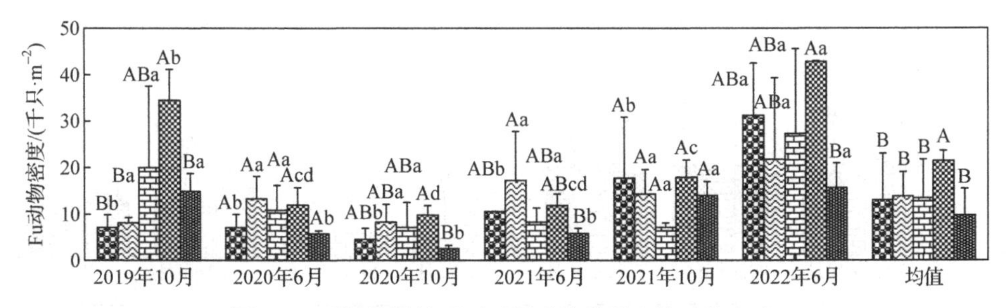

图 6-6　不同施肥处理下不同功能类群土壤动物密度

6.2.2　不同施肥措施下的土壤养分变化特征

不同施肥处理下 0～30cm 土层土壤理化性质变化见图 6-7。对 6 次采样的土壤理化性质求均值，对比不同施肥处理对土壤养分变化的影响。SBD 表现为 T7>CK1>T1>T2>T3，不同施肥处理下的 SBD 未表现出显著差异。SWC 表现为 CK1>T3>T7>T2>T1，T1 处理的 SWC 显著(P<0.05)小于其他处理。pH 表现为 CK1>T3>T1>T7>T2，不同施肥处理下的 pH 未表现出显著差异。EC 表现为 T2>T7>T1>T3>CK1，除 T3 和 CK1 处理外，其他处理均表现出了显著(P<0.05)差异。SOC 表现为 T2>CK1>T1>T3>T7，T2 处理的 SOC 显著(P<0.05)大于其他处理。TN 表现为 T2>T7>CK1>T3>T1，T2 处理的 TN 显著(P<0.05)大于其他处理。NO_3^--N 表现为 T2>T7>T1>T3>CK1，T2 处理的 NO_3^--N 显著(P<0.05)大于其他处理。NH_4^+-N 表现为 T2>CK1>T7>T1>T3，T2 处理的 NH_4^+-N 显著(P<0.05)大于 T3 处理。AK 表现为 T1>T2>CK1>T3>T7，不同施肥处理的 AK 未表现出显著差异。AP 表现为 T2>T7>T1>CK1>T3，T2 处理的 AP 显著(P<0.05)大于其他处理。TP

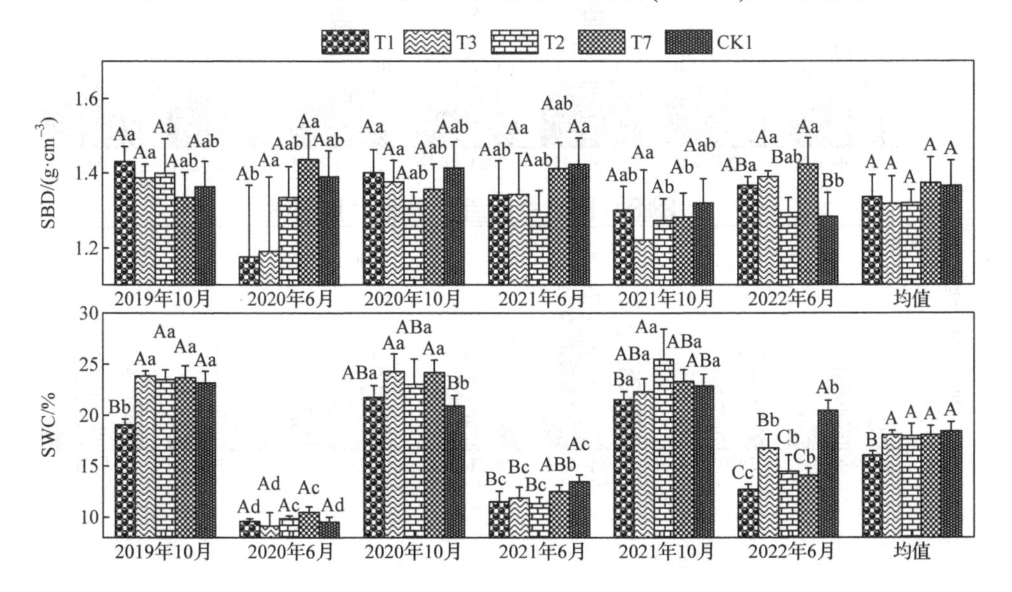

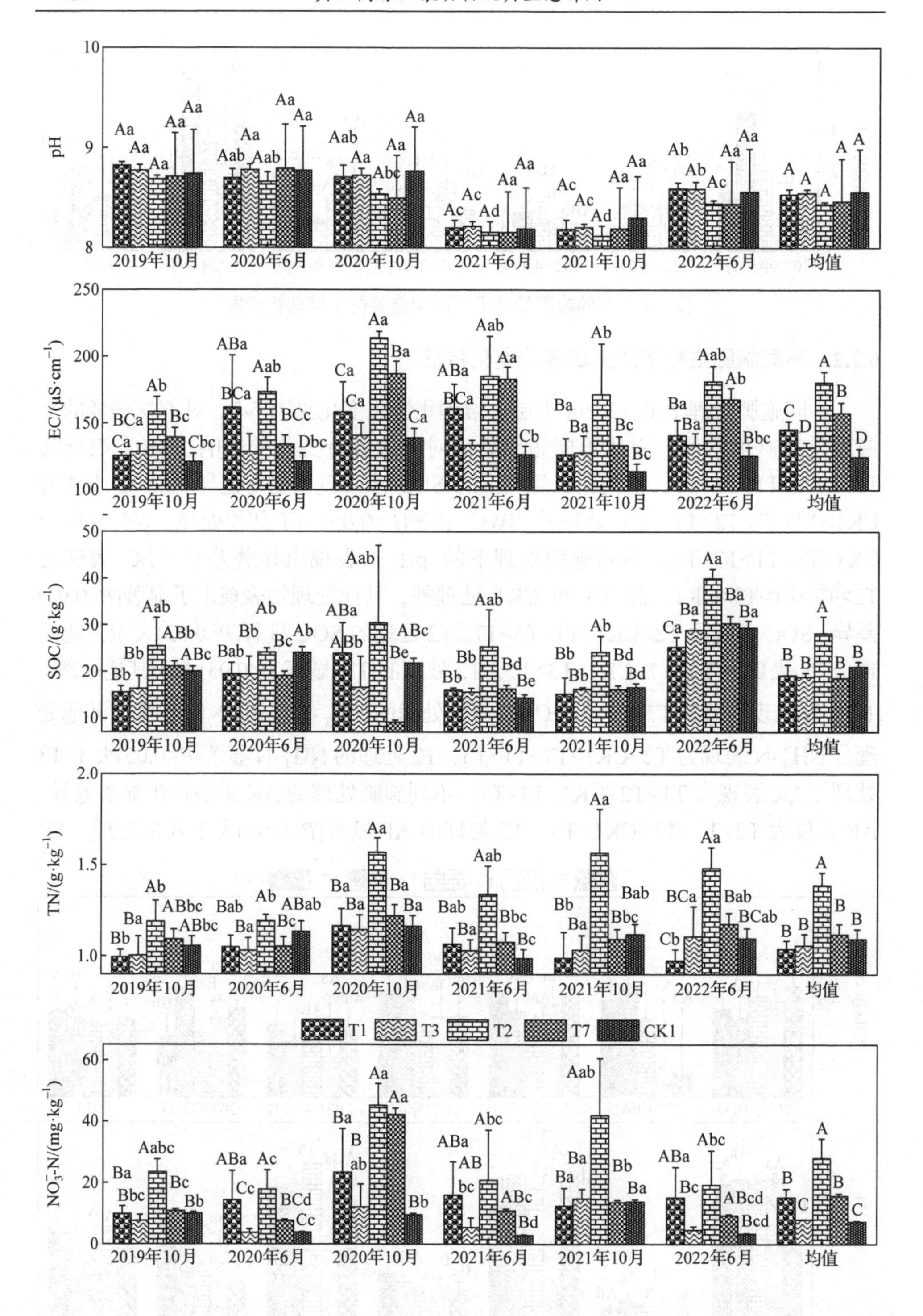

pH
10
9
8
Aa Aa Aa Aa Aa
Aab Aa Aab Aa Aa
Aab Aa Abc Aa Aa
Ac Ac Ad Aa Aa
Ac Ac Ad Aa Aa
Ab Ab Ac Aa Aa
A A A A A
EC/(μS·cm⁻¹)
250
200
150
100
Ca BCa Ab Bc Cbc
ABa BCa Aab BCc Dbc
Ca Ca Aa Ba Ca
ABa BCa Aab Aa Cb
Ba Ba Ab Bc Bc
Ba Ba Aab Ab Bbc
C D A B D
SOC/(g·kg⁻¹)
50
40
30
20
10
Bb Bb Aab ABb ABc
Bab Bb Ab Bc Ab
ABa ABb Aab ABc Be
Bb Bb Aab Bd Be
Bb Bb Ab Bd Bd
Ca Ba Aa Ba Ba
B B A B B
TN/(g·kg⁻¹)
2.0
1.5
1.0
Bb Ba Ab ABbc ABbc
Bab Ba Ab Bc ABab
Ba Ba Aa Ba Ba
Bab Ba Aab Bbc Bc
Bb Ba Aa Bbc Bab
Cb BCa Aa Bab BCab
B B A B B
T1 T3 T2 T7 CK1
NO₃⁻-N/(mg·kg⁻¹)
60
40
20
0
Ba Bbc Aabc Bc Bb
ABa Cc Ac BCd Cc
Ba B ab Aa Aa Bb
ABa AB bc Abc ABc Bd
Ba Ba Aab Bb Ba
ABa Bc Abc ABcd Bcd
B C A B C
2019年10月
2020年6月
2020年10月
2021年6月
2021年10月
2022年6月
均值

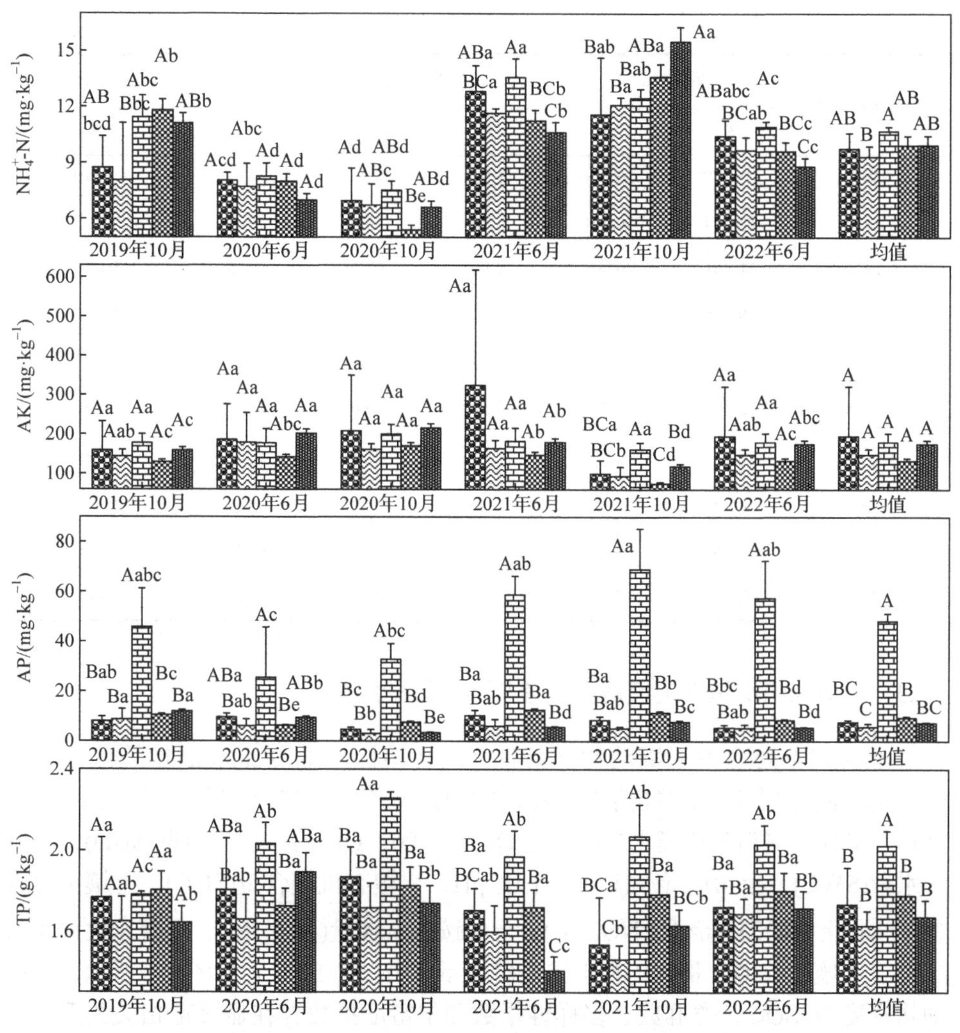

图 6-7　不同施肥处理下土壤理化性质的变化特征

表现为 T2>T7>T1>CK1>T3，T2 处理的 TP 显著(P<0.05)大于其他处理。双因素方差分析表明，采样时间对各个土壤理化性质均存在显著影响，不同施肥处理对 SWC、EC、SOC、TN、NO_3^--N 、NH_4^+-N 、AP、TP 存在显著影响，两者交互作用对 SWC、TN、NO_3^--N 、NH_4^+-N 、AP、TP 存在显著影响(表 6-6)。

表 6-6　采样时间、不同施肥处理及其交互作用对土壤理化性质影响的双因素方差分析

土壤理化性质	采样时间		不同施肥处理		采样时间×不同施肥处理	
	F	P	F	P	F	P
SBD	3.367	<0.05	1.566	0.195	1.602	0.082

续表

土壤理化性质	采样时间		不同施肥处理		采样时间×不同施肥处理	
	F	P	F	P	F	P
SWC	379.287	<0.001	11.326	<0.001	5.691	<0.001
pH	13.014	<0.001	0.706	0.591	0.108	1.000
EC	11.761	<0.001	39.887	<0.001	1.646	0.071
SOC	19.985	<0.001	16.231	<0.001	1.714	0.056
TN	8.081	<0.001	42.658	<0.001	2.079	<0.05
NO_3^--N	13.625	<0.001	25.529	<0.001	2.361	<0.01
NH_4^+-N	70.238	<0.001	3.553	<0.05	3.266	<0.001
AK	3.139	<0.05	2.343	0.065	0.527	0.943
AP	5.600	<0.001	139.195	<0.001	3.845	<0.001
TP	5.882	<0.001	27.036	<0.001	1.976	<0.05

6.2.3 不同施肥措施下土壤动物群落与环境因子的关系

不同施肥处理下土壤动物群落特征与环境因子的 Pearson 相关性分析见图 6-8。环境因子选取采样前 1 个月、3 个月、6 个月、12 个月的平均气温(MT1、MT3、MT6、MT12)和降水量(QP1、QP3、QP6、QP12)，土壤容重(SBD)，土壤含水量(SWC)，土壤电导率(EC)，土壤 pH，土壤有机碳含量(SOC)，土壤全氮含量(TN)，土壤硝态氮含量(NO_3^--N)，土壤铵态氮含量(NH_4^+-N)，土壤速效钾含量(AK)，土壤速效磷含量(AP)和土壤全磷含量(TP)，共 19 个。如图 6-8 所示，土壤动物密度与 SOC、类群数、多样性指数和丰富度指数存在显著正相关关系，与 QP3、QP6、MT1、MT3、MT6、SWC、NO_3^--N 和优势度指数之间存在显著负相关关系。捕获土壤动物类群数与 SOC、NH_4^+-N、土壤动物密度、多样性指数和丰富度指数存在显著正相关关系，与 QP1、QP3、QP6、MT1、MT3、MT6、SWC、pH、NO_3^--N 和优势度指数之间存在显著负相关关系。多样性指数与 SOC、NH_4^+-N、土壤动物密度、类群数、丰富度指数和均匀度指数之间存在显著正相关关系，与 QP1、QP3、QP6、MT1、MT3、MT6、SWC、pH、NO_3^--N 和优势度指数之间存在显著负相关关系。丰富度指数与 SOC、EC、NH_4^+-N、土壤动物密度、类群数之间存在显著正相关关系，与 QP1、QP3、QP6、MT1、MT3、MT6、SWC、pH 和优势度指数之间存在显著负相关关系。优势度指数与 QP3、QP6、MT1、

MT3、MT6、SWC、pH 和 NO_3^--N 之间存在显著正相关关系，与 SOC、NH_4^+-N 、土壤动物密度、类群数、多样性指数、丰富度指数之间存在显著负相关关系。均匀度指数与多样性指数之间存在显著正相关关系，与 QP3、QP6、MT3、MT6、SWC、NO^{3-}-N 和优势度指数之间存在显著负相关关系。

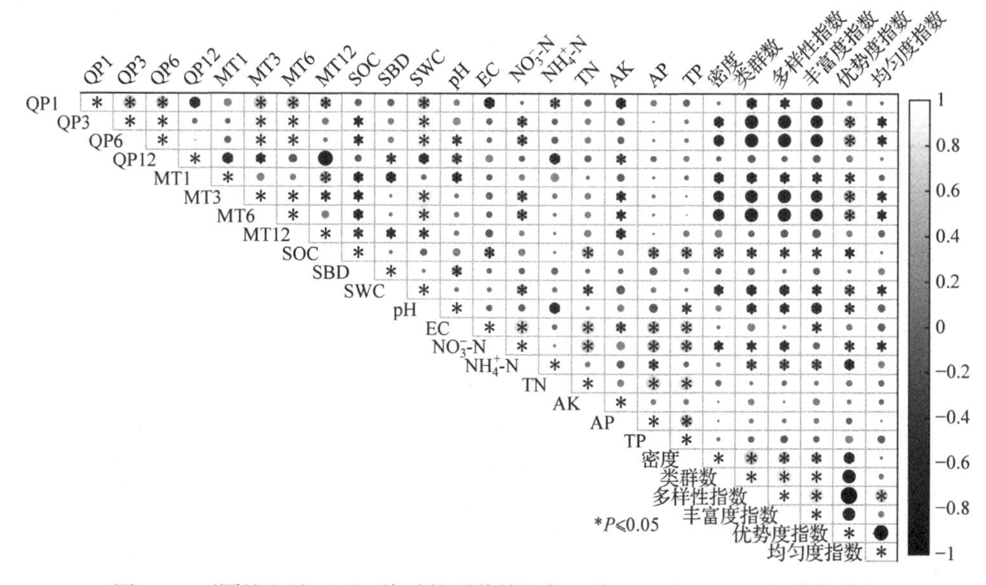

图 6-8　不同施肥处理下土壤动物群落特征与环境因子的 Pearson 相关性分析

不同施肥处理下捕获土壤动物密度、类群数、多样性指数、丰富度指数、优势度指数和均匀度指数与环境因子关系的多元线性逐步回归最优模型见表 6-7。0～30cm 土层土壤动物密度与 MT6、QP1、MT1、MT12 这 4 个环境因子之间的拟合度最高，且调整后的 R^2 为 0.597，表明这 4 个环境因子能够解释土壤动物密度 59.7%的变化量。0～30cm 土层捕获土壤动物类群数与 SWC、NH_4^+-N 、MT1、SBD、QP3、MT3 这 6 个环境因子之间的拟合度最高，且调整后的 R^2 为 0.675，表明这 6 个环境因子能够解释土壤动物类群数 67.5%的变化量。多样性指数与 MT6、MT1 和 QP6 这 3 个环境因子之间的拟合度最高，且调整后的 R^2 为 0.637，表明这 3 个环境因子能够解释多样性指数 63.7%的变化量。丰富度指数与 QP3、QP6、QP12、SBD、MT1 和 NH_4^+-N 这 6 个环境因子之间的拟合度最高，且调整后的 R^2 为 0.616，表明这 6 个环境因子能够解释丰富度指数 61.6%的变化量。优势度指数与 MT6、MT1 和 QP6 这 3 个环境因子之间拟合度最高，且调整后的 R^2 为 0.584，表明这 3 个环境因子能够解释优势度指数 58.4%的变化量。均匀度指数与 QP3 的拟合度最高，且调整后的累计 R^2 为 0.059，这表明 QP3 能够解释均匀度指数 5.9%的变化量。

表 6-7 不同施肥处理下 0～30cm 土层土壤动物类群特征与环境因子的最优回归模型

土壤动物多样性指数	非标准化系数 B	标准化系数β	显著性	VIF	调整后的 R^2
土壤动物密度					
常数	4.691	—	0.000	—	—
MT6	–0.245	–0.833	0.000	1.625	0.231
QP1	0.169	0.576	0.000	1.937	0.458
MT1	–0.125	–0.424	0.000	1.245	0.574
MT12	0.059	0.200	0.018	1.510	0.597
捕获土壤动物类群数					
常数	1.383	—	0.000	—	—
SWC	0.041	0.309	0.092	8.999	0.488
NH_4^+-N	0.019	0.142	0.089	1.866	0.572
MT1	–0.098	–0.739	0.000	5.572	0.608
SBD	–0.028	–0.210	0.002	1.148	0.641
QP3	–0.0276	–2.074	0.000	69.613	0.661
MT3	0.169	1.268	0.039	100.116	0.675
多样性指数					
常数	2.619	—	0.000	—	—
MT6	0.955	2.952	0.000	53.441	0.342
MT1	–0.334	–1.031	0.000	3.579	0.612
QP6	–1.151	–3.557	0.000	53.629	0.637
丰富度指数					
常数	0.253	—	0.000	—	—
QP3	0.559	8.316	0.000	353.627	0.183
QP6	–0.529	–7.876	0.000	353.914	0.473
QP12	0.048	0.719	0.000	2.552	0.536
SBD	0.016	0.236	0.001	1.172	0.562
MT1	0.020	0.300	0.000	1.518	0.604
NH_4^+-N	–0.012	–0.174	0.021	1.269	0.616
优势度指数					
常数	–0.015	—	0.825	—	—
MT6	–2.946	–2.937	0.000	53.441	0.297
MT1	1.026	1.023	0.000	3.579	0.542
QP6	3.513	3.502	0.000	53.629	0.584

续表

土壤动物多样性指数	非标准化系数 B	标准化系数 β	显著性	VIF	调整后的 R^2
		均匀度指数			
常数	0.822	—	0.000	—	—
QP3	−0.016	−0.263	0.012	1.000	0.059

不同施肥处理下农田 0～30cm 土层的平均土壤动物优势类群和常见类群共计 25 个，占土壤动物总密度的 89.19%，本小节分析中对稀有类群进行了剔除处理。降趋势对应分析(DCA)发现，排序坐标轴长度均小于 4，选择冗余分析(RDA)揭示环境因子对土壤动物群落特征的影响。蒙特卡洛检验显示，所有轴均达到显著水平(P=0.002)，表明 RDA 具有较高可信度。第一排序轴可以解释 21.47%的土壤动物群落特征变化，第二排序轴解释了 13.84%的土壤动物群落特征变化。向前选择模型结果表明，在 19 个环境因子中，共有 6 个环境因子显著(P<0.05)影响土壤动物群落，其中 MT6 和 QP12 对土壤动物群落特征变化的解释率较高，分别达 11.1%和 9.0%。RDA 排序如图 6-9 所示，土壤动物各类群主要分布在第一排序轴的正半轴部分，AP 与多数土壤动物群落呈现正相关关系，TP 与盖头甲螨科几乎重叠，呈显著正相关。变差分解表明，降水、温度和土壤因素共可以解释土壤动物群落 43.25%的变化，降水因素解释率最大，可解释土壤动物群落 34.77%的变化，土壤

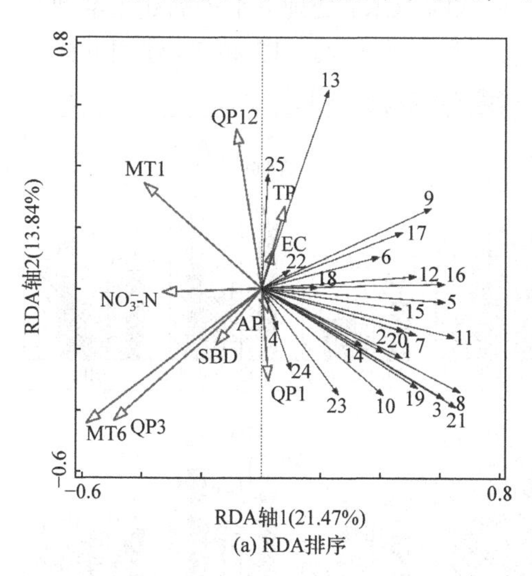

(a) RDA排序

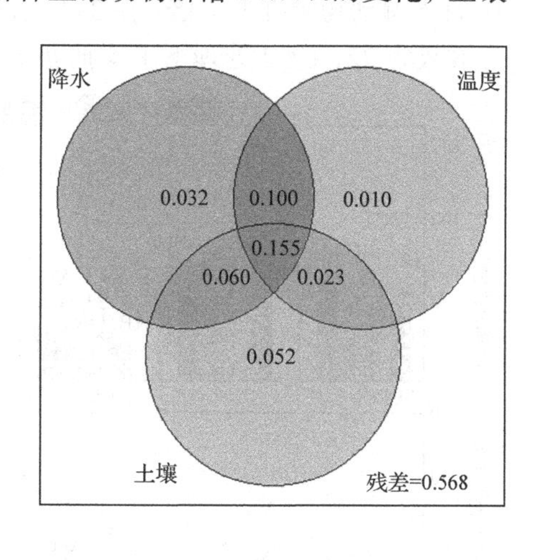

(b) 变差分解

图 6-9　不同施肥处理下 0～30cm 土层土壤动物群落组成与环境因子之间的 RDA 排序及变差分解

1-囊螨科；2-派盾螨科；3-胭螨科；4-甲胄螨科；5-二爪螨科；6-镰螨科；7-穴螨科；8-罗甲螨科；9-阿斯甲螨科；10-短缝甲螨科；11-上罗甲螨科；12-奥甲螨科；13-盖头甲螨科；14-单翼甲螨科；15-小赫甲螨科；16-卷甲螨科；17-矮赫甲螨科；18-无爪螨科；19-巨须螨科；20-矮蒲螨科；21-长须螨科；22-等节䖴科；23-棘䖴科；24-短角䖴科；25-铗蚂科

因素可解释 29.02%的变化，温度因素可解释 28.87%的变化。降水因素和温度因素可视为气候因素，可解释土壤动物群落 38.09%的变化。

6.3　土壤动物对翻耕处理的响应

6.3.1　翻耕处理下的土壤动物群落特征

不同翻耕处理下的土壤动物密度和类群数见图 6-10。在不施肥和秸秆还田两种情况下研究翻耕对土壤动物群落特征的影响，共有不施肥翻耕(CK1)、不施肥免耕(CK2)、秸秆还田翻耕(T3)、秸秆还田免耕(T5)4 个处理。在 3 年的试验周期内，CK1 处理的土壤动物密度均值为 50759 只 · m^{-2}，CK2 处理的土壤动物密度均值为 57787 只 · m^{-2}。在不施肥的情况下，免耕处理使土壤动物密度增加了 13.85%，但未发现显著性差异。在秸秆还田情况下，T3 处理的土壤动物密度(59000 只 · m^{-2})较 T5 处理(51509 只 · m^{-2})大，翻耕使土壤动物密度增加了 14.54%，同样未发现显著性差异。在翻耕条件下，秸秆还田处理较不施肥处理的土壤动物密度增加了 16.24%；在免耕条件下，秸秆还田处理较不施肥处理的土壤动物密度降低了 10.86%。因此，翻耕处理对土壤动物密度的影响可能是积极的也可能是消极的。土壤动物密度存在显著(P<0.05)季节差异，6 月捕获土壤动物密度平均为 10 月土壤动物密度的 2 倍。在 3 年的试验周期内，CK1 处理下平均捕获土壤动物类群数为 22，CK2 处理下平均捕获土壤动物类群数为 23，T3 和 T5 处理下捕获

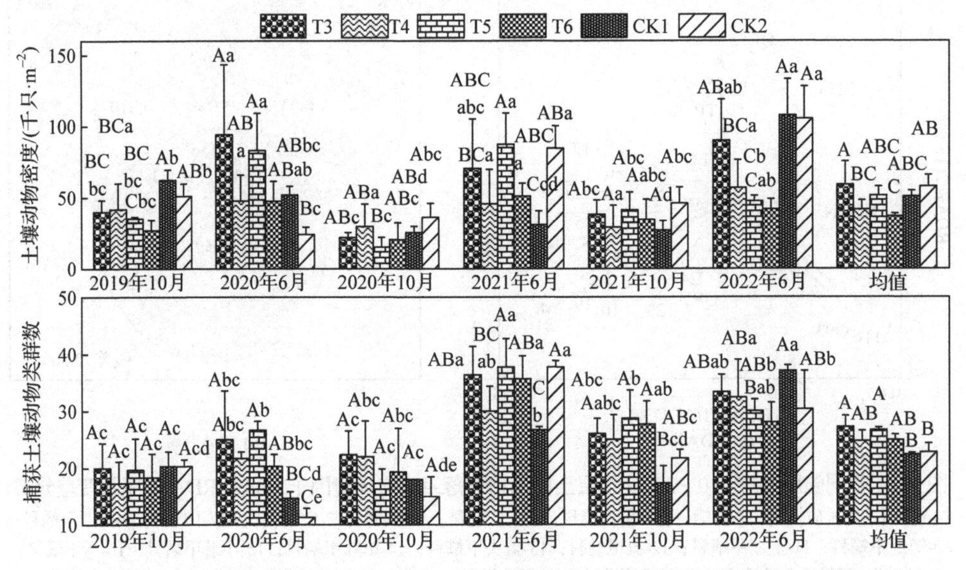

图 6-10　不同翻耕处理下 0～30cm 土层土壤动物密度和捕获土壤动物类群数

土壤动物类群数均为 27，未发现翻耕对土壤动物类群数存在明显影响。值得注意的是，配对样本 *T* 检验表明，秸秆还田显著(*P*<0.05)增加了土壤动物类群数。捕获土壤动物类群数存在显著(*P*<0.05)季节差异，6 月捕获土壤动物类群数平均为 10 月土壤动物类群数的 1.4 倍。

不同处理下 0～30cm 土层多样性指数、丰富度指数、优势度指数、均匀度指数如图 6-11 所示。CK1、CK2、T3 和 T5 这 4 个处理的 0～30cm 土层多样性指数在 2.14～3.22 变化，丰富度指数在 2.10～5.93 变化，优势度指数在 0.06～0.20 变化，均匀度指数在 0.75～0.93 变化，未发现翻耕对多样性指数、丰富度指数、优势度指数和均匀度指数存在显著性影响。配对样本 *T* 检验表明，各生态指数存在

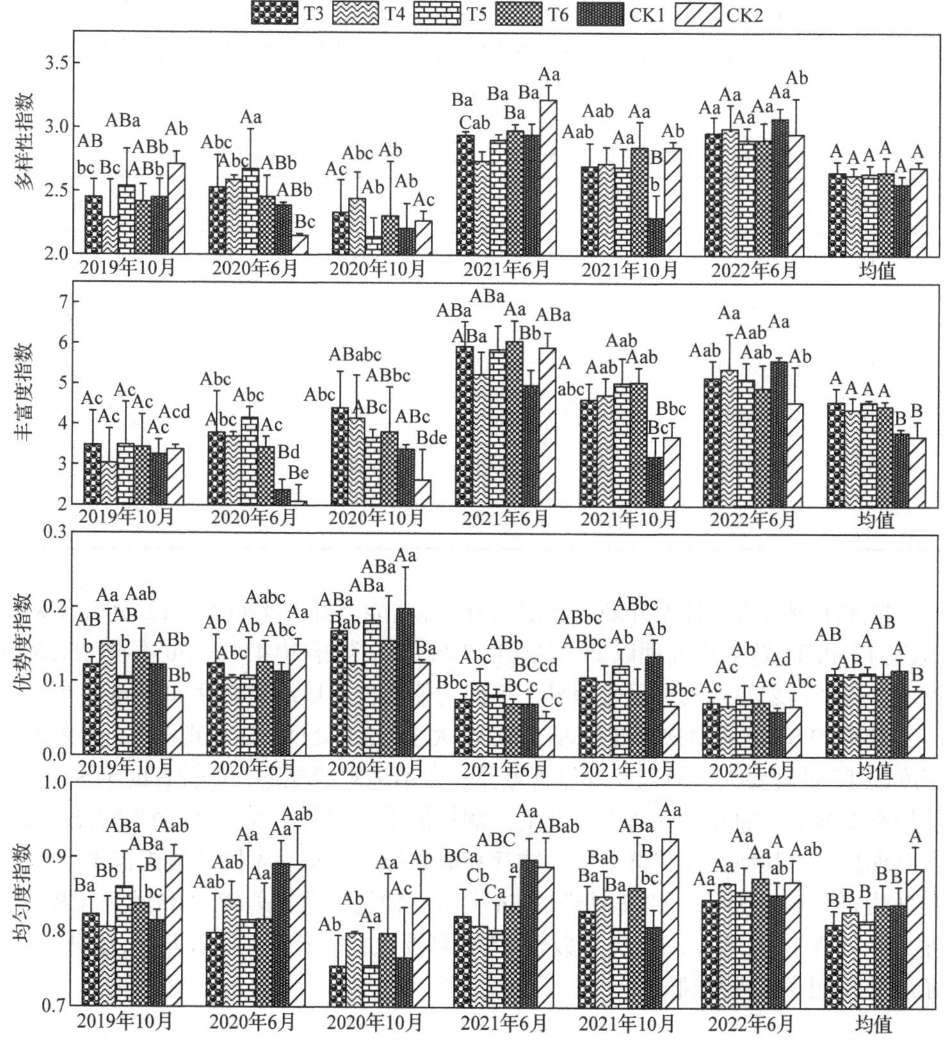

图 6-11　不同处理下 0～30cm 土层的多样性指数、丰富度指数、优势度指数、均匀度指数

显著(P<0.05)季节变化，6 月多样性指数平均为 10 月的 1.13 倍，6 月丰富度指数平均为 10 月的 1.25 倍，6 月份优势度指数平均为 10 月的 68%，6 月均匀度指数平均为 10 月的 1.03 倍。值得注意的是，丰富度指数在秸秆还田情况下显著(P<0.05)大于不施肥情况。

CK1、CK2、T3 和 T5 这 4 个处理之间的 Jaccard 相似性指数见表 6-8。相似性指数受到采样时间的显著影响，单因素方差分析表明，2021 年 6 月和 2022 年 6 月不同处理间的相似性指数显著大于其他采样时间。对 6 个采样时间的相似性指数求均值，可得不同处理之间的相似性指数为 0.532～0.727，土壤动物群落处于中等相似。配对样本 T 检验表明，相似性指数存在显著(P<0.05)季节性差异，土壤动物群落在 6 月具有更高的相似性。T3 处理和 T5 处理之间的相似性指数均值为 0.727，CK1 处理和 CK2 处理之间的相似性指数均值为 0.561，说明秸秆还田下翻耕与不翻耕处理之间的土壤动物群落相似度更高。

表 6-8 不同处理下 0～30cm 土层土壤动物群落 Jaccard 相似性

处理	T3	T4	T5	T6	CK1	CK2
T3	—	—	—	—	—	—
T4	0.830	—	—	—	—	—
T5	0.826	0.766	—	—	—	—
T6	0.761	0.911	0.841	—	—	—
CK1	0.735	0.813	0.735	0.640	—	—
CK2	0.800	0.766	0.723	0.733	0.745	—

按照土壤动物食性差异划分功能类群，各功能类群占比如图 6-12 所示，CK1、CK2、T3 和 T5 这 4 个处理以 Pr 类群(42.75%)、Sa 类群(30.43%)、Fu 类群(25.26%)为主，各处理之间未发现显著差异。不同功能类群土壤动物密度如图 6-13 所示。CK2 处理的 Sa 土壤动物密度显著(P<0.05)大于 CK1 处理，T3 处理的 Sa 土壤动物密度较 T5 处理要大，但未发现显著差异；在不施肥情况下，免耕有助于 Sa 土壤动物密度增加，而在秸秆还田情况下，翻耕似乎更有利于 Sa 土壤动物密度增加。未发现翻耕对其他功能类群土壤动物存在显著影响。捕获不同功能类群土壤动物类群数如图 6-14 所示。CK1 处理的 Sa 土壤动物类群数显著(P<0.05)大于 CK2 处理，T3 处理的 Sa 土壤动物类群数较 T5 处理要大，但未发现显著差异，说明免耕降低了 Sa 土壤动物类群数。

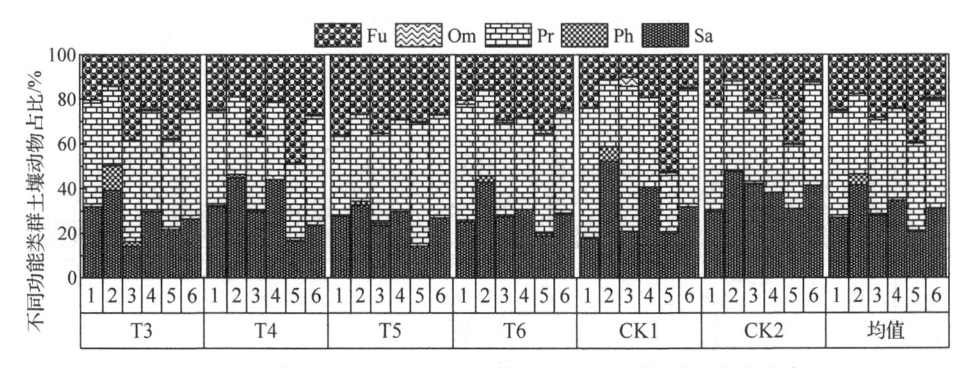

图 6-12　不同处理下 0～30cm 土层捕获不同功能类群土壤动物占比

1～6 分别表示 6 个取样时间：1 表示 2019 年 10 月；2 表示 2020 年 6 月；3 表示 2020 年 10 月；4 表示 2021 年 6 月；5 表示 2021 年 10 月；6 表示 2022 年 6 月

6.3.2　翻耕处理下土壤动物群落与环境因子的关系

翻耕处理对土壤动物密度、类群数及多样性指数、丰富度指数、优势度指数和均匀度指数的影响如图 6-15 所示。未见翻耕对捕获土壤动物密度、类群数及多样性指数、丰富度指数、优势度指数和均匀度指数存在显著影响。在不施肥的情

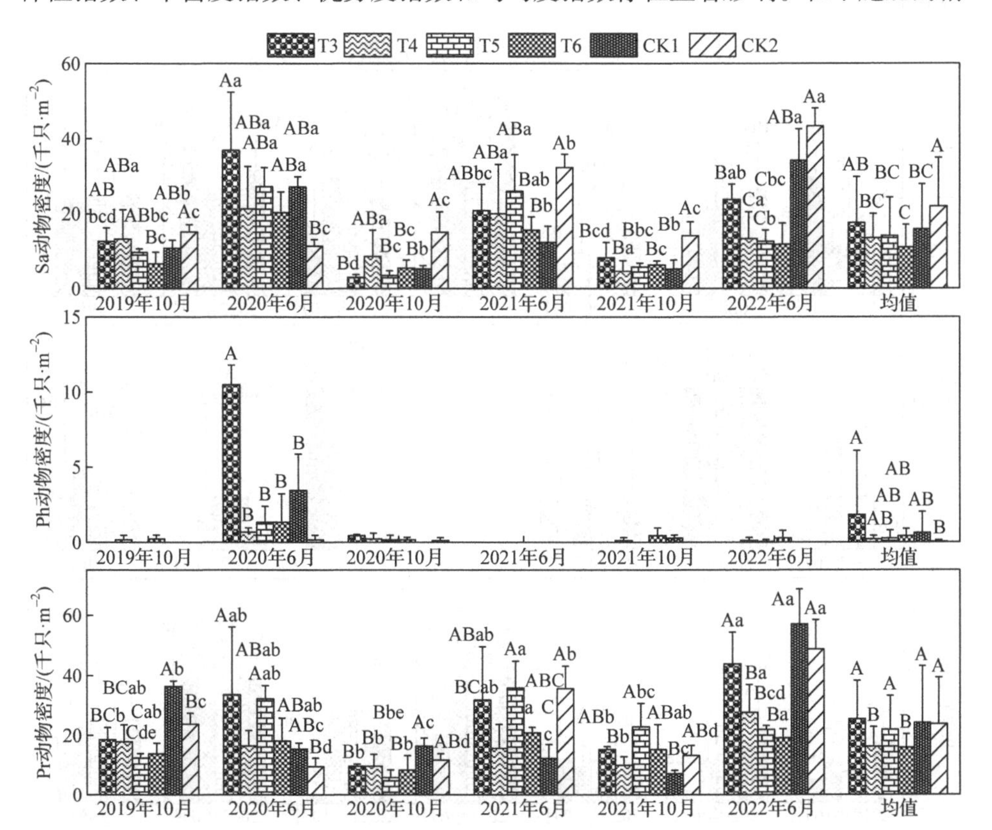

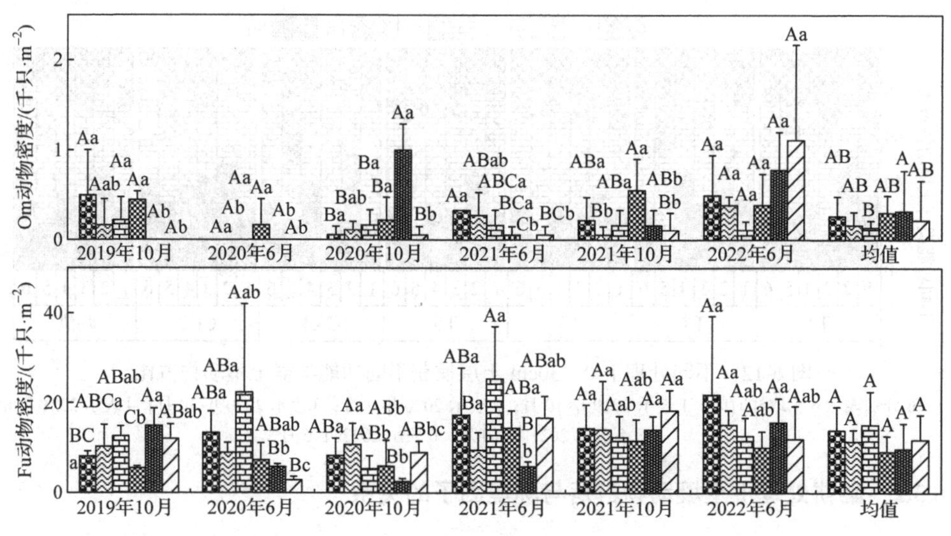

图 6-13　不同处理下 0～30cm 土层不同功能类群土壤动物密度情况

况下，免耕增加了土壤动物密度；在秸秆还田情况下，翻耕对于土壤动物增加更为有利。

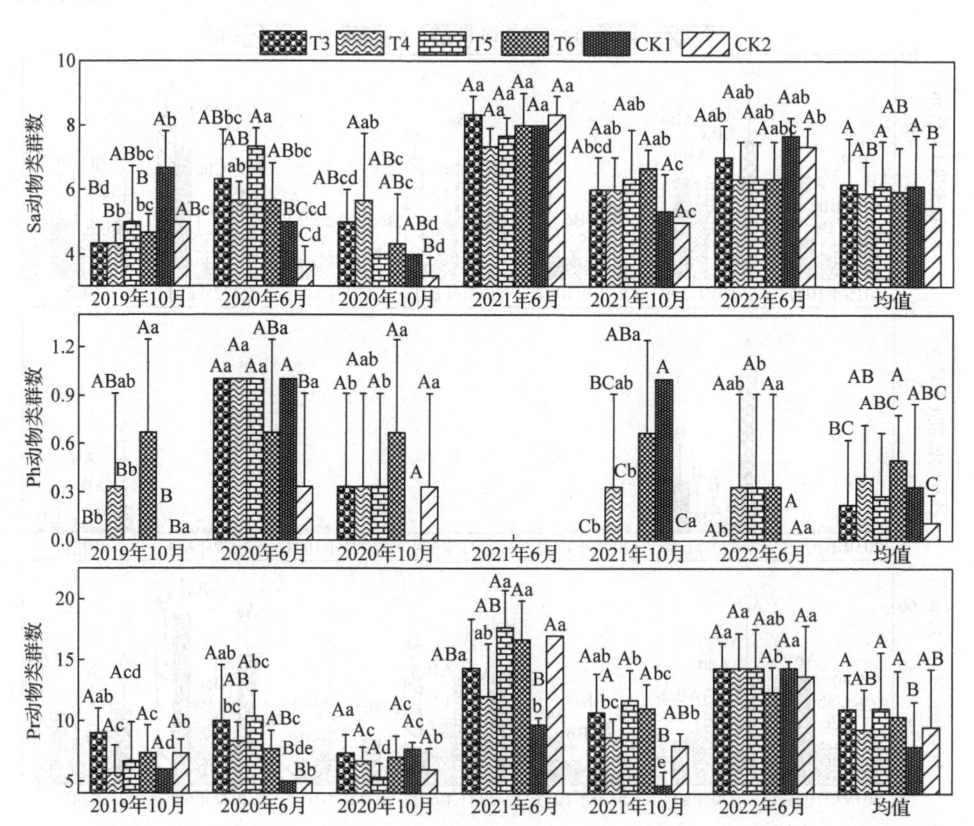

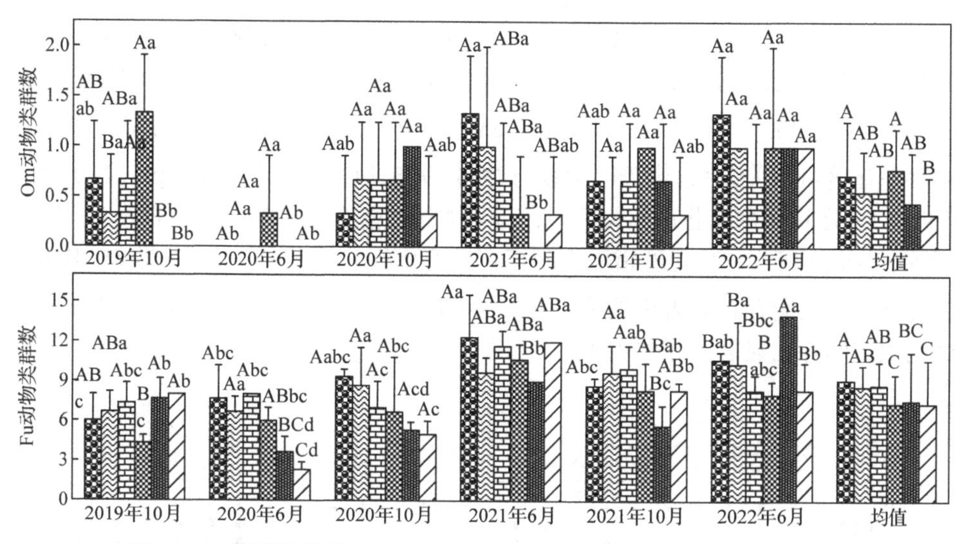

图 6-14　不同处理下 0～30cm 土层不同功能类群土壤动物类群数情况

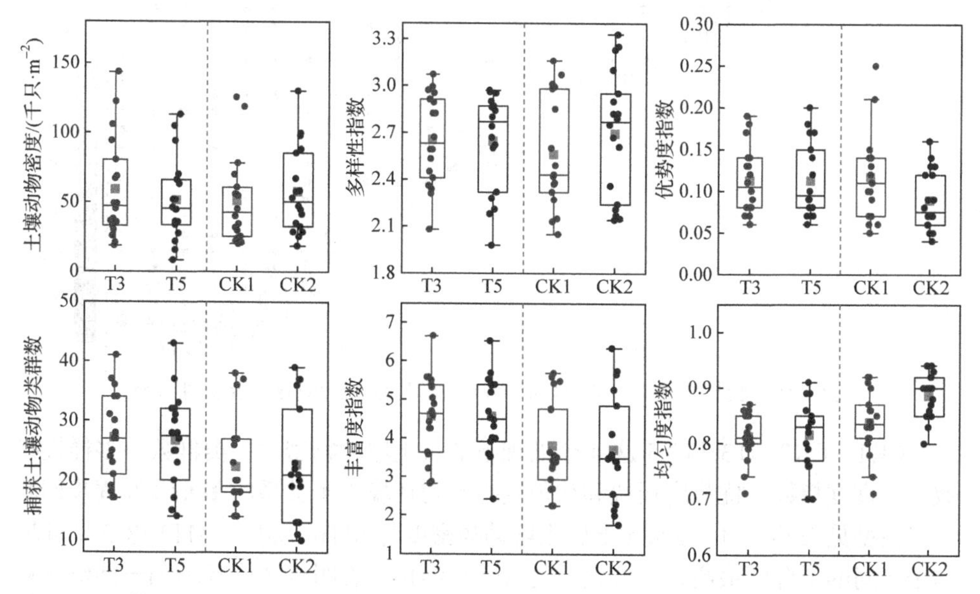

图 6-15　翻耕处理对土壤动物密度、类群数及多样性指数、丰富度指数、优势度指数和均匀度指数的影响

CK1、CK2、T3 和 T5 这 4 个处理下土壤动物群落特征与环境因子之间的 Pearson 相关性分析见图 6-16。如图所示，土壤动物密度与 SOC、类群数、多样性指数和丰富度指数存在显著正相关关系，与 QP3、QP6、MT3、MT6、SWC、NO_3^--N 和优势度指数之间存在显著负相关关系。捕获土壤动物类群数与 SOC、土壤动物密度、多样性指数和丰富度指数存在显著正相关关系，与 QP1、QP3、

QP6、MT3、MT6、SWC、pH、TP 和优势度指数之间存在显著负相关关系。多样性指数与土壤动物密度、类群数、丰富度指数和均匀度指数之间存在显著正相关关系，与 QP3、QP6、MT3、MT6、SWC、pH、NO_3^--N、TP 和优势度指数之间存在显著负相关关系。优势度指数与 QP3、QP6、MT3、MT6、SWC、pH、NO_3^--N、TN 和 TP 之间存在显著正相关关系，与土壤动物密度、土壤动物类群数、多样性指数、丰富度指数和均匀度指数之间存在显著负相关关系。均匀度指数与 SBD 和多样性指数之间存在显著正相关关系，与 QP3、QP6、EC、NO_3^--N、TN 和优势度指数之间存在显著负相关关系。

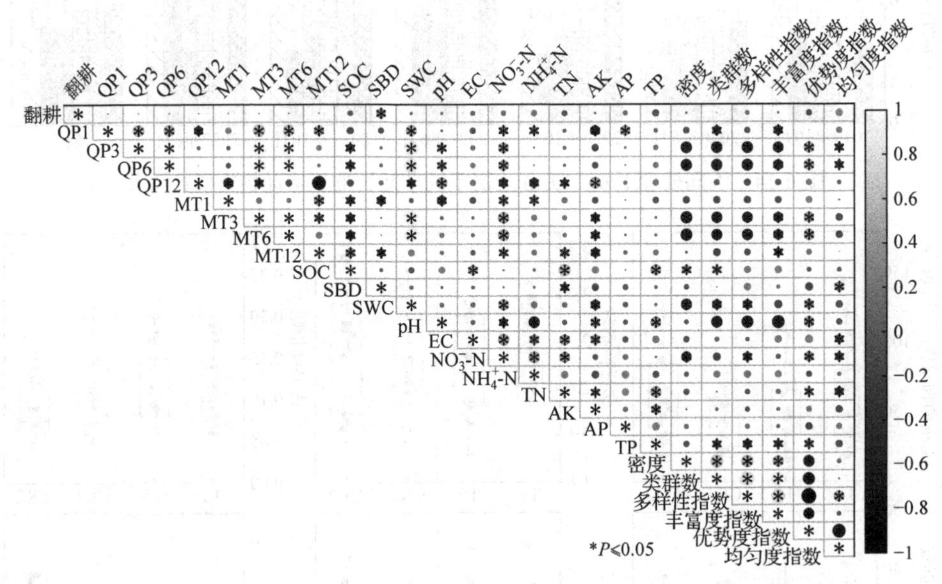

图 6-16　翻耕处理下土壤动物群落特征与环境因子 Pearson 相关性分析

CK1、CK2、T3 和 T5 这 4 个处理下捕获土壤动物密度、类群数、多样性指数、丰富度指数、优势度指数和均匀度指数与环境因子关系的多元线性逐步回归最优模型见表 6-9。0～30cm 土层土壤动物密度与 MT6、QP1、MT1 这 3 个环境因子之间的拟合度最高，且调整后的 R^2 为 0.416，表明这 3 个环境因子能够解释土壤动物密度 41.6%的变化量。0～30cm 土层捕获土壤动物类群数与 pH、MT1、QP6、秸秆还田、SBD 这 5 个环境因子之间的拟合度最高，且调整后的 R^2 为 0.692，表明这 5 个环境因子能够解释土壤动物类群数 69.2%的变化量。多样性指数与 QP3、SWC、MT1、pH 和 QP1 这 5 个环境因子之间的拟合度最高，且调整后的 R^2 为 0.656，表明这 5 个环境因子能够解释多样性指数 65.6%的变化量。丰富度指数与 pH、MT1、秸秆还田、QP3 和 SBD 这 5 个环境因子之间的拟合度最高，且调整后的 R^2 为 0.729，表明这 5 个环境因子能够解释丰富度指数度 72.9%的变化量。优势度指数与 QP6、MT1、MT6、TN 和 AP 这 5 个环境因子之间的拟合度最高，且调整后的 R^2 为 0.581，表明这 5 个环境因子能够解释优势度指数 58.1%的变化量。均匀度指数与秸秆还田、SBD、QP6 和 QP1 这 4 个环境因子之间的拟合度最高，且调整后的 R^2 为 0.472，表明这 4 个环境因子能够解释均匀度指数 47.2%的变化量。

表 6-9　翻耕处理下 0～30cm 土层土壤动物类群特征与环境因子的最优回归模型

环境因子	非标准化系数 B	标准化系数 β	显著性	VIF	调整后的 R^2
土壤动物密度					
常数	224.807	—	0.000	—	—
MT6	–51.005	–0.781	0.000	1.596	0.311
QP1	25.215	0.386	0.001	1.626	0.380
MT1	–13.697	–0.210	0.026	1.030	0.416
捕获土壤动物类群数					
常数	4.948	—	0.000	—	—
pH	–0.533	–0.626	0.000	1.297	0.264
MT1	–0.467	–0.557	0.000	1.354	0.459
QP6	–0.316	–0.377	0.000	1.093	0.595
秸秆还田	–0.209	–0.264	0.000	1.003	0.668
SBD	–0.130	–0.177	0.015	1.172	0.692
多样性指数					
常数	7.041	—	0.000	—	—
QP3	–1.618	–0.910	0.000	8.285	0.281
SWC	0.627	0.355	0.060	7.121	0.440
MT1	–0.829	–0.467	0.000	1.346	0.484
pH	–0.844	–0.468	0.000	1.757	0.620
QP1	0.451	0.254	0.006	1.641	0.656
丰富度指数					
常数	2.040	—	0.000	—	—
pH	–0.223	–0.707	0.000	1.302	0.349
MT1	–0.160	–0.528	0.000	1.358	0.541
秸秆还田	–0.094	–0.329	0.000	1.003	0.651
QP3	–0.075	–0.249	0.000	1.087	0.711
SBD	–0.041	–0.158	0.021	1.170	0.729

续表

环境因子	非标准化系数 B	标准化系数 β	显著性	VIF	调整后的 R^2
优势度指数					
常数	0.014	—	0.862	—	—
QP6	3.862	3.796	0.000	54.177	0.237
MT1	0.981	0.964	0.000	3.631	0.404
MT6	−3.362	−3.304	0.000	54.009	0.513
TN	0.249	0.245	0.003	1.079	0.556
AP	−0.169	−0.177	0.029	1.063	0.581
均匀度指数					
常数	0.832	—	0.000	—	—
秸秆还田	0.021	0.393	0.000	1.002	0.157
SBD	0.021	0.409	0.000	1.058	0.236
QP6	−0.031	−0.540	0.000	1.426	0.301
QP1	0.029	0.499	0.000	1.457	0.472

6.4　土壤动物对农药处理的响应

6.4.1　农药处理下的土壤动物群落特征

在秸秆还田基础上，研究翻耕和免耕两种情况下施用农药对土壤动物的影响，共有秸秆还田翻耕不施用农药(T3)、秸秆还田翻耕施用农药(T4)、秸秆还田免耕不施用农药(T5)、秸秆还田免耕施用农药(T6)4 个处理。各处理土壤动物密度和类群数见图 6-17。配对样本 T 检验表明，在 3 年的试验周期内，施用农药显著(P<0.05)降低了土壤动物密度和捕获土壤动物类群数。在翻耕条件下，施用农药使土壤动物密度降低了 29.39%；在免耕条件下，施用农药使土壤动物密度降低了 28.33%。在翻耕条件下，施用农药使土壤动物类群数平均减少了 2.44；在免耕条件下，施用农药使土壤动物类群数平均减少了 1.78。施用农药对土壤动物密度的影响存在季节性差异，在 6 月施用农药对土壤动物密度存在显著(P<0.05)影响，而 10 月未见显著效果。多样性指数、丰富度指数、优势度指数和均匀度指数如图 6-17 所示，未见施用农药对其存在显著影响。

各处理之间的 Jaccard 相似性指数在 0.471～0.911 变化，土壤动物群落在中等不相似到极相似变化。Jaccard 相似性指数受到采样时间的显著影响，单因素方差分析表明，2021 年 6 月和 2022 年 6 月不同处理间的 Jaccard 相似性指数显著大于

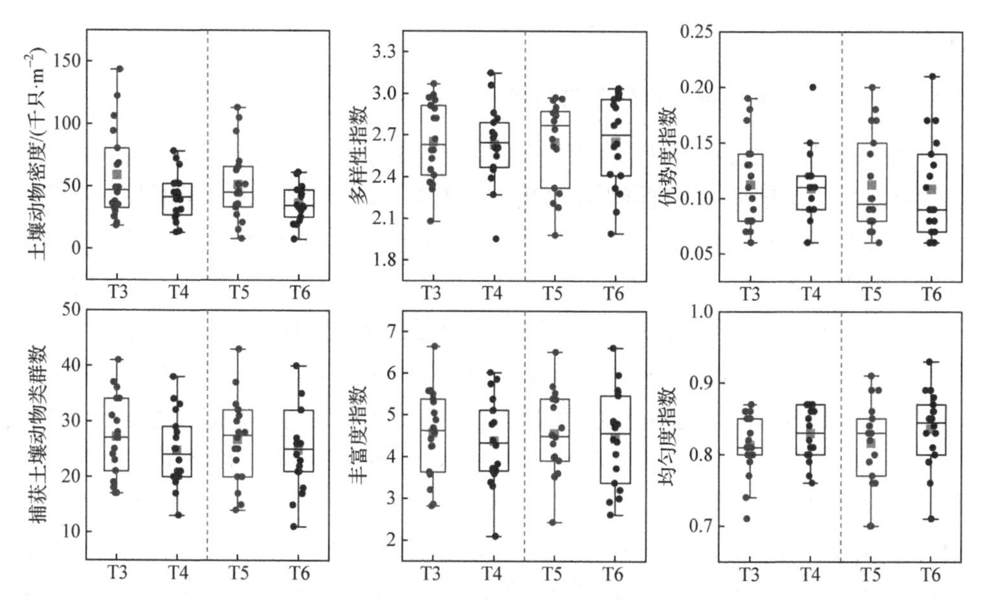

图 6-17　农药处理对土壤动物密度、类群数及多样性指数、丰富度指数、优势度指数和均匀度指数的影响

其他采样时间。对 6 个采样时间的 Jaccard 相似性指数求均值，可得不同处理之间的 Jaccard 相似性指数为 0.685～0.736，土壤动物群落处于中等相似。

各处理之间的 Morisita-Horn 相似性指数在 0.685～0.954 变化，土壤动物群落处于中等相似到极相似。Morisita-Horn 相似性指数受到采样时间的显著影响，单因素方差分析表明，2022 年 6 月不同处理间的 Morisita-Horn 相似性指数显著大于其他采样时间。对 6 个采样时间的 Morisita-Horn 相似性指数求均值，可得不同处理之间的 Morisita-Horn 相似性指数为 0.819～0.905，土壤动物群落处于极相似。配对样本 T 检验表明，Morisita-Horn 相似性指数存在显著(P<0.05)季节性差异，土壤动物群落在 6 月具有更高的相似性。T3 处理和 T4 处理之间的 Morisita-Horn 相似性指数均值为 0.881，T5 处理和 T6 处理之间的 Morisita-Horn 相似性指数均值 0.888，说明免耕条件下施用农药与土壤动物群落的相似性高于翻耕条件。

本小节捕获不同功能类群土壤动物以 Pr 类群(41.99%)、Fu 类群(28.40%)、Sa 类群(27.97%)为主。施用农药增加了 3.83%的 Fu 类群土壤动物占比，降低了 2.18%的 Pr 类群土壤动物占比。不同功能类群土壤动物密度如图 6-13 所示。Pr 类群密度在 T4 处理下显著低于 T3 处理，在 T6 处理下显著低于 T5 处理，施用农药可显著(P<0.05)降低 Pr 类群土壤动物密度。捕获不同功能类群土壤动物类群数如图 6-14 所示，T6 处理下 Fu 土壤动物类群数显著(P<0.05)小于 T5 处理，免耕条件下施用农药能够显著降低 Fu 土壤动物类群数。农药处理降低了 Pr 土壤动物类群数，但

未见显著性差异。

6.4.2 农药处理下土壤动物群落与环境因子的关系

施用农药在翻耕和免耕条件下显著降低土壤动物密度和捕获土壤动物类群数，且翻耕情况下土壤动物密度降低幅度更大。土壤动物密度与 AK、类群数、多样性指数和丰富度指数存在显著正相关关系，与施用农药、QP3、QP6、MT3、MT6、SBD、SWC、NO_3^--N 和优势度指数之间存在显著负相关关系。捕获土壤动物类群数与土壤动物密度、多样性指数和丰富度指数存在显著正相关关系，与 QP1、QP3、QP6、MT3、MT6、SWC、pH、NO_3^--N 、TP 和优势度指数之间存在显著负相关关系。多样性指数与土壤动物密度、类群数、丰富度指数和均匀度指数之间存在显著正相关关系，与 QP3、QP6、QP12、MT3、MT6、SWC、pH、TP 和优势度指数之间存在显著负相关关系。优势度指数与 QP3、QP6、QP12、MT3、MT6、SWC、pH、NO_3^--N 、TP 和均匀度指数之间存在显著正相关关系，与土壤动物密度、土壤动物类群数、多样性指数、丰富度指数和优势度指数之间存在显著负相关关系。均匀度指数与 QP12 和优势度指数之间存在显著负相关关系。

T3、T4、T5 和 T6 处理下捕获土壤动物密度、类群数、多样性指数、丰富度指数、优势度指数和均匀度指数与环境因子关系的多元线性逐步回归最优模型见表 6-10。0～30cm 土层土壤动物密度与 QP6、施用农药和 SBD 这 3 个环境因子之间的拟合度最高，且调整后的 R^2 为 0.480，表明这 3 个环境因子能够解释土壤动物密度 48.0%的变化量。捕获土壤动物类群数与 QP3、pH 和 MT1 这 3 个环境因子之间的拟合度最高，且调整后的 R^2 为 0.598，表明这 3 个环境因子能够解释土壤动物类群数 59.8%的变化量。多样性指数与 QP6、pH、MT1 和 MT3 这 4 个环境因子之间的拟合度最高，且调整后的 R^2 为 0.625，表明这 4 个环境因子能够解释多样性指数 62.5%的变化量。丰富度指数与 pH、MT6、SWC 和 QP1 这 4 个环境因子之间的拟合度最高，且调整后的 R^2 为 0.603，表明这 4 个环境因子能够解释丰富度指数 60.3%的变化量。优势度指数与 QP6 和 SWC 这 2 个环境因子之间的拟合度最高，且调整后的 R^2 为 0.413，表明这 2 个环境因子能够解释优势度指数 41.3%的变化量。均匀度指数与 QP12、MT1、SWC 和 QP1 这 4 个环境因子之间的拟合度最高，且调整后的 R^2 为 0.231，表明这 4 个环境因子能够解释均匀度指数 23.1%的变化量。

表 6-10 农药处理下 0～30cm 土层土壤动物类群特征与环境因子的最优回归模型

环境因子	非标准化系数 B	标准化系数 β	显著性	VIF	调整后的 R^2
		土壤动物密度			
常数	214.170	—	0.000	—	—

续表

环境因子	非标准化系数 B	标准化系数β	显著性	VIF	调整后的 R^2
		土壤动物密度			
QP6	−35.026	−0.592	0.000	1.033	0.384
施用农药	−13.331	−0.239	0.008	1.027	0.450
SBD	−12.639	−0.196	0.030	1.060	0.480
		捕获土壤动物类群数			
常数	5.038	—	0.000	—	—
QP3	−0.368	−0.514	0.000	1.059	0.382
pH	−0.380	−0.543	0.000	1.316	0.563
MT1	−0.159	−0.222	0.010	1.251	0.598
		多样性指数			
常数	7.088	—	0.000	—	—
QP6	−3.130	−2.058	0.000	35.714	0.354
pH	−0.445	−0.299	0.005	2.031	0.543
MT1	−0.940	−0.618	0.000	2.751	0.585
MT3	2.354	1.548	0.001	34.669	0.625
		丰富度指数			
常数	3.102	—	0.000	—	—
pH	−0.149	−0.602	0.000	1.013	0.398
MT6	−0.182	−0.721	0.000	6.809	0.532
SWC	0.134	0.523	0.006	5.944	0.579
QP1	−0.053	−0.211	0.029	1.605	0.603
		优势度指数			
常数	0.131	—	0.090	—	—
QP6	1.013	1.202	0.000	4.873	0.317
SWC	−0.607	−0.707	0.001	4.873	0.413
		均匀度指数			
常数	0.824	—	0.000	—	—
QP12	−0.023	−0.472	0.001	1.537	0.068
MT1	−0.019	−0.388	0.002	1.376	0.108
SWC	−0.022	−0.449	0.001	1.612	0.158
QP1	0.017	0.352	0.008	1.533	0.231

土壤动物的丰度和多样性受到农业和其他土地利用方式的广泛影响。土壤能够通过为土壤动物提供食物来源和栖息地，影响其多样性和密度。肥料通过改变植物残体和根系分泌物的种类和数量来影响土壤性质，进而改变土壤动物群落的多样性和组成。土壤动物密度表现为秸秆还田加无机肥处理>有机肥处理>秸秆还田处理>无机肥处理>空白对照。捕获土壤动物类群数均值则表现为秸秆还田处理>秸秆还田加无机肥处理>有机肥处理>无机肥处理>空白对照。多样性指数在秸秆还田加无机肥处理最大，丰富度指数在秸秆还田处理最大。有机物的投入能够为作物生长提供养分，为土壤动物提供充足的食物来源。添加有机肥或秸秆的处理较仅添加无机肥和不施肥的处理具有更高的土壤动物密度和类群数，多样性指数和丰富度指数较大也表明其具有更稳定的土壤动物类群。有机物与无机肥配施下，土壤动物群落多样性指数和均匀度指数较对照要大，由于有机物料与无机肥混施能够提供丰富的有机质和养分供应，有利于提高土壤动物群落的丰富度和多样性。土壤动物取食有机物质并将其破碎，能够增加微生物可利用的表面积，而后微生物对其进行分解并自我扩繁，从而增加养分的可利用性。土壤微生物群落改变后能够反过来影响取食微生物的土壤动物类群，微生物的旺盛增长能够增加土壤动物的丰度。长期施肥会使一些土壤动物减少，而一些动物增加。施用秸秆较不施肥处理能够增加腐食性土壤动物类群数。长期施用有机肥能够增加稀树草原蚯蚓和捕食性土壤动物的数量，土壤动物密度和类群数在各个施肥处理下均大于空白处理，不同施肥处理对捕食性、菌食性和杂食性土壤动物类群存在显著影响。

翻耕能够改变土壤的物理环境和土壤动物的食物资源，从而影响土壤生物多样性分布。翻耕对土壤动物的影响可能是积极的也可能是消极的。在秸秆还田条件下，翻耕将秸秆翻入土壤中，能够增加土壤动物密度，尤其是腐食性土壤动物；在不施肥条件下，免耕有助于土壤动物密度增加，尤其是腐食性土壤动物。跳虫群落对耕作强度的敏感性大于对残茬管理和氮肥的敏感性，在秸秆还田条件下，翻耕将地表秸秆翻入土壤，为土壤动物提供了充足的食物来源，尤其为腐食性土壤动物提供了食物来源和栖息场所。当腐食性土壤动物类群大量增加时，必然对整个土壤食物网产生影响。在农田施入有机物后，适当翻耕有助于有机物与土壤混合，为土壤动物创造良好的生存条件。除耕作方式外，耕作频率对土壤动物也有不同的影响，减少耕作和保留残茬能够增加蚯蚓的数量。与高强度耕作相比，减少耕作强度或免耕能够使跳虫类和螨类的占比增加35%和23%。随着耕作强度的降低，蚯蚓的丰度和物种多样性显著增加，而蚁类的个体密度和物种多样性显著降低，不同分类群的功能群表现出不同的耕作效应。

使用农药会对土壤生物多样性构成重大威胁，有报道称其对土壤动物类群数的负面影响大于对土壤动物密度的影响。即使在较低的剂量(低于推荐使用量)下，农药也会对土壤动物产生有害影响，且随着农药用量增加，土壤动物多样性下降。也有研究表明，除草剂处理可能会增加线虫区系的多样性，即多样性指数较大。不同农药的种类对土壤动物的影响存在不同，除草剂目标生物为杂草，对土壤动物毒杀效果相对较小。本节中，施用农药能够显著降低土壤动物密度和类群数，尤其是捕食性土壤动物类群数，且翻耕能够加大施用农药对土壤动物的影响。施用农药对土壤动物的影响存在季节性差异，6 月对土壤动物的影响较 10 月要大。种植小麦时施用除虫剂较种植玉米时要多，可能是施用农药对土壤动物的影响存在季节性差异的原因。未见施用农药对多样性指数、丰富度指数、优势度指数和均匀度指数存在显著影响。Morisita-Horn 相似性指数说明，免耕条件下施用农药与土壤动物群落的相似性高于翻耕条件，再次说明翻耕能够加大施用农药对土壤动物的影响。土壤动物接触到的农药通常通过喷洒、包种、熏蒸、淋滤和翻耕等方式进入土壤，本节施用的农药主要为包种农药和日常的除草除虫剂。喷洒的农药落到地面，而后在翻耕的作用下能够进入土壤，从而对土壤动物产生毒杀作用。未发现随着种植年限的增加土壤动物持续减少的现象，说明土壤动物受到施药的影响，但是在施药的间隙，土壤动物类群能够得以恢复，施用农药对土壤动物的影响可能是有限的负面影响，农药对小型节肢动物生物多样性的影响似乎只是一个二级变量。本节研究持续年限相对较短，农药对土壤动物影响的时间效应有待进一步深入研究。捕食性土壤动物受到了农药更加明显的影响。一方面，农药能够在土壤动物体内富集，高营养级土壤动物会累积更多的农药，对机体造成更大的伤害；另一方面，可能是因为捕食性类群对农药反应更为敏感。农药对土壤动物的影响也与农药施用量有关，本节农药施用量为当地农民正常施药水平，与推荐施用量相当。

有机物的投入能够增加土壤动物的密度和类群数。在秸秆还田条件下，翻耕对土壤动物生存是有益的。因此，有机物(有机肥或秸秆还田)投入后并配以翻耕，是增加土壤动物密度和类群数的有效举措。本节施用农药显著($P<0.05$)降低了土壤动物密度和捕获土壤动物类群数，且翻耕加大了农药对土壤动物的负面影响。显然，农药的施用不利于土壤动物的生存。如果想要提高土壤动物密度和类群数，降低农药施用量和频率是一种有效举措。

6.5　本 章 小 结

本章通过 3 年的定位试验，探究了不同施肥处理、翻耕和施用农药对农田土壤动物的数量、群落构成、功能类群组成、群落多样性及相似性特征的影响，分析了土壤动物群落特征与农耕措施、气候因素和土壤理化性质间的关系，并初步给出了调控农田土壤动物的措施建议。本章主要结论如下。

(1) 定位试验共捕获 56 个类群的土壤动物，以腐食性、捕食性和菌食性土壤动物为主。从目一级来看，中气门螨目和疥螨目为优势类群；从科一级来看，囊螨科为优势类群。土壤动物随土层深度变化具有明显的“表聚性”，77.83%的土壤动物在表层 0～10cm 土层捕获。试验捕获土壤动物存在季节性差异，过多的土壤水分可能不利于土壤动物生存。

(2) 不同施肥处理显著影响土壤动物类群分布特征，秸秆还田配施无机复合肥处理下具有最大的土壤动物密度，其次是有机肥处理，空白对照下土壤动物密度最小。捕获土壤动物类群数均值则表现为秸秆还田处理>秸秆还田加无机肥处理>有机肥处理>无机肥处理>空白对照。气候因素变化对土壤动物类群具有较大影响，气候的季节性差异导致土壤动物存在季节性差异，气候因素和土壤因素分别可解释土壤动物类群 38.09%和 29.02%的变化。

(3) 翻耕对土壤动物的影响可能是积极的也可能是消极的。在秸秆还田条件下，翻耕将秸秆翻入土壤中，能够增加土壤动物密度，尤其是腐食性土壤动物；在不施肥条件下，免耕有助于土壤动物密度增加，尤其是腐食性土壤动物。此外，秸秆还田较不施肥处理能够显著增加土壤动物类群数。秸秆还田下翻耕与不翻耕处理之间的土壤动物群落具有更高的相似度。

(4) 施用农药能够显著降低土壤动物密度和类群数，尤其是捕食性土壤动物，且翻耕能够加大施用农药对土壤动物的影响。施用农药对土壤动物的影响存在季节性差异，6 月对土壤动物的影响较 10 月要大。未见施用农药对多样性指数、丰富度指数、优势度指数和均匀度指数存在显著影响。

(5) 增加有机物料投入并配合翻耕能够有效增加土壤动物类群数和丰度，有助于构建更加稳定的土壤生态。在不施肥的情况下，免耕更有利于土壤动物的生存。施用农药能够降低土壤动物密度，尤其是捕食性土壤动物，因此减少农药的施用量有助于土壤动物存活及构建更健康的食物网。

第 7 章　土壤节肢动物对枯落物分解的影响

黄土高原退耕还林(草)工程使该地区的植被覆盖度提高了 25%(Feng et al., 2016)。在不同的植被类型下，土壤动物群落的动态变化可以作为土壤生态系统恢复的生态指标。土壤动物是土壤物质循环和能量流动正常运行的关键环节，几乎参与了所有地下生态过程。有研究表明，土壤动物占已知动物数量的五分之一以上，通过调节土壤食物网内能量和物质的输入和输出，来支持分解、养分循环和气候影响等关键土壤过程。研究恢复生态系统土壤动物群落的分布特征，以探索该类群的适应和演化，对该区域的土壤健康保育及新一轮退耕还林还(草)工程的生态效益评价有指导意义。

枯落物分解作为全球碳平衡的一个重要组成部分，是地下食物网和地上生态系统的一个关键环节。枯落物分解过程受生物(土壤动物、微生物和枯落物特性)和非生物因素(气候、土地利用方式)的调节。土壤动物群粉碎和取食枯落物，改变微生境的物理化学性质和生物组成，直接或间接地影响枯落物的分解。土壤动物的存在明显加快了枯落物的分解速度，平均贡献率为 27%。在土壤动物的作用下，林地、草地和耕地的枯落物分解率分别提高了 8.75%、6.15%和 12.36%(袁访等，2023)。土壤有机物含量随着枯落物的不断积累和分解而显著增加，这反过来又促进了植被的生长，对整个生态系统的碳循环和碳封存产生了积极而深远的影响。植被类型的差异是推动土壤有机碳变化的一个关键因素。Li 等(2020)发现，土地利用方式转换后，林地、草地和灌木丛 0～100cm 土层的土壤有机碳含量分别增加了 46.17%、27.28%和 23.9%。地上植物群落的物种组成不可避免地使地下生态系统的物质和能量输入变化，以及土壤动物所处的物理和土壤营养环境变化。这些都可能使土壤动物群落结构变化，进而影响其对枯落物的分解。

人们对黄土高原丘陵沟壑区植被恢复后土壤动物如何调节枯落物分解的认识还不全面。本章依托西北农林科技大学神木侵蚀与环境试验站的野外分解试验，探讨土地利用方式转换后，不同植被类型对土壤动物群落的直接影响，以及土壤动物群落变化对枯落物分解和土壤养分变化的间接影响。该结果可为全面分析和评价休耕植被恢复模式对黄土高原丘陵沟壑区生态环境的影响提供基础数据。

试验于 2019 年 7 月开始布设，地点选在一个始建于 2003 年的小区内。该小区是在一个休耕斜坡(西北方向 12°～14°)上建立的，每个地块宽 5m，长 6.1m。

相邻地块间的距离为90cm，地块边界由混凝土制成，宽10cm，深入地下30cm。四个小区分别设计为柠条林地(KOP)、苜蓿草地(ALF)、撂荒草地(NAF)和农地(图7-1)。KOP和ALF小区分别代表灌丛和草地，植物种植间隔分别为70cm和50cm。NAF小区于2004年5月开始自然恢复，并逐渐演变为以长芒草和胡枝子为主的撂荒草地。仅选择KOP、ALF和NAF小区为研究对象。2019年6月在相应研究小区内分别收集柠条、苜蓿和长芒草叶片，置于烘箱65℃下烘干直至恒重。取少量烘干的枯落物，粉碎，过1mm筛后用于测定其初始化学组成，其余烘干枯落物装入牛皮纸袋备用。

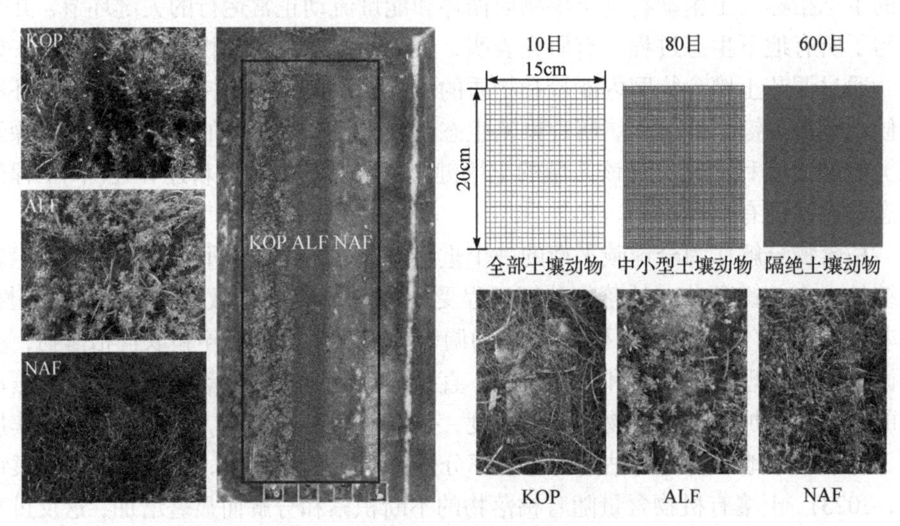

图7-1　试验小区鸟瞰图及各生境枯落物分解袋布设

选用孔径大小为600目(0.023mm)、80目(0.18mm)和10目(2mm)，规格为15cm×20cm的尼龙网袋作为枯落物分解袋。其中，600目分解袋能隔绝大部分土壤动物，可认为是无土壤动物作用的对照处理，该网袋内枯落物的损失主要是微生物及其他理化作用所致。80目分解袋控制中小型土壤动物和微生物自由进出，属于半开放型的枯落物分解过程模拟，网袋内枯落物的分解主要受中小型土壤动物、微生物和理化作用的影响。10目分解袋几乎允许所有土壤动物通过，为开放型网袋，用来模拟自然环境下枯落物分解过程。综合考虑土壤动物特征及撂荒草地枯落物为针状草本植物的特点，10目分解袋孔径较大无法盛装针状草本，因此NAF生境只放置80目和600目分解袋。称取各种烘干后的枯落物10.0g，装入不同孔径的尼龙网袋内，封好袋口后，按照植被类型分别放回对应的试验样地。2019年7月，将装有枯落物的网袋随机平铺于对应的试验小区中，并用铁钉固定分解袋使其紧贴土壤表面；每个小区布设20组，共计60组，进行为期3年共5次取样的枯落物分解试验。

分别于 2020 年 8 月、2021 年 5 月、2021 年 8 月、2021 年 10 月和 2022 年 8 月采集样品，每次每个小区取回 3 组(600 目、80 目和 10 目为 1 组)样品。使用体积为 100cm^3 的环刀沿剖面 0～5cm、5～10cm 和 10～20cm 分层采集分解袋下方土层土壤动物，用铝盒盛装剖面土壤，用于测定土壤含水量。同时采集对应土层扰动土壤样品，装入自封袋中。取样过程中为避免土壤动物逃逸和细碎枯落物损失，将各种网孔大小的分解袋和环刀取的土壤分别装入 600 目的网袋内，并做好样点标记。带回实验室后，取出各样点分解袋，用镊子小心清除其表面附着的土壤和其他杂质，将其倒入不锈钢盒子，手拣分解袋内的大型土壤动物。之后，采用 Tullgren 漏斗法分离 24h，以获取枯落物和土壤中的中小型土壤动物，分离得到的土壤动物样本保存在 75%的乙醇溶液中。为反映自然环境下 KOP、ALF 和 NAF 生境土壤动物分布特征，2020 年 8 月在每个小区布设 3 个样方(30cm×30cm)，共计 9 个。将样方内的枯落物全部收集至 600 目网袋中，同时采集样方下方 0～5cm、5～10cm 和 10～20cm 土层土壤，带回实验室进行土壤动物分离，具体步骤同上。

分离土壤动物后的枯落物样品用纯净水清洗风干，而后置于烘箱 65℃下烘干至恒重，同时记录剩余枯落物干重。烘干后的枯落物样品粉碎过 1mm 筛，用于后续枯落物养分含量的测定。带回实验室的扰动土，去除杂质，一部分样品自然风干过 2mm 和 0.25mm 筛，用于测定土壤 pH、颗粒组成、土壤有机碳含量、全氮含量、全磷含量、铵态氮和硝态氮含量等。另一部分鲜土低温储存，分别测定真菌、细菌、土壤酶、微生物量碳、微生物量氮、微生物量磷。

7.1　枯落物层土壤动物群落变化特征

土壤动物是陆地生态系统的重要组成部分，在枯落物分解和养分释放过程中发挥明显作用。独立样本 *T* 检验结果表明，枯落物层土壤动物多样性、个体数和类群数受网袋孔径影响较小。试验期间，10 目分解袋内枯落物层共获取土壤动物 47 类 1488 只，隶属 1 门 3 纲 11 目。80 目分解袋内枯落物层共获取土壤动物 46 类 1576 只，隶属 1 门 3 纲 12 目，其中柠条和苜蓿生境分解袋内共获取土壤动物 42 类 1171 只，隶属 1 门 3 纲 11 目。调查发现，分解袋内土壤动物整体以蜱螨目为主，占全部土壤动物的 55%～97%。因此，在后续土壤动物群落指数、类群占比和功能分析中，将蜱螨亚纲土壤动物由科水平整合为目水平，分别为甲螨亚目、中气门亚目、无气门亚目和前气门亚目。

枯落物类型对土壤动物个体数和类群数的影响达显著水平(P<0.01)(表 7-1)。柠条 10 目分解袋内共获取土壤动物 11 类 1181 只，其中甲螨亚目和中气门亚目为优势类群，占个体总数的 84.32%；无气门亚目(4.29%)、前气门亚目(7.28%)、双

翅目幼虫(1.27%)和等翅目(1.69%)为常见类群；其他 5 类为稀有类群。苜蓿生境共捕获土壤动物 13 类 307 只，其中优势类群为甲螨亚目(40.99%)、中气门亚目(27.47%)和前气门亚目(15.85%)3 类；常见类群为无气门亚目(3.58%)，盲蛛目(1.95%)和等翅目(6.57%)3 类；其他 7 类为稀有类群。80 目分解袋内，柠条生境共捕获土壤动物 13 类 773 只，其中优势类群为甲螨亚目(48.26%)和中气门亚目(30.71%)；常见类群为无气门亚目(2.76%)、前气门亚目(9.27%)、双翅目幼虫(2.07%)和等翅目(5.54%)。苜蓿生境共捕获土壤动物 11 类 398 只，其中甲螨亚目、中气门亚目、前气门亚目和等翅目为优势类群，占个体总数的 94.44%；常见类群为无气门亚目和盲蛛目，占个体数的 3.43%。撂荒草地生境共捕获土壤动物 9 类 405 只，其中甲螨亚目(25.65%)、中气门亚目(34.83%)和等翅目(21.90%)为优势类群；无气门亚目(2.63%)、前气门亚目(9.59%)、双翅目幼虫(1.24%)和长角䖴目(1.40%)为常见类群；其他 2 类为稀有类群。

表 7-1　网袋孔径(土层深度)、分解时间和枯落物类型对土壤动物群落指数、个体数和类群数的影响

	影响因子	df	多样性指数		丰富度指数		优势度指数		均匀度指数		个体数		类群数	
			F	*P*	*F*	*P*	*F*	*P*	*F*	*P*	*F*	*P*	*F*	*P*
枯落物层	网袋孔径(S)	1	0.013	0.911	1.964	0.994	0.043	0.836	0.061	0.806	1.971	0.167	0.075	0.785
	分解时间(T)	4	7.254	**<0.001**	1.396	0.250	4.892	**0.002**	1.975	0.113	24.379	**<0.001**	24.742	**<0.001**
	枯落物类型(L)	2	0.890	0.417	2.677	0.079	0.207	0.814	2.976	0.060	14.948	**<0.001**	6.476	**0.003**
	S × T	4	0.904	0.469	2.115	0.094	0.544	0.704	0.318	0.865	1.900	0.126	1.243	0.305
	S × L	1	0.805	0.374	0.595	0.444	0.348	0.558	0.244	0.624	4.449	**0.040**	0.027	0.870
	T × L	8	2.193	**0.045**	2.148	**0.049**	1.976	0.070	2.542	**0.021**	5.181	**<0.001**	2.059	0.059
	S × T × L	4	0.956	0.440	1.447	0.233	0.860	0.494	0.390	0.815	3.692	**0.011**	0.869	0.489
土层	土层深度(D)	2	0.655	0.523	0.220	0.803	0.320	0.727	1.058	0.353	1.476	0.236	1.088	0.343
	分解时间(T)	4	2.045	0.098	0.799	0.531	1.180	0.328	1.382	0.249	7.614	**<0.001**	2.958	**0.026**
	枯落物类型(L)	2	7.096	**0.002**	2.309	0.108	4.130	**0.020**	5.094	**0.009**	7.301	**0.001**	8.996	**<0.001**
	D × T	8	3.430	**0.002**	0.364	0.899	0.986	0.455	3.368	**0.003**	0.276	0.972	3.147	**0.004**
	D × L	4	0.670	0.615	1.099	0.365	0.884	0.479	0.712	0.587	0.188	0.944	0.489	0.744
	T × L	6	0.517	0.793	3.951	**0.001**	0.641	0.697	0.608	0.723	1.902	0.093	0.448	0.844
	D × T × L	12	0.849	0.600	0.822	0.627	1.073	0.397	0.936	0.518	0.612	0.825	0.532	0.886

注：加粗 *P* 值表示对参数的影响达显著水平；600 目分解袋可认为是无土壤动物作用的对照处理，80 目网袋内枯落物的分解主要受中小型土壤动物和微生物等影响，10 目分解袋为开放型网袋，用来模拟自然环境下枯落物分解过程，因此在分析枯落物层土壤动物群落结构时仅考虑 80 目和 10 目网袋，网袋孔径采用的是独立样本 *T* 检验。

分解时间($P<0.01$)及分解时间和枯落物类型的交互作用($P<0.05$)显著影响土

壤动物群落结构、个体数和类群数(表 7-1)。由于采用多个变量分析某一样地土壤动物群落结构时，会增加变异来源的复杂性，因此分别对不同分解袋内不同分解时间的柠条林地、苜蓿草地和撂荒草地生境土壤动物加以分析和讨论。分解试验过程中，10 目分解袋内柠条生境土壤动物丰富度指数、均匀度指数、个体数和类群数均存在明显的时间波动；苜蓿生境土壤动物群落随分解时间变化较柠条更为显著，其中土壤动物多样性指数、均匀度指数、个体数和类群数均呈现出先减小后增大的趋势，优势度指数、丰富度指数则为先增大后减小，除丰富度指数的其他指数均在 2021 年 5 月达最值(图 7-2)。10 目分解袋内，柠条生境中气门亚目占比随分解时间波动较小，均为各分解时间的优势类群。2021 年 5 月，土壤动物类群数达最少(5 类)，其中甲螨亚目(41.80%)、中气门亚目(19.58%)、前气门亚目(13.23%)和双翅目幼虫(15.87%)为优势类群，等翅目为常见类群(9.52%)，无稀有类群；2021 年 10 月，等翅目(21.31%)成为优势类群。苜蓿生境 10 目分解袋内，2021 年 5 月土壤动物类群仅为甲螨亚目、中气门亚目和前气门亚目 3 类；2021 年 8 月和 10 月，等翅目占比增大，并于 10 月超过甲螨亚目和中气门亚目，成为第二大优势类群；2021 年 5～10 月，苜蓿生境 10 目分解袋内均不含无气门亚目。分解第二年，苜蓿生境分解袋内土壤动物多样性指数显著大于柠条生境。分解过程中柠条生境分解袋内土壤动物个体数持续大于苜蓿生境。80 目分解袋内，苜蓿生境土壤动物多样性指数、丰富度指数和优势度指数均随分解时间呈现显著差异。分解第二年，3 种生境土壤动物多样性指数、丰富度指数、个体数和类群数相对小于第一年。试验期间，土壤动物个体数和类群数整体随分解时间延长近似呈 W 形变化；2021 年内土壤动物个体数和类群数整体表现为春季(5 月)最少，夏季(8 月)最多，秋季(10 月)再次减少。柠条和苜蓿生境中，80 目分解袋内的土壤动物占比同 10 目相近。撂荒草地生境分解袋内土壤动物占比随分解时间延长变化较大，等翅目于 2021 年 5 月(60.23%)和 2022 年 8 月(28.54%)成为第一大优势类群。分解过程中，撂荒草地分解袋内除 2021 年 5 月不含原蛾目外，其他时间段均作为稀有类群存在，并于 2021 年 10 月成为常见类群(10.19%)。试验末期，撂荒草地生境枯落物土壤动物多样性指数和均匀度指数显著大于苜蓿和柠条生境，而优势度指数、个体数和类群数显著小于柠条和苜蓿生境。

不同孔径分解袋会对某些土壤动物起到限制作用，这使得其与样地内土壤动物群落存在一定差异。以 2020 年 8 月为例，研究区样地枯落物层内共捕获土壤动物 28 类共 5087 只，其中大型土壤动物个体密度为 11425 只 · m^{-2}，中小型土壤动物个体密度为 45091 只 · m^{-2}(表 7-2)。不同植被类型枯落物层土壤动物存在差异。柠条林地的大型土壤动物优势类群为等翅目和双翅目幼虫，占比 59.11%；中小型土壤动物优势类群为蜱螨目，占比 90.64%。苜蓿草地的大型土壤动物优势类群为棒亚目(17.90%)、等翅目(25.85%)和蚁科(15.34%)；中小型土壤动物仍以蜱螨目为

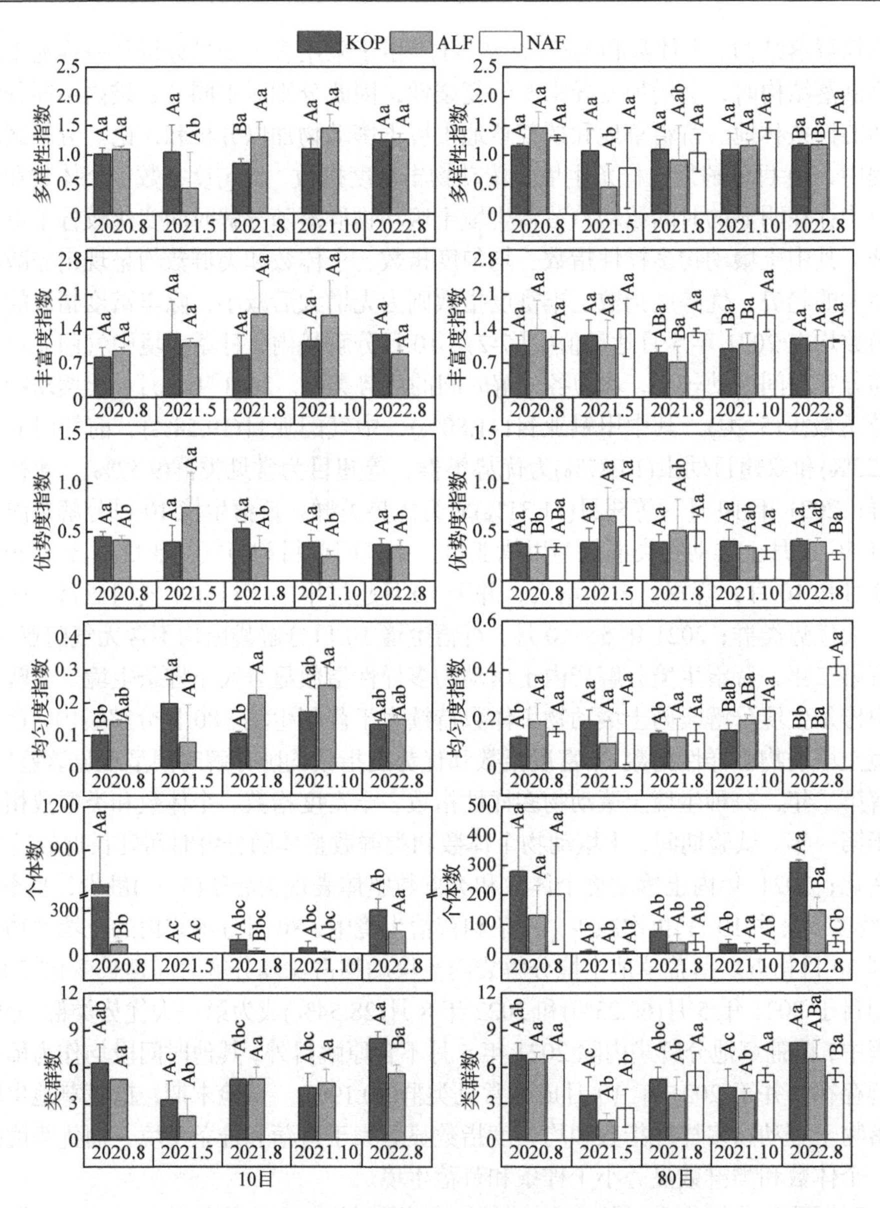

图 7-2　不同生境枯落物层土壤动物群落特征

主(92.12%)。撂荒草地的中小型土壤动物蜱螨目(84.74%)、原姚目(10.02%)和等节䖴科(12.36%)均为优势类群；大型土壤动物优势类群占比表现为鞘翅目幼虫(31.25%)>等翅目(23.75%)>蚁科(22.58%)。对比发现，分解袋和样地内中小型土壤动物均以蜱螨目为主，大型土壤动物优势类群均包括等翅目或双翅目幼虫，样地内大型土壤动物类群相对更丰富。同一植被类型下，样地内与各分解袋内土壤动物多样性指数无显著差异，丰富度指数、优势度指数和均匀度指数显示样地内大于分解袋内，分解袋虽限制了部分土壤动物类群进入，但主要类群均可进入。

表 7-2　研究区内土壤动物类群组成

土壤动物类群	KOP		ALF		NAF	
	密度/(只 · m^{-2})	占比/%	密度/(只 · m^{-2})	占比/%	密度/(只 · m^{-2})	占比/%
蜱螨目 Acarina	13477	**90.64**	15837	**92.12**	11040	**84.74**
原蛛目 Poduromorpha	1092	**1.12**	1222	0.58	1611	**10.02**
等节跳科 Isotomidae	133	**7.35**	33	**7.11**	244	**12.36**
节腹螨目 Opilioacarida	166	0.90	100	0.19	133	**1.88**
中小型土壤动物密度	**14870**		**17192**		**13029**	
蜘蛛目 Araneae	281	**6.44**	144	**5.54**	100	**2.25**
地蜈蚣目 Geophilomorpha	—	—	—	—	22	0.50
综合纲 Sysmphyla	11	0.25	22	0.85	—	—
棒亚目 Rhabdura	77	**1.78**	466	**17.90**	244	**5.50**
钳亚目 Dicellurata	—	—	27	**1.07**	22	0.50
等翅目 Isoptera	1129	**25.83**	674	**25.85**	1055	**23.75**
半翅目 Hemiptera	59	**1.35**	22	0.85	37	0.83
啮目 Corrodentia	133	**3.05**	141	0.57	—	—
缨翅目 Thysanoptera	—	—	22	0.85	122	**2.75**
鞘翅目幼虫 Coleoptera larvae	92	**2.12**	211	**8.10**	1388	**31.25**
叶甲科 Chrysomelidae	37	0.85	44	**1.70**	25	0.58
虎甲科 Cicindelidae	29	0.68	55	**2.13**	33	0.75
多食亚目 Polyphaga	44	**1.02**	27	**1.07**	22	0.50
步甲科 Carabidae	29	0.68	66	**2.56**	22	0.50
鞘翅目成虫 Coleoptera adult	188	**4.32**	44	**1.70**	37	0.83
象甲科 Curculionidae	33	0.76	16	0.64	11	0.25
长角象甲科 Anthribidae	11	0.25	22	0.85	—	—
鳞翅目幼虫 Lepidoptera larvae	48	**1.10**	22	0.85	55	**1.25**
双翅目幼虫 Diptera larvae	1455	**33.28**	240	**9.23**	151	**3.42**
长角毛蚊科 Hesperinidae	155	**3.56**	16	0.64	59	**1.33**
圆裂亚目 Cyclorrhapha	100	**2.29**	—	—	—	—

续表

土壤动物类群	KOP		ALF		NAF	
	密度/(只 · m^{-2})	占比/%	密度/(只 · m^{-2})	占比/%	密度/(只 · m^{-2})	占比/%
蜂虻科 Bombyliidae	333	**7.62**	—	—	—	—
蚁科 Formicidae	96	**2.20**	400	**15.34**	1003	**22.58**
同翅目 Homoptera	25	0.59	44	**1.70**	29	0.67
大型土壤动物密度	**4374**		**2607**		**4444**	
总密度	19244		19800		17474	
类群数	25		25		23	

注：占比> 10%为优势类群；1%～10%为常见类群；< 1%为稀有类群。KOP、ALF 和 NAF 分别为柠条林地、苜蓿草地和撂荒草地，其中撂荒草地代表植被为长芒草。

7.2　土层土壤动物动态变化特征

土壤动物在垂直分布上呈现表聚性，其主要分布在距地表 0～5cm 土层内(图 7-3

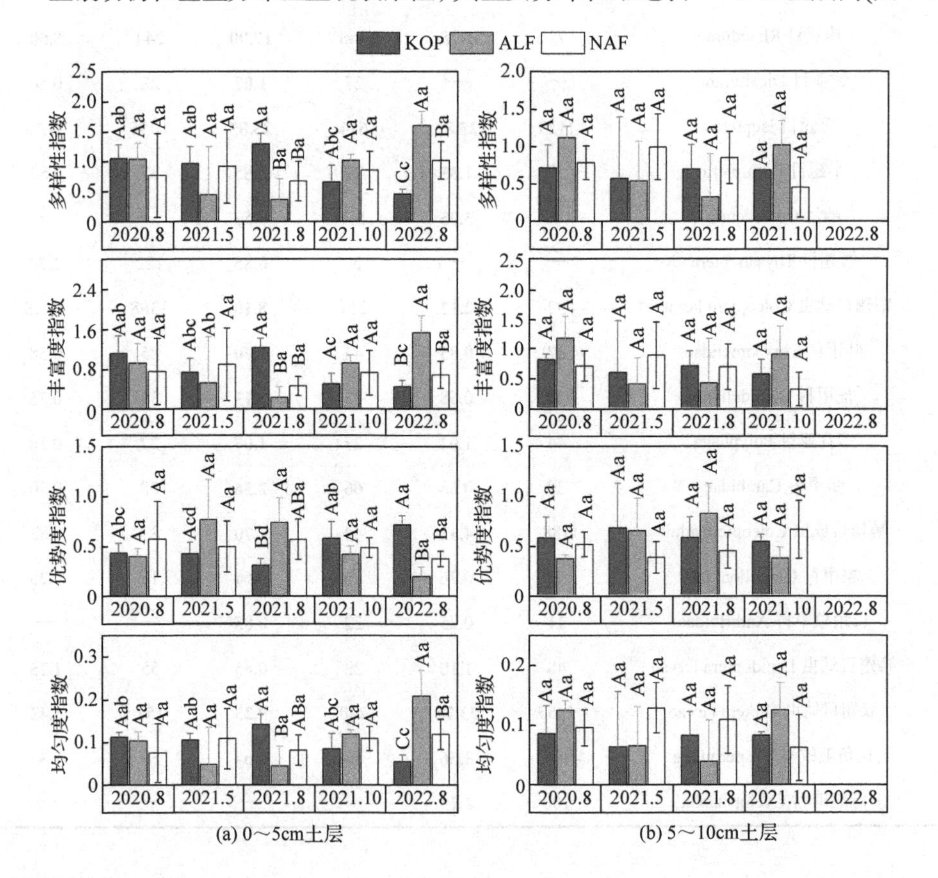

(a) 0～5cm土层　　(b) 5～10cm土层

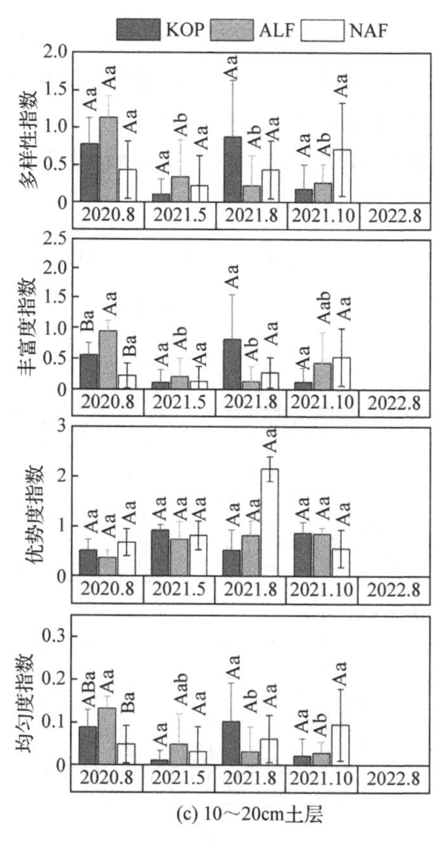

(c) 10～20cm土层

图 7-3　不同生境土层土壤动物群落指数

和图 7-4)。试验期间，各土层土壤动物群落结构参数方差分析结果显示，不同生境间土壤动物多样性指数、优势度指数、均匀度指数、个体数和类群数均存在显著差异;分解时间或土层深度与枯落物类型的交互作用影响土壤动物多样性指数、丰富度指数和均匀度指数。分解两年后，0～5cm 土层 KOP 生境土壤动物多样性指数、丰富度指数和均匀度指数均显著大于 ALF 和 NAF 生境，其优势度指数为 3 种生境最小。分解三年后，ALF 生境土层土壤动物多样性指数、丰富度指数和均匀度指数均显著大于 KOP 和 NAF 生境。随分解试验的进行，KOP 生境土壤动物优势度指数显著增大，多样性指数和丰富度指数呈减小趋势。ALF 生境土壤中存在长角蛛目,分别出现在 2021 年 5 月的 0～5cm 土层和 2021 年 8 月的 5～10cm 土层。2021 年 10 月，NAF 生境存在更多的原蛛目，此时甲螨亚目占比整体较小，中气门亚目占比最大。随分解时间的延长，KOP 生境甲螨亚目分布较为稳定，而 ALF 和 NAF 生境甲螨亚目随时间变化波动较大。分解时间还对土壤动物个体数和类群数有显著影响(表 7-1)。分解一年后，0～5cm 土层 NAF 生境土壤动物个体密度为 24500 只 · m^{-2}，大于 KOP(20333 只 · m^{-2})和 ALF 生境(17250 只 · m^{-2})。5～

10cm 土层 KOP 和 ALF 生境土壤动物个体密度显著大于 NAF 生境，10～20cm 土层 KOP 生境土壤动物个体密度显著大于 ALF 和 NAF 生境。ALF 生境 5～10cm 土层土壤动物个体密度随分解时间延长显著减小。分解试验中后期，KOP 生境 0～5cm 土层土壤动物类群数显著降低。生境间土壤动物类群数差异在 2021 年 8 月和 2022 年 8 月达到显著水平。

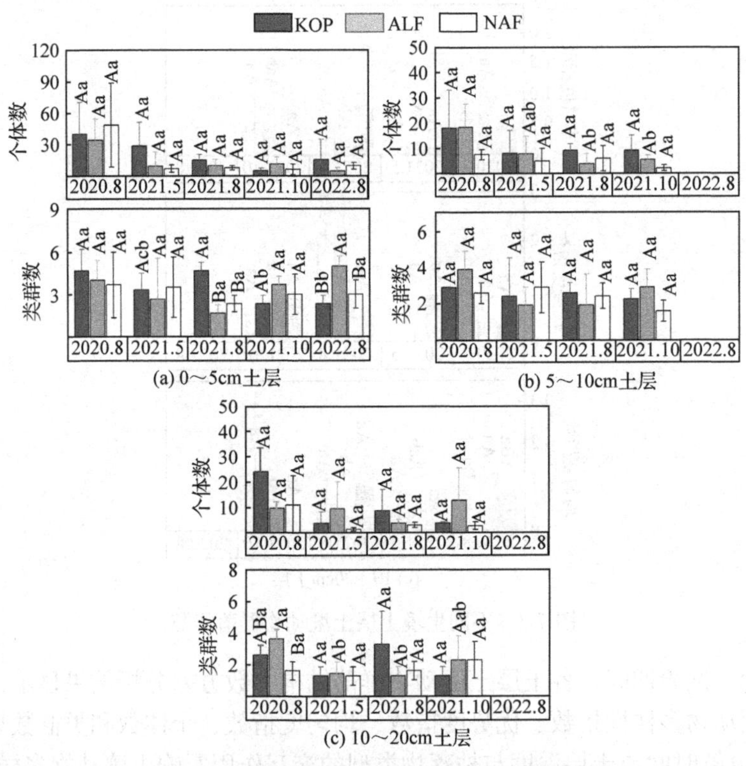

图 7-4　不同生境土层土壤动物个体数和类群数

7.3　土壤动物对枯落物分解的作用分析

利用不同孔径分解袋区分各体型土壤动物对枯落物分解速率的影响，网袋孔径、分解时间和枯落物类型对枯落物残留率的影响如表 7-3 所示。3 年野外分解试验中，枯落物类型对枯落物残留率有极显著影响(P<0.001)；网袋孔径与分解时间和枯落物类型的交互作用对枯落物残留率也有显著影响(P<0.05)。分解过程中，10 目分解袋内柠条枯落物残留率整体大于苜蓿，但未达到显著水平，且仅在分解第 17 个月时二者残留率相似。80 目分解袋中，分解 12 个月、17 个月和 24 个月时，长芒草枯落物残留率与柠条和苜蓿间存在显著差异。600 目分解袋内，分解

全过程中长芒草枯落物残留率均显著大于柠条和苜蓿，且随分解时间的延长，各类型枯落物残留率均呈现显著降低趋势。比较不同孔径分解袋内枯落物残留率发现，分解 17 个月后，600 目分解袋内的苜蓿和柠条枯落物分解速率大于 80 目。随着分解的进行，分解 2 年后的柠条枯落物在 600 目分解袋内的残留率小于 10 目和 80 目。

表 7-3　网袋孔径、分解时间和枯落物类型对枯落物残留率的影响

影响因子	df	干重残留率		碳残留率		氮残留率		磷残留率	
		F	*P*	*F*	*P*	*F*	*P*	*F*	*P*
网袋孔径(S)	2	1.599	0.209	34.161	**<0.001**	24.905	**0.021**	22.929	**<0.001**
分解时间(T)	4	1.353	0.258	23.112	**<0.001**	3.077	**0.021**	5.831	**<0.001**
枯落物类型(L)	2	119.145	**<0.001**	102.111	**<0.001**	99.666	**<0.001**	140.102	**<0.001**
S ×T	8	2.246	**0.032**	2.371	**0.024**	3.253	**0.003**	1.431	0.197
S ×L	3	4.091	**0.009**	16.144	**0.001**	1.635	0.188	0.919	0.436
T ×L	8	0.523	0.836	2.179	**0.038**	2.536	**0.016**	3.096	**0.004**
S ×T ×L	12	0.353	0.976	1.262	0.258	2.870	**0.002**	0.514	0.900

不同生境下不同体型土壤动物随枯落物分解的贡献率见表 7-4。由表 7-4 可知：分解第 1 年，各体型土壤动物对枯落物分解均表现为促进作用(贡献率为正值)，不同生境各体型土壤动物贡献率有所不同。其中，大型土壤动物对长芒草(NAF)生境分解袋内枯落物的贡献率最高，为 55.581%。分解第 17 个月，全部土壤动物对柠条(KOP)和苜蓿(ALF)生境分解袋内枯落物的分解贡献率较分解一年时明显降低(KOP 生境由 21.658%降低为 3.782%，ALF 生境由 10.152%降低为 8.511%)。大型土壤动物对上述两个样地枯落物分解的贡献率有所增大，分别为 14.298%和 13.136%，NAF 生境枯落物分解的贡献率降低至 0.777%，约为分解第 1 年的 1%。分解第 17 个月，中小型土壤动物对 KOP 和 ALF 生境枯落物分解的贡献率为负值，说明该时间段中小型土壤动物对枯落物的分解表现为抑制作用。2021 年 8 月起，中小型土壤动物均抑制 KOP 和 ALF 生境枯落物分解；大型土壤动物对 ALF 生境分解袋内枯落物分解的贡献率为 3 种生境最大。3 年野外自然分解试验发现，柠条和苜蓿枯落物分解超过 50%，长芒草枯落物分解约 30%。

表 7-4　不同生境下不同体型土壤动物随枯落物分解的贡献率

分解时间	枯落物类型	土壤动物贡献率/%		
		土壤动物	大型土壤动物	中小型土壤动物
2020 年 8 月	KOP	21.658 ± 6.620	1.961 ± 6.927	19.697 ± 2.791
	ALF	10.152 ± 3.061	4.468 ± 3.515	5.684 ± 5.152
	NAF	—	55.581 ± 2.980	—

续表

分解时间	枯落物类型	土壤动物贡献率/%		
		土壤动物	大型土壤动物	中小型土壤动物
2021 年 5 月	KOP	3.782 ± 23.905	14.298 ± 7.549	−10.516 ± 18.561
	ALF	8.511 ± 15.538	13.136 ± 5.524	−4.626 ± 18.922
	NAF	—	0.777 ± 56.728	—
2021 年 8 月	KOP	−36.340± 16.617	−8.049 ± 12.067	−28.292 ± 8.863
	ALF	−3.173 ± 23.922	6.205 ± 16.415	−9.378 ± 9.742
	NAF	—	−3.352 ± 48.161	—
2021 年 10 月	KOP	−16.794± 31.916	2.564 ± 17.611	−19.358 ± 49.526
	ALF	−4.933 ± 39.962	13.184 ± 34.065	−18.117 ± 12.214
	NAF	—	−4.790 ± 60.714	—
2022 年 8 月	KOP	−5.920 ± 21.464	13.011 ± 21.854	−18.931 ± 41.838
	ALF	−0.723 ± 31.740	15.494 ± 28.117	−16.217 ± 10.583
	NAF	—	−5.736 ± 59.214	—

注：表中数据为平均值±标准差。

为进一步了解柠条、苜蓿和长芒草枯落物的分解速率，基于 Olsen(奥尔森)指数衰减模型计算分解常数 k，并分别推算出 3 种枯落物分解 50%和 95%时所需的时间 $t_{0.5}$ 和 $t_{0.95}$，如表 7-5 所示。不同孔径分解袋内各种枯落物分解常数有所不同，其中 10 目分解袋内柠条和苜蓿的 k 分别为 0.558 和 0.736。柠条和苜蓿枯落物分解 50%所需时间为 0.9511～1.2949a，分解 95%所需时间为 4.1110～5.5969a；长芒草分解 95%需 10a 以上时间；3 种生境枯落物分解速率表现为 ALF>KOP>NAF。

网袋孔径、分解时间、枯落物类型及其交互作用对枯落物分解过程中碳、氮、磷元素释放的影响存在差异(表 7-3)。其中，枯落物碳和磷残留率受上述变量影响更为显著(P<0.001)。整个试验期间，600 目分解袋内 3 种枯落物碳含量基本呈 V 形变化趋势。10 目和 80 目分解袋内，柠条枯落物碳含量变化近乎一致，即经历了缓慢降低(2019.8～2020.8)、缓慢回升(2020.8～2021.5)、陡然下降(2021.5～2021.8)、平稳下降(2021.8～2021.10)和快速回升(2021.10～2022.8)这一过程。相同网袋苜蓿枯落物碳含量于 2021 年 8 月达试验期间最低，较柠条枯落物早 2 个月(图 7-5)。

表 7-5　不同孔径分解袋中各种枯落物分解特征

网袋孔径	枯落物类型	分解常数 k	R^2	$t_{0.50}$/a	$t_{0.95}$/a
10 目	KOP	0.558 ± 0.024	0.696	1.2436	5.3750
	ALF	0.736 ± 0.090	0.405	0.9511	4.1110
80 目	KOP	0.539 ± 0.054	0.783	1.2949	5.5969
	ALF	0.606 ± 0.026	0.706	1.1460	4.9531
	NAF	0.278 ± 0.037	0.813	2.5274	10.9239
600 目	KOP	0.551 ± 0.026	0.846	1.2593	5.4428
	ALF	0.622 ± 0.035	0.776	1.1167	4.8266
	NAF	0.158 ± 0.008	0.907	4.3944	18.9935

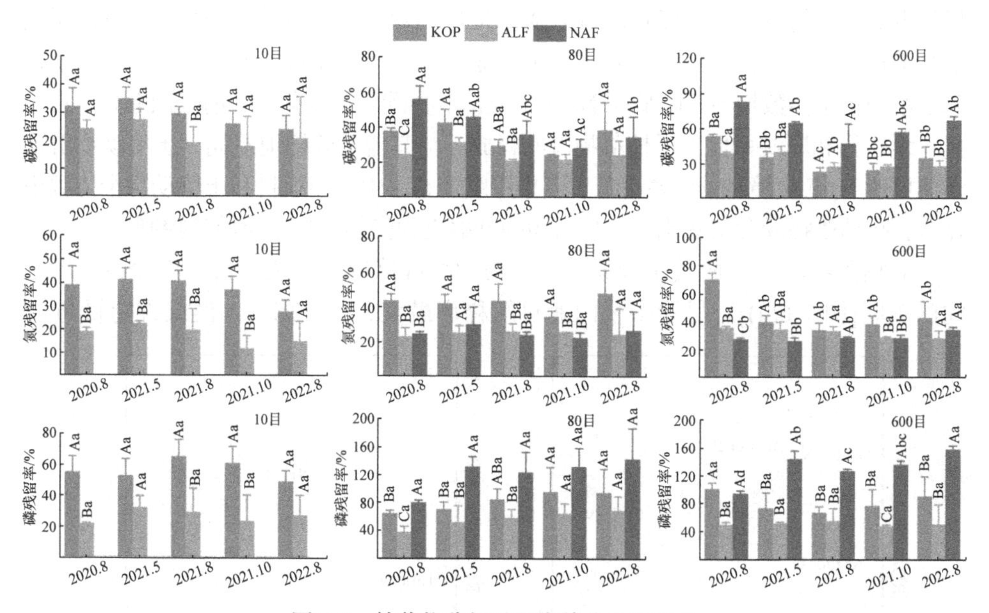

图 7-5　枯落物分解过程中养分含量变化

10 目分解袋内，柠条氮和磷残留率整体显著高于苜蓿，说明苜蓿枯落物氮和磷元素释放较柠条更快。80 目和 600 目分解袋内，柠条枯落物氮含量虽较初始值小幅增大，但氮残留率不足 50%，说明氮净释放。苜蓿枯落物氮含量仅在 2019.8～2020.8 出现明显降低，之后氮残留率随时间延长保持不变，80 目分解袋内苜蓿枯落物不同采样时间的氮残留率分别为 23.19%、25.52%、26.34%、26.13%和 24.69%。研究时段末，柠条和苜蓿枯落物磷含量较初始值均有所增加，但磷残留率均低于 100%，为磷净释放。观测期间，长芒草枯落物仅碳含量随时间延长变化显著，氮和磷含量整体呈现平缓上升趋势。2019.8～2020.8，长芒草枯落物碳残留率显著高于柠条和苜蓿(P<0.05)，氮残留率表现为长芒草和苜蓿显著低于柠条(P<0.05)。在

分解第 1 年时，80 目和 600 目分解袋内长芒草枯落物磷残留率分别为 80.77%和 94.80%，此后均高于 100%。至试验末期，80 目和 600 目分解袋内磷残留率分别为 143.44%和 158.63%。由此可见，研究期间长芒草枯落物磷以富集为主。随着分解时间的延长，10 目和 80 目分解袋内枯落物碳、氮、磷残留率差异逐渐减小。综上所述，分解期间柠条和苜蓿枯落物均释放碳、氮、磷，而长芒草枯落物释放碳和氮，磷表现为积累。

枯落物分解 3 年后，KOP 生境枯落物干重分解率与长角䖴目极显著正相关，与鞘翅目幼虫极显著负相关。枯落物碳、氮、磷含量变化量均与长角䖴目极显著负相关。ALF 生境枯落物干重分解率与无气门亚目和缨翅目极显著正相关。土壤动物对 ALF 生境枯落物碳、氮、磷含量变化量整体表现为抑制作用，其中甲螨亚目和双翅目幼虫对枯落物磷释放的抑制作用达显著水平。NAF 生境盲蛛目和缨翅目抑制了枯落物干重分解率，但未达显著水平。甲螨亚目、中气门亚目、无气门亚目、等翅目和土壤动物个体数均显著降低了 NAF 生境枯落物碳含量变化量，前气门亚目、盲蛛目、缨翅目和原䖴目促进了枯落物氮的释放。与其他两处样地不同，土壤动物群落整体加速 NAF 生境枯落物磷释放，其中甲螨亚目、中气门亚目和土壤动物个体数极显著影响枯落物磷含量变化量，枯落物的分解进程受枯落物基质质量控制。

对枯落物养分释放及质量损失与土壤动物群落进行冗余分析，以探讨二者之间的关联[图 7-6(a)]。尽管中气门亚目解释率最大，为 22.7%，但仅缨翅目与枯

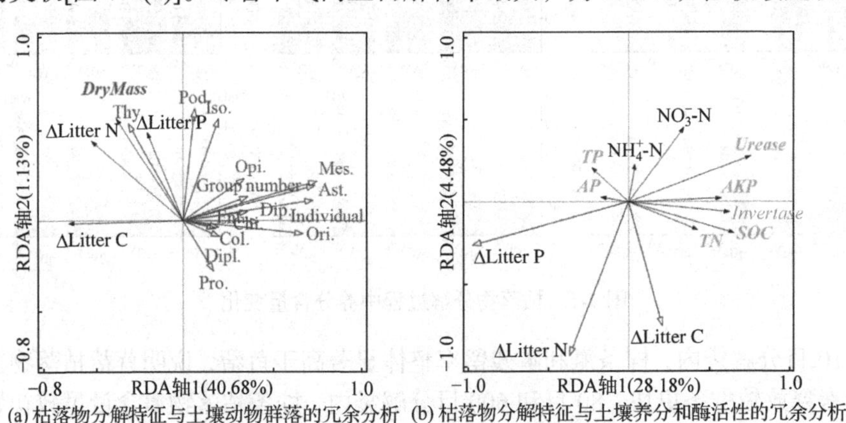

(a) 枯落物分解特征与土壤动物群落的冗余分析　(b) 枯落物分解特征与土壤养分和酶活性的冗余分析

图 7-6　枯落物分解特征与土壤动物群落、土壤养分和酶活性的冗余分析

ΔLitter C 为枯落物碳含量变化量；ΔLitter N 为枯落物氮含量变化量；ΔLitter P 为枯落物磷含量变化量；DryMass 为枯落物残留量；SOC 表示土壤有机碳含量；TN 表示土壤全氮含量；NO_3^--N 表示土壤硝态氮含量；NH_4^+-N 表示土壤铵态氮含量；TP 表示土壤全磷含量；AP 表示土壤速效磷含量；Invertase 表示土壤蔗糖酶活性；Urease 表示土壤脲酶活性；AKP 表示土壤碱性磷酸酶活性；Ori.表示甲螨亚目(Oribatida)；Mes.表示中气门亚目(Mesostigmata)；Ast.表示无气门亚目(Astigmata)；Pro.表示前气门亚目(Prostigmata)；Opi.表示盲蛛目(Opiliones)；Dipl.表示双尾目(Diplura)；Thy.表示缨翅目(Thysanoptera)；Iso.表示等翅目(Isoptera)；Pod.表示原䖴目(Poduromorpha)；Chi.表示摇蚊科(Chironomidae)；Col.表示鞘翅目幼虫(Coleoptera larvae)；Ent.表示长角䖴目(Entomobryomorpha)；Dip.表示双翅目幼虫(Diptera larvae)；Group Number 表示类群数；Individual 表示个体数

落物碳、氮、磷含量变化量和枯落物残留量正相关。此外，等翅目和原蚶目与枯落物氮含量变化量正相关，盲蛛目与枯落物磷含量变化量和枯落物残留量正相关。

3 种生境枯落物分解速率表现为苜蓿>柠条>长芒草，这可能与初始枯落物化学性质差异有关。分解初期，枯落物质量快速减少主要受非生物因素物理淋溶作用，一个月时间质量损失为 30%～60%，可溶性物质含量越高分解越快。分解初期，枯落物氮含量和碳氮比是影响分解的重要指标，由于豆科植物的固氮特性，柠条和苜蓿枯落物氮含量高于长芒草。通常枯落物中含氮物质(蛋白质和核酸)含量越高，越有利于其快速分解。当碳氮比大于 30 时，会发生氮固持；当碳氮比小于 30 时，发生氮矿化。长芒草枯落物碳氮比为 36.50，约为柠条(14.96)和苜蓿枯落物(12.09)的 2.44 倍和 3.02 倍。氮磷比是限制枯落物短期分解的影响因素，当氮磷比小于 10 时，枯落物分解受枯落物氮限制，当氮磷比大于 14 时，分解受枯落物磷限制。枯落物分解是一个动态过程，本节基于 Olson 指数衰减模型模拟柠条、苜蓿和长芒草枯落物分解过程，发现柠条和苜蓿枯落物分解 50%所需时间为 0.9511～1.2949a，分解 95%所需时间为 4.1110～5.5969a；长芒草分解 95%则需 10a 以上。分解后期，枯落物分解主要为生物降解，枯落物木质素含量成为主要控制因素。本节长芒草分解过程缓慢可能与纤维素和木质素等难分解大分子有机物质有关，柠条和苜蓿初始木质素含量远低于长芒草，柠条的纤维素含量与长芒草相似。随着分解的进行，木质素不仅会因自身难分解而减缓分解速率，还会在枯落物全纤维素类复合物的周围形成屏障来抑制分解进程。枯落物自身特性是柠条、苜蓿和长芒草前期分解异质的主要因素。

随着枯落物分解的进行，在非木质素碳水化合物淋溶分解的同时，土壤生物作用逐渐显现，破碎的枯落物既可为中小型土壤动物提供食物来源，又可为微生物提供能量和水分。本章采用不同孔径分解袋获取了分解过程中土壤动物和微生物对枯落物分解的作用效果。分解试验期间，在同时考虑中小型土壤动物和微生物时，长芒草枯落物残留率始终高于柠条和苜蓿，各生境间显著差异出现在枯落物分解的前 2 年。当只有微生物作用时，分解全过程中长芒草枯落物残留率均显著高于柠条和苜蓿。土壤动物主要通过粉碎来加速枯落物分解，而微生物降解枯落物中难分解的物质。木质植物较草本植物分解缓慢，肉质多的植物较纤维素多的更易分解，含有角质类物质的枯落物分解相对缓慢，因为角质层会阻碍真菌菌丝的入侵，进而降低枯落物的分解速率。长芒草为禾本科针茅属植物，其叶片枯落物表皮含有角质层。土壤动物和微生物在分解长芒草时需要耗费更多时间，从而造成上述差异。表 7-4 结果显示，中小型土壤动物对柠条和苜蓿枯落物分解的贡献率仅在分解第一年为正值。基于模型预测，长芒草分解 50%时花费时间为 2.5274a，约为柠条和苜蓿分解 50%时花费时间的 2 倍。在分解第 17 个月时，柠条和苜蓿样地仅考虑微生物作用的分解袋内枯落物残留量，较同时考虑微生物和中小型土壤动物作用的明显减少。柠条和苜蓿枯落物分解 17 个月后，其质量损失更多表现为对微生物的促进作用和中小型土壤动物的抑制作用。对于长芒草而言，分解的前 17 个月，中小型土壤动物对枯落物分解主要表现为促进作用，直至分解第 2 年，土壤动物和微生物的分解作用均减弱。因此，分解试验开展 2 年后，各生境间枯落物质量损失无显著差异。综上所述，土壤生物对不同枯落物的分解作用效果会因枯落物基质质量不同而存在差异。

由于枯落物含有大量难溶化合物，土壤动物破碎和微生物降解过程持续的时间要远长于淋溶过程。分解全过程中，苜蓿样地大型土壤动物对枯落物分解的贡献率均为正值，且随分解时间整体呈现增大趋势；分解第 2 年，柠条样地大型土壤动物对其枯落物分解的贡献率出现负值，分解第 3 年再次变为正值。大型土壤动物活动能力强，在六道沟小流域生长季，大型土壤动物个体密度在柠条和苜蓿样地分别为 4374 只 · m^{-2} 和 2607 只 · m^{-2}，大型土壤动物群落结构整体相差不大(表 7-2)。分解环境的差异可能是造成柠条样地分解时间差异的主要因素。柠条作为灌木，冠幅较大且每年可产生的新鲜枯落物较多，并不断覆盖在分解网袋上方。降雨淋溶作用将养分运输到下方，当枯落物养分丰富时，节肢动物可能对分解有抑制作用。分解第 2 年，当仅考虑微生物作用时，柠条枯落物残留量最小，证实了这一猜测。同 2020 年 8 月和 2022 年 8 月相比，2021 年 8 月柠条枯落物残留量略高，这可能与当年降水有关，2021 年神木全年降水较往年明显减少，加之柠条灌丛冠幅较大，会一定程度截留降水，降水减少会降低土壤动物群落多样性(Urbanowski et al.，2021)，进而抑制枯落物分解进程。苜蓿为草本植物，相对稀疏，降水可直接穿透进入枯落物层，在加强淋溶作用的同时提高土壤动物多样性，进而提高枯落物分解速率。图 7-2 显示，2021 年 8 月苜蓿 10 目分解袋内土壤动物多样性指数显著大于柠条。温度、湿度及新鲜枯落物的产生均会直接或间接地通过影响土壤动物活动来改变网袋内枯落物的分解进程。降水不足一定程度上会降低生长季柠条样地土壤动物对枯落物分解的贡献率。

分解试验末期，600 目分解袋内的柠条和苜蓿枯落物残留率小于 80 目，仅在分解第 1 年，80 目分解袋内枯落物残留率大于 600 目。中小型土壤动物对苜蓿和柠条枯落物分解的贡献率仅在分解第 1 年为正值，此后均抑制枯落物分解，这可能与枯落物层中小型土壤动物类群有关。调查发现，研究区中小型土壤动物主要为甲螨亚目和中气门亚目。甲螨是最为多样且丰富的土壤螨类，具有较强的自我保护能力，多为腐食性类群，除了以腐烂有机质为食，还取食一些微生物，肠道内主要由真菌菌丝和孢子或真菌物质和植物碎屑组成(朱永官等，2023)。因资源有限，真菌会通过竞争构建群落结构。甲螨可能会竞争真菌资源并重新分配，还可以捕食其他螨类，或被其他同类相食。中气门螨是植物演替后期土壤中最丰富的螨类群之一，多为捕食性类群，以跳虫和线虫等为食(Urbanowski et al.，2021)。

当中气门亚目占比减小时，原蛾目和长角蛾目才会出现。综上所述，一方面甲螨亚目通过捕食真菌抑制试验后期枯落物的分解，另一方面同中气门亚目共同捕食其他土壤动物，以抑制其对枯落物的破碎分解。此外，分解袋也会通过改变微生境影响试验结果，与外部环境相比，越密实的网袋湿度和温度越高，这有利于微生物繁殖生活，且缺乏较大的土壤生物通道，可以成为某些微生物的“避难所”。600 目分解袋内的真菌因缺少竞争者而在枯落物分解后期发挥重要作用。上述现象共同使得 80 目分解袋内的枯落物残留率较 600 目大。枯落物厚度与土壤螨虫的多样性呈正相关，较厚的枯落物层往往要比较薄的枯落物层含有更多的个体和物种。分解末期，柠条枯落物层中小型土壤动物个体数约为苜蓿的 2 倍，柠条和苜蓿间枯落物的残留率仍无显著差异，此时研究区苜蓿和柠条枯落物分解主要由微生物分解主导，几乎不受植物类型影响。对于长芒草枯落物而言，试验末期 80 目分解袋内的枯落物残留率与 600 目无显著差异，600 目分解袋内长芒草枯落物残留量约为柠条和苜蓿的 2 倍。相对稀疏的枯落物层无法为螨虫提供藏身之处，特别是单一枯落物种。长芒草样地甲螨亚目和中气门亚目均较少，等翅目和前气门亚目占比高，原蛾目成为群落常见类群，土壤动物多样性显著高于苜蓿和柠条。对于木质素含量高的植物而言，分解后期限制分解速率的因素仍是枯落物自身基质质量，而非土壤动物群落和微生物；对于含氮量高且易分解的植物来说，土壤动物群落结构会通过影响微生物活动改变分解速率。

7.4 本 章 小 结

本章结果突出了枯落物类型、分解时间、土壤动物及其交互作用对枯落物分解的影响，主要结论如下。

(1) 随分解时间的延长，各类型枯落物残留率均呈现显著降低趋势。3 种生境枯落物分解速率表现为苜蓿>柠条>长芒草。基于 Olson 模型，预测得出柠条和苜蓿枯落物分解 50%所需时间为 0.9511～1.2949a，分解 95%所需时间为 4.1110～5.5969a，而长芒草分解 95%需 10a 以上。

(2) 相同网孔分解袋内，苜蓿枯落物碳含量于 2021 年 8 月达试验期间最低，较柠条枯落物早 2 个月。分解期间，柠条和苜蓿枯落物均释放碳、氮、磷，长芒草枯落物释放碳和氮，但枯落物磷表现为积累。

(3) 分解袋内土壤动物整体以蜱螨目为主，占全部土壤动物的 55%～97%。枯落物类型、分解时间及其交互作用对土壤动物个体数和类群数均有显著或极显著影响。枯落物分解末期，撂荒草地生境枯落物土壤动物多样性指数和均匀度指数显著大于苜蓿和柠条生境，优势度指数、个体数和类群数显著小于柠条和苜蓿生境。

第8章　蚂蚁的生态作用

蚂蚁是膜翅目蚁科昆虫的统称，是陆生无脊椎动物的主要类群，广泛存在于陆地生态系统当中。世界上已知的蚂蚁物种超过17亚科334属14000种，我国已记录的蚁科昆虫有1000多种。我国西北地区主要分布4亚科(猛蚁亚科、蚁亚科、切叶蚁亚科和臭蚁亚科)30属127种蚂蚁。蚂蚁多样性对多种生态系统功能的维持和发挥至关重要，蚂蚁的丰度和生物量决定了它们在生态系统中的相对重要性。全球蚂蚁数量约为1.98×10^{16}，森林中蚂蚁个体密度高达2×10^{7}只 · hm^{-2}，蚂蚁占陆地动物生物量的15%～20%，在热带地区这一比例达到25%。Bar-On等(2018)利用蚂蚁数量和平均工蚁的干重，计算得出蚂蚁生物量碳约为12.3Mt，超过陆地哺乳动物和鸟类生物量的总和。Tuma 等(2020)对蚂蚁和白蚁等节肢动物进行了估算，认为蚂蚁占节肢动物生物量的一半左右，有机碳库约为70Mt。

蚂蚁活动是产生相互连通大孔隙的重要因素，蚂蚁通过挖洞来储存食物及构建自己的生活空间，这些活动形成了大孔隙。动物学家主要侧重于蚂蚁种类和活动特性的研究，土壤学家更倾向于研究蚂蚁的巢穴结构及其对土壤理化性质和水力特性的影响。蚂蚁活动形成的孔隙形状不规则，直径大小不一。我国关于蚂蚁巢穴的研究较少。张家明(2013)研究了拟黑多刺蚁的巢穴结构，认为拟黑多刺蚁的巢穴结构复杂，通道间互相连通，巢穴深度仅为地表以下30cm左右。数量较多的拟黑多刺蚁工蚁在捕食活动中对巢穴内壁进行摩擦，其分泌物黏结在通道内壁，在降水时大大提高了巢穴结构的水力学稳定程度。在植被发育良好的土体中，体型较大的土壤动物较为多见，其挖掘产生的土壤大孔隙比较丰富。

蚂蚁群落的巢穴由纵横的通道、“生育室”和“垃圾堆放室”等组成，这些连通的孔隙可以保证空气、水分和溶液等快速进入土层内部。一个蚂蚁巢穴可以很大程度上增加土壤入渗速率，而且在景观尺度上，蚂蚁巢穴通过影响局部地表水分入渗过程增加土壤入渗速率和水分分布的空间异质性。Li等(2014b)认为，蚂蚁巢穴是降雨入渗及再分配的重要调节因素，蚂蚁挖掘的土壤大孔隙可以增加降雨入渗速率并提高土壤水分含量，进而增加干旱区人工植被发展的稳定性。黄土高原六道沟小流域属于典型的半干旱区，不是蚯蚓生存和繁殖的最佳区域，但是有大量的地栖性蚂蚁存在，可蚂蚁巢穴结构与水分入渗特性和土壤水分再分布之间的关系研究几乎是空白。

8.1　蚂蚁巢穴结构特征

关于社会性群居昆虫巢穴结构的研究已有很多，如黄蜂、蜜蜂和白蚁等。这些昆虫会自行建造巢穴，比较容易出现在人类的视野中。相比之下，蚂蚁在土中筑巢，移除地下土壤颗粒而建造巢穴，地下巢穴不易被发现且结构更为复杂。因此，研究这些巢穴的难度更大，许多相关研究仍然处于初步发展阶段，而且大部分是简单的口头描述，缺乏全面、详细的报道。蚂蚁巢穴高度结构化，而且不同种类蚂蚁巢穴的尺寸和形态差异明显，但是关于蚂蚁巢穴结构的研究缺乏量化信息。

蚂蚁可以在土中、树枝上或者腐烂的树根等地方建筑巢穴，这些巢穴不仅可以为蚂蚁提供一个休息和繁殖的场所，也是一个巧妙的建筑结构。蚂蚁巢穴是蚂蚁群落超个体的一部分，大部分种类的蚂蚁在土壤中建造巢穴，并且通过改变巢穴结构调节巢穴的功能。野外条件下，蚂蚁巢穴结构与蚂蚁群落内成员组成密切相关，巢穴中的蚂蚁各司其职，完成各自的工作。当巢穴结构遭到人为破坏或者将蚂蚁群落转移至新的巢穴时，工蚁会重新建造巢穴并且在相同的位置继续筑巢。随着退耕还林(草)工程的深入进行，黄土高原大量的植被恢复为土壤动物的发展提供了充足的食物和适合的栖息地。经过调查发现，六道沟小流域存在大量不同种类的地栖性蚂蚁。地栖性蚂蚁在建造巢穴的同时会在一定程度上改变土壤结构及相应的生态过程。已有许多学者关注到蚂蚁活动对土壤物理特性的影响，尽管蚂蚁有许多对土壤特性的潜在影响，但是蚂蚁仍然没有获得像其他大型土壤动物那样应有的关注。

蚂蚁巢穴的结构特征随蚂蚁种类的变化而变化显著。本章研究的是日本弓背蚁，在我国大部分地区均有分布。日本弓背蚁隶属蚁亚科(Formicinae)，成虫主要以蚜虫的蜜露，小型昆虫，植物的花蕾、叶、芽等为食。该种蚂蚁在地下筑巢，巢位于稀林地、林缘、路边和林间空地。工蚁体长 7.4～13.8mm，是六道沟小流域体型最大的蚂蚁。详细了解蚂蚁巢穴的结构特征，对于了解其对土壤特性的影响非常重要。传统的研究方法是直接开挖法，是了解蚂蚁巢穴最简单最常用的方法，可以更直接地观察巢穴内部结构并获取蚂蚁群落的数量，但是传统方法具有很大的破坏性和不完整性。近年来，随着 X 射线技术在土壤科学中的应用，CT 法被用来获取蚯蚓的三维孔隙结构，该方法在蚂蚁孔隙结构上的应用较为少见。

蚂蚁可以在多种土壤中生存，在高黏粒含量的细土、粉砂土和黄土、砂土，甚至砾石中都发现过蚂蚁。事实上，在不同类型的土壤中经常出现相同的巢穴类型，这也表明了蚂蚁巢穴结构有很好的适应力。蚂蚁巢穴结构特征会受许多因素的影响。收获蚁可以制造大量的地下巢穴，同时蚂蚁的活动和巢穴分布受到寄生虫、捕食者、植被、孔隙水盐度、土壤水分和颗粒尺寸等生物、非生物因素的影响。水分可以从多方面影响收获蚁的行为，缺水会导致其干燥和死亡，降水因素和影响土壤持水量的因素都会影响蚂蚁的数量及群落组成。干旱和半干旱条件适宜收获蚁的生存，饱和的土壤水分经常会引起巢穴坍塌并限制巢穴向深层发展。六道沟小流域地质条件变异性大，流域内土壤类型主要有黄绵土、沙黄土、风沙土和坝地淤土，按质地可分为砂土、壤质砂土、砂质壤土和壤土。该区降水总量不大且主要集中在 7～9 月。因此，选择日本弓背蚁作为研究对象，主要探究日本弓背蚁巢穴结构特征对土壤质地、含水量和土壤容重的响应，相关研究成果可为深刻理解蚂蚁巢穴大孔隙特征及其对土壤水文循环过程的影响提供依据。

8.1.1　日本弓背蚁巢穴结构特征

日本弓背蚁为黄土高原北部六道沟小流域的优势蚁种，属于个体、巢群数量较大的蚂蚁种类。日本弓背蚁不同群落规模的巢穴结构如图 8-1 所示，在六道沟小流域多见于裸露地面，以稀疏的草地、灌木根部较为丰富，有些则将巢穴建筑在石块或腐烂的树桩下面。雌蚁与雄蚁交配后寻找一个隐蔽的地方筑巢，蚁后进入土壤后很快产卵，由于个体能量有限，此时挖掘的洞穴规模较小，接着哺育幼虫发育第一批工蚁。第一批工蚁负责筑巢、捕食、哺育幼虫和照顾蚁后，蚁后则专门负责产卵，羽化出更多的工蚁，形成蚁群并不断壮大。随着蚂蚁群落的繁殖壮大，工蚁会逐渐扩大巢穴的内部结构，挖掘更多的巢室以供使用，包括哺育幼虫室、废物堆放室和工蚁活动室等。巢穴内的洞道是蚂蚁进出捕食的过道，巢室则是蚂蚁居住、养育后代的地方，巢穴的通道和巢室是蚂蚁巢穴结构的两种重要组成要素。野外自然条件下，日本弓背蚁巢穴通道基本是垂直向下的，巢室则是倒置的漏斗状(图 8-1)。蚁后生产和哺育完成第一批工蚁之前，巢穴结构和体积变异性较小，不同质地条件下的巢穴深度均约为 10cm，巢穴通道呈垂直的圆柱形结构。蚁后在巢穴底部产卵并哺育后代，巢穴的总体积只有 3～4cm^3，并且唯一的巢室占据了总体积的一半以上。第一批工蚁的数量虽然只有十几只左右，但是对于蚁群的发展至关重要。六道沟小流域植物枝叶上寄生的昆虫、植物分泌的蜜露和植被枯枝落叶层为蚂蚁提供了食物，枯枝落叶层同时又为蚂蚁巢穴通道提供了保护，所以在植被覆盖度较高的六道沟小流域，蚂蚁群落及其巢穴结构可得到良好的发展。六道沟小流域日本弓背蚁的巢穴结构随蚁群规模的增加而明显增大。蚂蚁对大孔隙形成过程的影响很大程度上受群落数量的影响，不同规模的蚂蚁群落有不同的巢穴规模。随着蚂蚁群落的发展，蚂蚁巢穴的通道逐渐加深，并发展多级巢室，然后横向扩展(图 8-1)。在六道沟小流域内对日本弓背蚁巢穴进行开挖，统计蚂蚁工蚁数量并测量巢穴深度，得到最大的日本弓背蚁群落工蚁数量在 520 只以上，其巢穴深度可达到 63cm，和初期的巢穴相比，巢穴的总体积也有显著增加。对于不同品种的蚂蚁，成熟的巢穴深度在 20～400cm 变化。工蚁数量增加并没有改变巢穴结构的基本组成，蚂蚁巢穴结构依然由基本的通道和巢室组成，并且通道的直径大小在 4.1～6.6mm。工蚁在地下在不同深度处建造巢室，供幼体和有性蚁居住。巢室的横截面面积在 606～2117mm^2，与工蚁数量较少的巢穴结构相比没有显著变化。

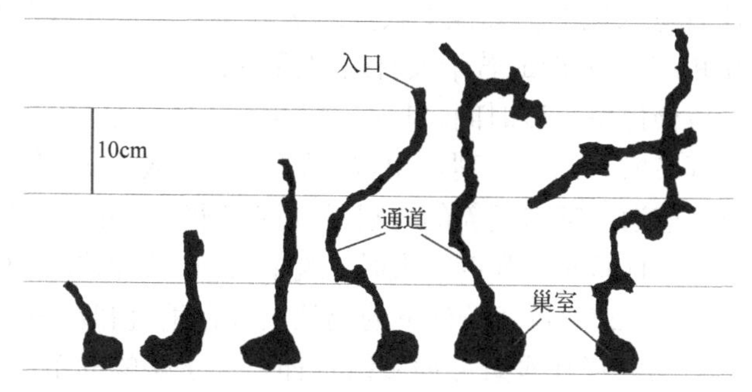

图 8-1　日本弓背蚁不同群落规模的巢穴结构

图 8-2(a)为单巢口日本弓背蚁巢穴结构，大部分日本弓背蚁巢穴属于单巢口类型，此类蚁巢纵向深度较大，巢穴入口的直径在 4～6mm。春季蚂蚁刚开始活动时，常修建新巢口。图 8-2(b)和(c)分别为双巢口和多巢口日本弓背蚁巢穴结构，此类蚁巢有两三个巢穴入口，巢穴入口的直径大小相同。和单巢口巢穴相比，多巢口巢穴有更大的横向长度。巢口增多有利于巢内温湿度等微环境的调节，与筑巢过程中的蚂蚁出入和搬运等行为有关。蚂蚁属于群居性昆虫，依靠工蚁群体挖掘巢穴，巢穴的规模随群体的发展而变化，独居性昆虫挖掘的巢穴则随个体生长阶段的变化而变化。Bailey 等(2015)研究了 3 种蝼蛄在不同生长阶段和不同质地土壤中的巢穴结构，结果表明：蝼蛄制造的孔隙直径是其身体宽度的 2.5 倍，成熟的蝼蛄挖掘的洞穴体积是未成熟蝼蛄的 3 倍左右。

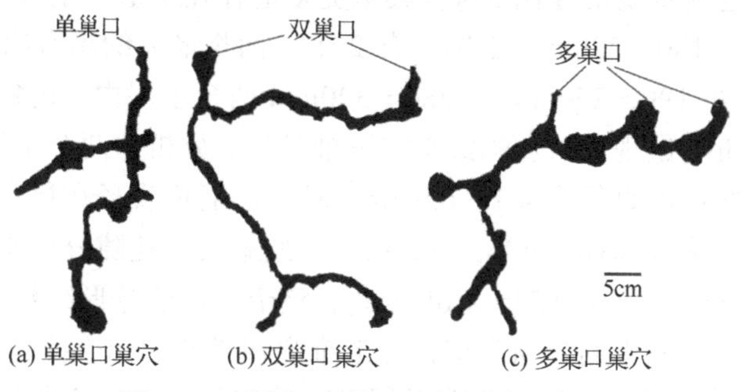

(a) 单巢口巢穴　(b) 双巢口巢穴　(c) 多巢口巢穴

图 8-2　不同入口数量的日本弓背蚁巢穴

与自然条件下的筑巢过程不同，室内饲养的蚂蚁有独特的挖掘过程。本小节中，蚁后和 200 只工蚁被放置在土壤表面，蚁后和工蚁四处走动寻找巢穴入口的合适位置。蚁后在部分工蚁的簇拥下在地表不动，另一部分工蚁则在 PVC 管壁不同位置挖掘洞穴，并制造多个可能性巢穴入口。工蚁挖掘巢穴并将土粒搬运至地表，随着地下空间的增大和加深，更多的工蚁逐渐加入筑巢工作中。当地下有足够的空间时，蚁后会被拖入巢穴中，并随着巢穴空间的扩大而向更深处移动。当蚁后进入地下，其他工蚁随之进入巢穴并停止在其他位置建造巢穴。这样，沿着 PVC 管壁形成若干没有蚂蚁活动的短而浅的大孔隙。蚁后到达一定深度土层以后会停留一段时间，其他工蚁继续建造更多巢室。工蚁沿着 PVC 管壁旋转向下挖掘巢穴，当巢穴到达 PVC 管底部后，巢穴通道沿 PVC 管底部环形扩展，并相互连通。室内饲养的蚂蚁可以挖掘永久性巢口 1～3 个，挖掘工作主要在夜晚进行，日间光照强度较大时，筑巢活动比较微弱，200 只工蚁的蚂蚁群落营巢时程为 1～2d。自然条件下的蚂蚁巢穴在垂直和水平二维空间发展，而室内饲养的蚂蚁巢穴仅在垂直方向多级延伸。关于蝼蛄的室内研究表明：被 PVC 管或者树脂玻璃等材料限制的蝼蛄会沿着隔离物旋转向下挖掘洞穴，并且挖掘的洞穴长度和体积与限制范围的大小有关。

在室内饲养蚂蚁的基础上量化蚂蚁巢穴孔隙结构，可以对蚂蚁巢穴有更深刻的认识。蚂蚁巢穴的通道直径、横截面面积、成圆率等结构特征是影响水分入渗速率和入渗深度的重要因素。研究蚂蚁巢穴形态特征是研究蚂蚁巢穴内部水文过程的基础。PVC 土柱内日本弓背蚁的三维模型如图 8-3(a)所示，蚂蚁巢穴贯穿了整个土层。PVC 管内孔隙丰富且连通性较好，巢穴结构由螺旋向下的通道和几个水平的巢室组成。土柱内不同土层的孔隙量化信息见图 8-3(b)和(c)。在土柱剖面中，大孔隙面积最小为 17.8mm^2，最大为 2194mm^2，整个土柱孔隙面积的平均值为 362.7mm^2。根据图 8-3(b)显示的信息，大孔隙面积在土柱内的分布波动很大，整个剖面含有 7 个峰值。对比蚂蚁巢穴的三维模型可知，扁平的巢室是产生这些峰值的原因。这些巢室更多地存在于上层土壤，0～180mm 土层有 5 个巢室，180～320mm 土层只有 2 个。面积最大的巢室出现在 70mm 土层[图 8-3(b)]。在 190～250mm 和 280～320mm 两个土层内，蚂蚁巢穴是垂直向下的并且没有巢室出现。结合蚂蚁巢穴三维模型，分析这两个土层的孔隙信息，并推算出蚂蚁通道的直径为 4.1～6.6mm。较大的通道直径和巢室面积有利于水分在土壤内部入渗和储存。图 8-3(c)显示了蚂蚁巢穴大孔隙分形维数随土层深度的变化规律。分形维数在 0.53～1.68 变化，整个土柱的分形维数平均值为 1.08。和大孔隙面积在土柱中的分布类似，分形维数在巢室的相应位置也存在 7 个峰值。另外，分析分形维数与大孔隙面积之间的相关关系，两者的相关系数达到了 0.797。

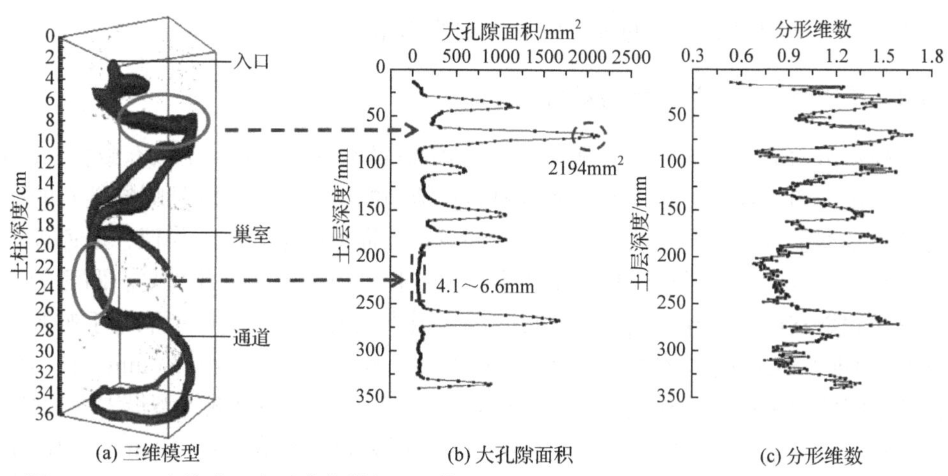

(a) 三维模型　(b) 大孔隙面积　(c) 分形维数

图 8-3　PVC 土柱内日本弓背蚁巢穴三维模型、大孔隙面积和分形维数随土层深度的变化

关于地栖性土壤动物的研究主要集中在蚯蚓。蚯蚓是常见的一种陆生环节动物，生活在潮湿肥沃的土壤中，以畜禽粪便和有机废物垃圾为食，连同泥土一同吞入，所以蚯蚓形成的孔隙较为光滑。相比之下，在干旱的黄土高原，蚂蚁用硬化的上颚和腿部挖掘和搬运土颗粒。为了能够在通道中完成转身、交流等行为，蚂蚁挖掘的通道尺寸比自身的尺寸要大许多。本小节蚂蚁通道的尺寸在 4.1～6.6mm，垂直方向上，蚂蚁的巢穴深度可达 4m，但是由于土柱规格的限制，日本弓背蚁的巢穴深度仅为 36cm。蝼蛄的巢穴深度达到了 64.1cm(Bailey et al., 2015)，蜣螂的孔隙深度仅有 20～30cm(Brown et al. , 2010)。大多数蚂蚁巢穴由垂直的孔隙通道和接近水平的巢室组成，但是本小节日本弓背蚁倾向于旋转向下建造巢穴[图 8-3(a)]，这可能与 PVC 管壁对蚂蚁活动的限制有关。

CT 技术已经被应用于研究土壤大孔隙的结构，但是关于蚂蚁形成的土壤大孔隙结构量化的研究还比较少。本小节从大孔隙面积和分形维数两个方面量化了蚂蚁巢穴结构特征。在所有(0～360mm)土层，蚂蚁巢穴大孔隙面积变化范围是 17.8～2194mm^2(Li et al., 2016b)。分形维数是土壤内部结构和孔隙分布的综合表现，本小节蚂蚁巢穴大孔隙分形维数平均值为 1.08，大于苜蓿和柠条覆盖下的土壤孔隙分形维数。较大的大孔隙分形维数意味着更大的大孔隙度或者孔隙数量、更高的水分入渗能力。蚂蚁巢穴大孔隙的成圆率(0.87)要小于植被覆盖下的土壤大孔隙成圆率。较大的成圆率意味着根系形成的大孔隙有着更圆的孔隙通道，根系的腐烂过程较慢，使根孔内部的孔隙较为粗糙。相比之下，由于蚂蚁活动对巢穴通道的打磨作用，蚂蚁巢穴的孔隙更为光滑，利于水分的入渗。虽然土柱不能完全真实地模拟野外蚂蚁孔隙结构，但是 CT 比传统方法能提供更完整的孔隙信息。采用无线射频器或者地透雷达等设备和方法，或许可以在野外原位测量动物地形巢穴的过程中发挥重要作用。

8.1.2 不同蚂蚁种类巢穴结构对比

神木市六道沟小流域两种典型地栖性蚂蚁(日本弓背蚁和针毛收获蚁)的成熟巢穴结构见图 8-4。通道和巢室是两种巢穴结构的组成要素，两种蚂蚁巢穴的通道都是基本垂直向下的。两种蚂蚁巢穴的巢室和通道的组合方式类似，通道被巢室分割成小段，一段通道连接一个巢室，再连接一段通道，以此反复。两者的通道直径和巢室形状差异较大。蚂蚁巢穴的通道直径大小很大程度上取决于蚂蚁的体型，不同种类的蚂蚁体型差异巨大，针毛收获蚁工蚁体长 5.4～5.6mm，日本弓背蚁工蚁体长是针毛收获蚁的两倍，日本弓背蚁是六道沟小流域体型最大的蚂蚁。由于具有较大的体型，日本弓背蚁在挖掘洞穴时入口直径为 4.1～6.6mm，而体型相对较小的针毛收获蚁巢穴入口直径仅为 2.3～3.2mm。两种巢穴的巢室形状也有较大区别，日本弓背蚁巢室的形状是倒置的漏斗形或者立体的椭圆形，而针毛收获蚁巢室的形状则较为扁平，体积也较小(表 8-1)。自然条件下，六道沟小流域日本弓背蚁的巢口数量在 1～3 个变化，针毛收获蚁的巢口只有 1 个，这可能与针毛收获蚁的群落内工蚁数量较少有关。

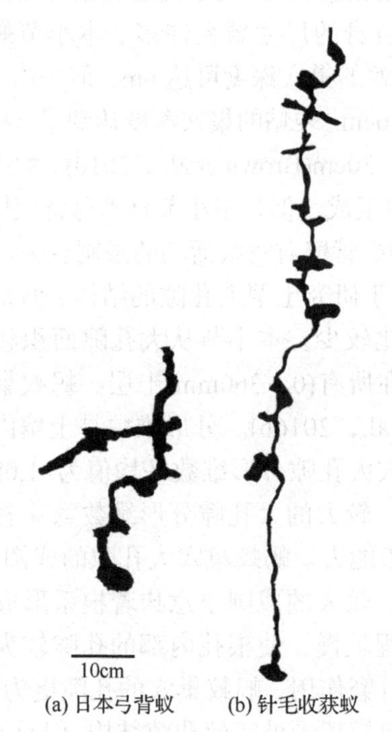

图 8-4 日本弓背蚁和针毛收获蚁巢穴结构

表 8-1　日本弓背蚁和针毛收获蚁巢穴结构特征

蚂蚁种类	巢口数量	巢口直径/mm	巢穴深度/cm	巢室数量	巢室面积/mm²	巢室间距/cm
日本弓背蚁 (*Camponotus japonicus*)	1～3	4.1～6.6	60	6	1600	6
针毛收获蚁 (*Messor aciculatus*)	1	2.3～3.2	150	12	2100	10

在巢穴深度方面，两种蚂蚁巢穴之间也有明显差异。日本弓背蚁的巢穴平均深度为 60cm，针毛收获蚁的巢穴深度则能达到 150cm。相比而言，针毛收获蚁更倾向于垂直发展巢穴，日本弓背蚁巢穴则更倾向于横向发展(图 8-4)，且针毛收获蚁巢室之间的平均距离也明显大于日本弓背蚁(表 8-1)，这可能和针毛收获蚁的生活习惯有关。一方面，深巢穴帮助针毛收获蚁抵御巨大的昼夜温差并保证群落越冬；另一方面，针毛收获蚁属于食种子类动物，在针毛收获蚁巢穴中，种子根据种类和形态的不同被分类、分层保存于不同深处的巢室，较大的贮藏深度使得种子丧失萌发能力，并在食物相对匮乏的时期保证相对较长时间的食物供应。敏捷扁头猛蚁常在靠近枯枝落叶层的地表土壤和树根中筑巢，巢穴结构比较简单，且巢穴通道都贴近于地表，巢深 5～25cm，非常贴近地表，每个巢穴有巢口 1 到多个。对于独居性昆虫蝼蛄而言，品种差异也同样表现在巢穴结构上，草食性蝼蛄的巢穴主要存在于土壤的表层，肉食性蝼蛄趋于将巢穴建造至较深的土层。成年黄褐色蝼蛄的巢穴比南方蝼蛄的巢穴更深更复杂，黄褐色蝼蛄的巢穴长度在 50～70cm 并含有两个巢口，而南方蝼蛄的巢穴则更短、更浅、更密集，并且只有一个巢口。关于蚯蚓的研究也有类似结果：蚯蚓的孔隙结构取决于蚯蚓的类群组成，深栖蚯蚓挖掘的孔隙较大(直径大于 1mm)，垂直向下，并且深度大于 1m。相关研究还涉及白蚁和蜣螂：土白蚁(*Odontotermes*)的地下巢穴深度只有几毫米，而高等白蚁(*Macrotermes subhyalinus*)的巢穴可至地下 5～15cm，巢穴通道的直径可达到 15mm；非洲蜣螂在粪堆下的土壤中挖掘的洞穴长度在 10～103cm，根据它们自身的尺寸，蜣螂制造的洞穴直径在 1～50mm 变化，明显增加了土壤的孔隙度。本小节日本弓背蚁和针毛收获蚁巢穴的孔隙大部分分布在上层土壤，孔隙体积随土层深度的加深趋于减小，特别是针毛收获蚁的巢穴，在深层土壤中巢室间距较上层更大[图 8-4(b)]。土壤中的二氧化碳浓度会影响蚂蚁建筑巢穴的进程和结果，二氧化碳浓度随土层深度的增加而减小，二氧化碳浓度越大，蚂蚁巢穴总体积越小。Espinoza 等(2010)从力学角度解释了蚂蚁巢穴结构的垂直分布，认为蚂蚁可以利用自身的上颚判断土壤颗粒的稳定性，并沿着上方土层压力的方向挖掘土壤，这样会提高挖掘效率而且能使巢穴更加稳定。简单地横向挖取土壤会使巢穴结构不稳定。随着挖掘深度的增加，来自土壤上层的压力会在蚂蚁移除土壤颗粒时给

下层土壤颗粒施加更大的摩擦力，这增加了蚂蚁挖掘洞穴的难度，使深层土壤中的巢穴体积更小。

8.1.3　土壤质地、含水量和容重对蚂蚁巢穴结构的影响

六道沟小流域土壤质地和土壤含水量空间变异较大，本小节结合野外和室内实验研究了不同质地土壤(砂土、黄绵土和壤土)和不同含水量条件下(0.2%～25%)日本弓背蚁巢穴结构特征。室外调查结果表明，日本弓背蚁群落在壤土和黄绵土中都有广泛分布，但是在土壤颗粒较大的干燥砂土中并不常见。室内模拟日本弓背蚁在壤土、黄绵土和砂土中的巢穴特征，在土壤含水量较为适宜的条件下，三种不同质地土壤内的蚂蚁巢穴主巢口数量均为 1 个，巢穴入口直径在 4～6mm 变化，巢穴深度约为 30cm，巢室均为一两个，不同处理间巢穴结构没有明显差异。

与土壤质地相比，土壤含水量对蚂蚁挖掘过程影响更大。在含水量较低或者较高的砂土中，蚂蚁无法进行筑巢。过于干燥或者湿润的土壤条件都会导致巢穴坍塌，这种不稳定的巢穴会威胁蚂蚁的生存。干燥砂土中的挖掘行为会导致沙粒滑动，蚂蚁会把水平地面改造成较稳定的小沙坑。土壤含水量适中的湿沙是较为稳定的，足以支撑较大的蚂蚁洞穴。当含水量较低，为 6%～20%时，巢穴通道分支较多。当含水量较高时，巢穴弯曲且光滑。在颗粒较大的砂土中，蚂蚁巢穴的通道大部分是垂直分布，主要是因为砂土中蚂蚁巢穴内部的土壤颗粒大多处于承重状态，不允许巢穴通道横向发展，但是本书并没有发现类似现象。另外，土壤含水量是影响蚂蚁生长繁殖过程的重要因素之一。日本弓背蚁蚁后在不同含水量砂土中的生存繁殖情况见表 8-2。日本弓背蚁蚁后在干燥的砂土中(含水量为 0.2%)没有挖掘行为，并在 17d 左右因为缺水而死亡。当含水量为 3%时，日本弓背蚁可以筑巢，能够产卵，但没能繁殖出工蚁。当含水量为 6%～20%时，日本弓背蚁在巢穴中产卵繁殖后代，而且随着含水量的增加，蚁后产卵数量有增加的趋势。当含水量为 25%时，日本弓背蚁没有挖掘行为，也没有产卵，并在一周左右死亡。

表 8-2　不同含水量条件下日本弓背蚁蚁后的生存繁殖能力

含水量/%	存活时间/d	工蚁数量	蚁卵数量
0.5	17±5	0	0
3	36±6	0	5±2
5	48	9±3	4±3
10	48	7±2	5±4
15	48	13±2	9±2
20	48	8±2	14±3
25	7±2	0	0

另外，土壤容重也是影响巢穴结构的因素之一。在土壤容重较大的野外草地中，日本弓背蚁巢穴深度较浅，蚂蚁的活动主要集中在土壤表层，巢穴结构趋于横向发育。室内模拟实验也表明，土壤容重大小影响蚂蚁巢穴结构。在其他条件一致的前提下，土壤容重越大，蚂蚁巢穴的结构越简单，通道的长度、总体积较小，分支、节点较少。不同容重下的日本弓背蚁巢穴如图 8-5 所示，可以看出差异明显。

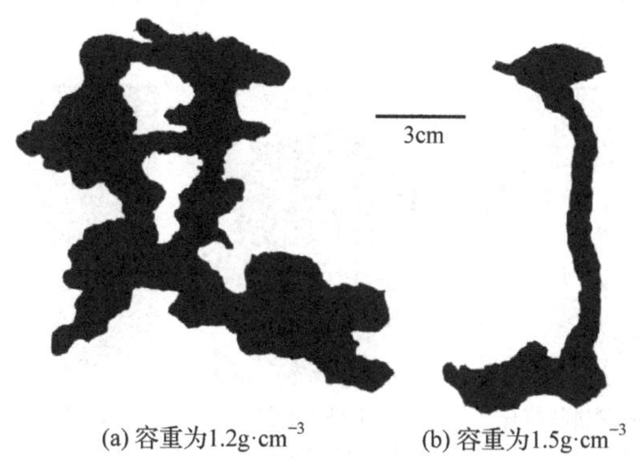

(a) 容重为1.2g·cm^{-3}　(b) 容重为1.5g·cm^{-3}

图 8-5　不同容重下的日本弓背蚁巢穴结构

当铁桶中壤土的容重为 1.5g · cm^{-3} 时，蚂蚁巢穴的结构为简单的垂直状，通道单一，只有一两个巢室，通道分支和节点仅为 1 个，巢穴总体积 6.4cm^3。当铁桶中壤土的容重为 1.2g · cm^{-3} 时，蚂蚁巢穴的结构则更为复杂，通道和巢室较为密集，且通道间相互连通，通道分支和节点分别为 9 个和 5 个，巢穴总体积为 13.6cm^3(图 8-6)。不同土壤质地和水分条件下美洲收获蚁的巢穴特征研究也得到了类似结论：在中低等含水量条件下的低容重壤土中，蚂蚁巢穴朝各个方向充分发展，分支较多。与本小节研究结果不同的是，低容重条件下美洲收获蚁巢穴的节点并不多，但是节点的体积较大。

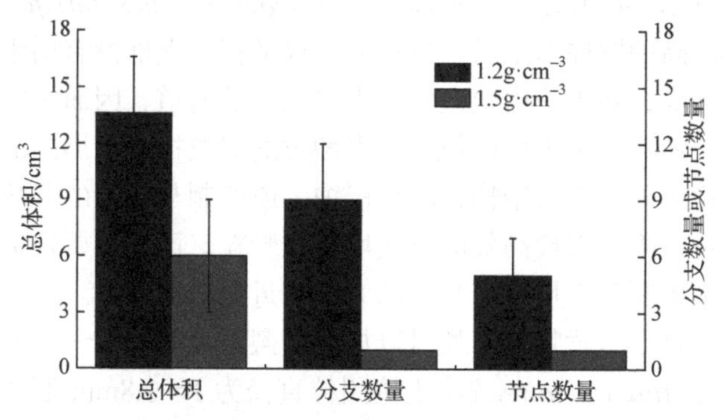

图 8-6　不同容重下的日本弓背蚁巢穴总体积、分支数量和节点数量

8.1.4 蚁丘的物理特性

蚂蚁搬运至地表的土壤团粒堆积在巢穴入口周围，在平地上形成了一个类似薄饼的蚁丘[图 8-7(a)]。蚂蚁携带到土壤表面的团粒数量与蚂蚁数量呈显著正相关关系(Li et al.，2017a)。本小节蚁丘高度、直径分别为 2cm 和 20cm。在饲养了四个蚁群[图 8-7(b)]的土槽中，平均蚁丘覆盖度为 25%，而对照处理没有蚁丘覆盖。查科芭切叶蚁(*Atta vollenweideri*)的蚁丘高度约为 1m，基部直径为 6～7m。

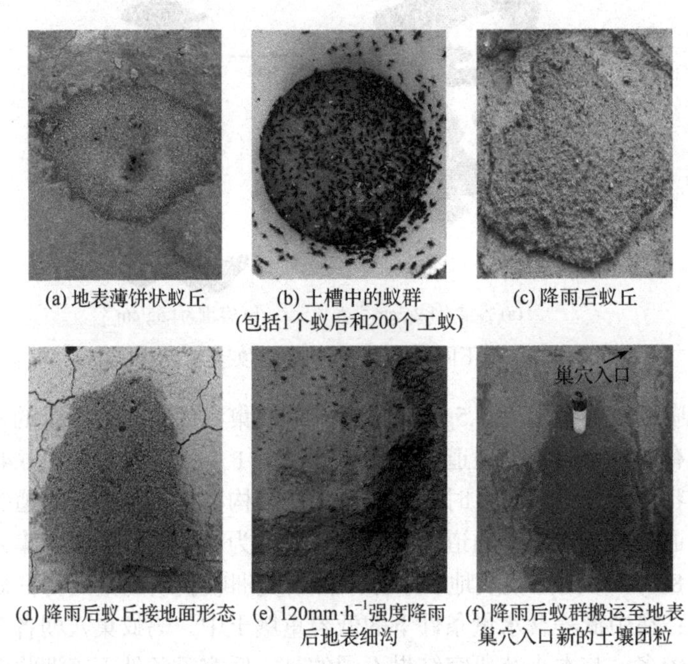

(a) 地表薄饼状蚁丘　(b) 土槽中的蚁群(包括1个蚁后和200个工蚁)　(c) 降雨后蚁丘

(d) 降雨后蚁丘接地面形态　(e) 120mm·h^{-1}强度降雨后地表细沟　(f) 降雨后蚁群搬运至地表巢穴入口新的土壤团粒

图 8-7　蚁丘在降雨过程中的变化

即使是只有 20 到 30 多个工蚁体组成的 *Trachymyrmex turrifex* 群落，也会建造一个 1～4cm 高的圆柱形土塔。日本弓背蚁堆积的土堆没有用于改善通风或防止雨季降雨的土塔，在土壤中建造直径为 6mm 的通道，因而不需要额外的通风设施。除了巢穴入口周围土壤团粒，许多种类的蚂蚁把蚁巢周围的材料运送到土丘表面，用于稳定外部巢穴结构，防止侵蚀，或控制与环境的湿热交换。日本弓背蚁只需要在巢口附近以最高效的方式堆积土颗粒，而不需要建造功能性土堆。蚂蚁可以处理土壤颗粒以形成与其头部大小相近的土壤团粒。

本小节中，日本弓背蚁的工蚁可以加工并搬运直径为 2～3mm 的土壤团粒，这些土壤团粒与 *Atta vollenweideri*(土壤团粒直径为 1～2.8mm)制作的土壤团粒相似。日本弓背蚁制作的土壤团粒粒径分布如下：2～3mm(6.9%)、1～2mm(27.3%)、

0.5～1mm(16.9%)、0.28～0.5mm(18.2%)、<0.28mm(30.7%)(表 8-3)。蚂蚁搬运至地表的土壤团粒比黄土高原北部沙粒直径略大(Li et al.，2017b)。针毛收获蚁和铺道蚁制作的土壤团粒直径小于 2mm。除了蚂蚁类型，土壤湿度也对团粒大小有很大影响。在较低的含水量条件下，蚂蚁清理土壤颗粒形成松散团粒，随含水量的增加，颗粒群形成大而稳定的土壤团粒。

表 8-3　日本弓背蚁蚁丘和土壤基质物理特征对比

指标	不同粒径土壤团粒占比/%					容重/($g \cdot cm^{-3}$)	孔隙度/%
	<0.28mm	0.28～0.5mm	0.5～1mm	1～2mm	2～3mm		
蚁丘	30.7±2.4	18.2±0.8	16.9±0.9	27.3±2.1	6.9±0.5	0.75±0.06	73.6±3.7
土壤基质	100.0	0	0	0	0	1.34±0.03	48.5±2.1

日本弓背蚁工蚁将土壤团粒松散地堆放在土壤表面，并形成比土壤基质容重($1.34g \cdot cm^{-3}$)小很多的覆盖层($0.75g \cdot cm^{-3}$)。在森林和牧场区，*Dinoponera quadriceps* 筑巢活动显著降低了蚁丘土壤容重。容重降低是覆盖层孔隙度增加引起的。本小节日本弓背蚁蚁丘土壤孔隙度达到 73.6%(表 8-3)。为了建造一个稳定的通风口，*Atta vollenweideri* 的工蚁给地表巢穴的通道内壁浇水，并压实内壁，降低了通道周围的孔隙度(20%)。同时，蚁丘被雨滴压实，蚂蚁制造的土壤团粒在降雨过程中发生水解。经过水解，土壤团粒变成细土颗粒，团粒层孔隙度明显降低(Li et al.，2017b)。模拟降雨试验后[图 8-7(c)和(d)]，日本弓背蚁的蚁丘土壤孔隙度下降到 45%。

尽管松散的蚁丘增加了可侵蚀物质来源，但降雨期间蚁丘表面形成了物理结皮，保护蚁丘免受雨滴侵蚀[图 8-7(c)]。降雨后工蚁还扩大了巢穴空间，将新的土壤团粒从地下搬运到地面[图 8-7(f)]，使土堆在土壤表面持续存在，始终改变着地表微地形。

8.2　蚁巢对坡面水土过程的影响

在黄土高原土壤侵蚀与旱地农业国家重点实验室的降雨模拟大厅，利用降雨模拟系统进行了降雨模拟试验。用自制大型土槽(图 8-8)饲养日本弓背蚁，研究日本弓背蚁巢穴在点位尺度上对土壤含水量、地表径流量和产流产沙特征的影响。试验中采用了三种降雨强度($40mm \cdot h^{-1}$、$80mm \cdot h^{-1}$ 和 $120mm \cdot h^{-1}$)，在三种设计降雨强度下，每种处理的总降雨量保持在 80mm。$40mm \cdot h^{-1}$ 的降雨持续时间为 120min，$80mm \cdot h^{-1}$ 的降雨持续时间为 60min，$120mm \cdot h^{-1}$ 的降雨持续时间为

40min。土槽底部有 351 个孔(直径 0.5cm)，便于排水。为模拟与本地区自然土壤相似的土壤容重(1.35g · cm^{-3})，在填装土槽之前，测定土壤的含水量，并计算土壤需求量。首先，在土槽底部填充一层 5cm 厚的沙子，以便降雨过程中排出多余的水。在填充过程中，以 10cm 的增量进行填充。其次，将土槽平放在自然降雨和太阳照射下一个月，以确保土槽中模拟的土壤水分条件与自然条件相似。试验前，将土槽的坡度调整为 15°。最后，在土壤中安装三根管子(长 100cm，直径 2.8cm)(图 8-8)，利用 PR2-6 探管测量 10cm、20cm、30cm、50cm 和 90cm 深度处的土壤含水量。降雨试验前没有对表层土壤进行水分饱和处理。

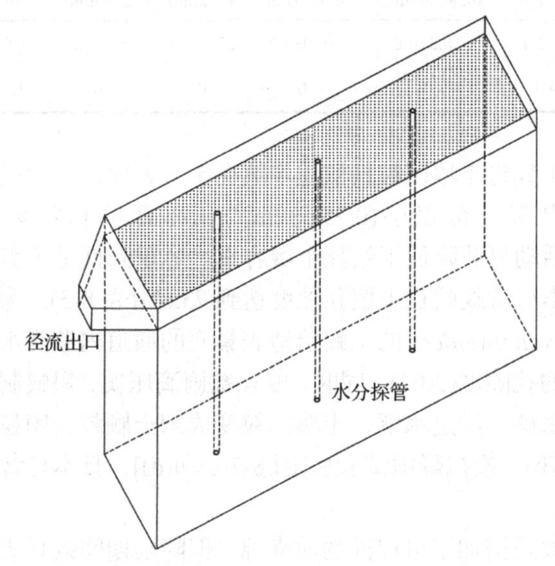

图 8-8　用于饲养蚂蚁的土槽(长 2m，宽 0.5m，高 1m)

通过野外调查，从田间的几个日本弓背蚁巢穴中采集了所用的蚂蚁。用一把小铲子沿着蚁巢的洞道挖掘土壤，巢穴被破坏以后，兵蚁和工蚁出来保护巢穴，使用改良的除尘器收集蚂蚁。土槽的坡度调整到 15°，将收集的 12 个蚁群(每个蚁群中有 200 只工蚁)放入土槽中。相同数量的工蚁引入土壤中，蚁巢体积没有显著差异。每个土槽的土壤表面均匀地铺放了四个 PVC 圆筒(直径 40cm、高度 20cm)。在每个 PVC 圆筒内各放入一个蚂蚁群落。为了防止蚂蚁逃跑，在每个圆筒的内壁涂抹滑石粉。蚂蚁进入土壤 2d 以后，停止向地表搬运土壤团粒，基本完成对巢穴的挖掘。

8.2.1　蚁巢对土壤剖面含水量的影响

利用 0～90cm 土层深度的土壤剖面水分和土壤储水量来评估蚁巢对土壤水分的贡献(表 8-4)。在 40mm · h^{-1} 降雨强度条件下降雨 2h 后，每个地块 0～20cm 土层深度处的土壤含水量显著增加。与蚯蚓和其他社会性地下昆虫的情况类似，蚁巢内形成的优先流可以通过蚂蚁巢穴通道来提高深层含水量(Li et al.，2017a)。水分入渗与垂直通道的长度密切相关，此处平均蚁巢深为 35.5cm，降雨后有蚁巢的地块 0～50cm 土层深度的土壤含水量远大于降雨前(P<0.05)，尤其是在底部地块，优先流到达这些巢穴的底部后继续向下运移。

表 8-4 对照处理和蚂蚁处理土槽坡面不同点位 0～90cm 土层土壤储水量变化 (单位：mm)

处理	点位	降雨强度 40mm · h^{-1}			降雨强度 80mm · h^{-1}			降雨强度 120mm · h^{-1}		
		雨前	雨后	增量	雨前	雨后	增量	雨前	雨后	增量
对照处理	坡上	177.3	187.2	9.9	182.6	185.4	2.8	193.8	198.6	4.8
	坡中	180.8	192.5	11.7	185.7	188.8	3.1	185.1	189.6	4.5
	坡下	183.3	198.3	15.0	182.8	196.0	13.2	194.9	203.6	8.7
	平均	180.5	192.6	12.2	183.7	190.1	6.4	191.2	197.2	6.0
蚂蚁处理	坡上	180.4	195.0	14.6	178.5	192.3	13.8	178.6	185.0	6.4
	坡中	182.6	210.7	28.1	212.9	236.2	23.3	184.8	196.2	11.3
	坡下	180.0	234.2	54.2	188.2	217.2	29.0	193.2	219.0	25.8
	平均	181.0	213.3	32.3	193.2	215.2	22.1	185.5	200.0	14.5

在 40mm · h^{-1}、80mm · h^{-1} 和 120mm · h^{-1} 降雨强度条件下，蚂蚁处理 0～90cm 土层内储水量增量平均值分别为 32.3mm、22.1mm 和 14.5mm，明显大于对照处理(12.2mm、6.4mm 和 6.0mm)(表 8-4)。在降雨量相同的情况下，较低的降雨强度使更多的水分入渗，地表径流速率较小。与 40mm · h^{-1} 和 80mm · h^{-1} 降雨强度相比，降雨强度为 120mm · h^{-1} 时蚁巢拦截的地表水流更少，入渗量减少，使水分入渗深度和储水量增量较小(表 8-4)。

大型的巢穴通道和巢室可以产生较大的水分入渗速率和储水量。成熟的日本弓背蚁巢穴入口直径为 4.1～6.6mm，平均巢室面积 1600mm^2(杨析等，2018)。相对于小型蚂蚁巢穴，日本弓背蚁巢穴内可以更快地形成优先流和储存更多的水分。巢穴入口的状态也影响水流的入渗，蚂蚁巢穴的入口在整个降雨过程中保持开放。一些蚂蚁物种(拉氏伞蚁和须盘腹蚁)在蚁巢的入口处建造土塔，防止雨水进入巢内，使得蚁群免受雨水的浸泡。由于日本弓背蚁挖出的土壤团粒散布在土壤表面，并不影响水分的入渗。工蚁倾向于在靠近蚁巢入口的斜坡向下放置土壤团粒，这样既可以使蚁群在筑巢时节省劳动力，又不会阻碍蚂蚁的出入。日本弓背蚁巢穴在降雨过程中可汇集径流，从而改善土壤水分状况。

与蚯蚓和其他地下社会昆虫相似，蚂蚁活动产生的土壤生物孔隙可以作为水分入渗的优先通道。水分的入渗与垂直通道的长度密切相关，具有较深巢穴的土层含水量更高，因为雨水可以通过动物巢穴快速进入深层土壤(Li et al.，2017b)。本小节得到了类似结果，在有蚂蚁的土壤剖面中观察到优先流，而且明显改变了土壤剖面中的水分分布。在垂直方向上，蚂蚁的巢穴深度可以从 10cm 延伸到近 400cm。日本弓背蚁能够在田间向下挖掘至 37.2cm，小于蝼蛄形成的洞穴深度(64.1cm)(Bailey et al.，2015)，比甲虫的洞道(20～30cm)更深。针毛收获蚁巢穴的平均深度为 90.1cm，日本弓背蚁巢穴平均深度为 37.2cm，日本弓背蚁巢穴染色深度为 49.2cm，优先流到达了这些巢穴底部，并且水分继续渗透。相比之下，虽然针毛收获蚁的巢穴平均深度达到 90.1cm，但其染色深度仅为 32.6cm，渗透深度小于日本弓背蚁巢穴。

不同种类的蚂蚁会建立不同结构的巢穴，相似的是它们都由近似垂直的通道和水平的巢室组成。通常，巢室是垂直分层的，这样有利于为储存食物和喂养幼虫提供不同的温度和湿度条件。本小节田间蚂蚁的巢穴也是由水平巢室和垂直通道组成。高度连通的通道可以产生较大的水分入渗速率，较大体积的巢室有利于更多的水分储存。此外，虽然日本弓背蚁的巢穴在水平方向上发育良好，但雨水主要沿垂直通道流入土壤而不是水平通道。在降雨事件中，日本弓背蚁巢穴的水平通道和针毛收获蚁巢穴较深的通道往往保持干燥。推测蚂蚁可以通过建造独特的土丘和通道来调整巢穴中土壤含水量的分布，以供种子的储存和繁殖后代。

8.2.2 蚁巢对坡面产流产沙过程的影响

在 40mm · h^{-1}、80mm · h^{-1} 和 120mm · h^{-1} 降雨强度条件下，对照处理的平均径流速率分别为 0.61mm · min^{-1}、1.35mm · min^{-1} 和 2.21mm · min^{-1}，比蚂蚁处理高 30%、22%和 18%(分别为 0.47mm · min^{-1}、1.11mm · min^{-1} 和 1.88mm · min^{-1})[图 8-9(a)～(c)]。由于日本弓背蚁巢穴的入口直径较大(4.1～6.6mm)，并且始终保持开放状态，所以水分会通过巢穴持续进入土壤。

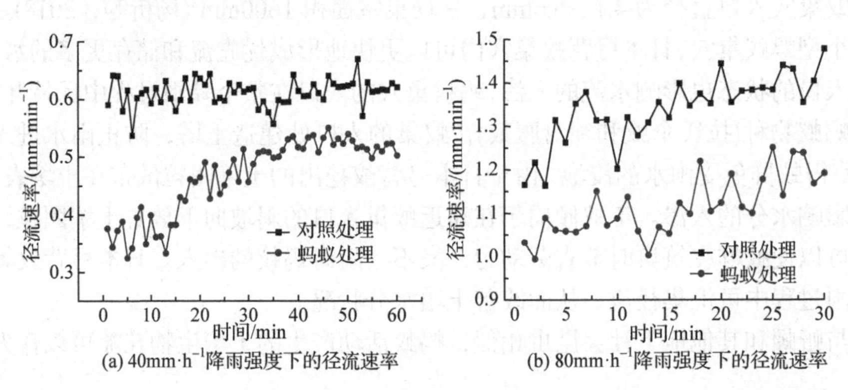

(a) 40mm·h^{-1}降雨强度下的径流速率　　(b) 80mm·h^{-1}降雨强度下的径流速率

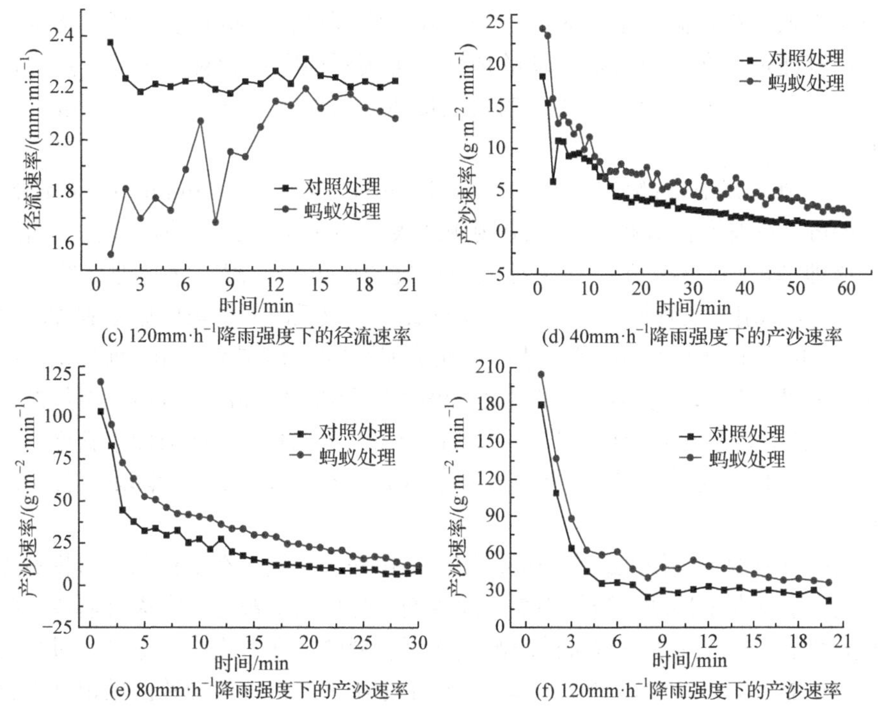

图 8-9　40mm · h^{-1}、80mm · h^{-1} 和 120mm · h^{-1} 降雨强度下蚂蚁处理和对照处理土槽中的径流速率和产沙速率

蚁巢可以增加水分入渗，从而减少地表径流。Bailey 等(2015)的研究结果表明，有大量蝼蛄巢穴的地块水分入渗量比没有的地区高 12%。大孔隙是水分向深层土壤迁移的优先途径，巢室入口提供的额外大孔隙产生额外的水分，并有助于在小尺度上减少径流。此外，巢穴入口的大小与稳定入渗率之间有正相关关系，由于日本弓背蚁巢穴入口直径较大(Li et al.，2017a)且具有连续的大孔隙网络，降雨可以迅速流入较深土层。

模拟降雨初期，蚂蚁处理的径流速率远小于对照处理，这一现象归因于蚁巢中的优先水流和表面的干土颗粒。由松散土壤颗粒组成的蚁丘，在阳光照射下容易干燥(Li et al.，2017b)，能够比土壤基质吸收更多的降雨。水分入渗速率随着地表蚁丘的湿润而降低，因此随着时间的延长，蚂蚁处理径流速率明显增加。相比之下，对照处理的径流速率是相对稳定的。

虽然蚁巢可以增加水分入渗，但蚂蚁处理的产沙速率大于对照处理[图 8-9(d)～(f)]。与对照处理(3.94g · m^{-2} · min^{-1}、23.49g · m^{-2} · min^{-1} 和 44.48g · m^{-2} · min^{-1})相比，蚁丘的存在提高了产沙速率(6.78g · m^{-2} · min^{-1}、36.90g · m^{-2} · min^{-1} 和 62.00g · m^{-2} · min^{-1})。本小节结果与之前的研究结果一致，这些研究表明蚁丘的存在与泥沙输移增加有关(Cerdà et al.，2011)，蚂蚁筑巢活动对土壤侵蚀具有重要

的潜在贡献。蚂蚁搬运至地表的土壤颗粒在降雨过程中很容易变湿，强降雨时会被径流冲走。在蚂蚁大量活动的地区，土壤侵蚀率可能甚至更低。这可以解释为，与没有蚂蚁的地区相比，蚂蚁大量活动的地区水分入渗能力增强，地表径流更少。

本小节研究中，部分蚁丘被冲走，即使降雨强度为 120mm · h^{-1} 的降雨持续 40min，斜坡上仍有蚁丘。雨滴接触地表时会压实蚁丘，并在蚁丘表面形成一层物理结皮[图 8-7(c)]。在土丘表面结皮的保护下，团粒完整地保留了多孔结构[图 8-7(d)]，经测量，容重为 1.01g · cm^{-3}。蚁丘改变了坡面微地貌和坡面水流路径，促进了地表水的汇流，从而加速了细沟的产生[图 8-7(e)]。细沟是一种重要的土壤侵蚀类型，与对照处理相比，蚂蚁处理中坡面细沟是输沙量增加的主要因素。此外，蚂蚁在降雨后会扩大巢穴(Li et al.，2017b)，并在坡面重新堆积土壤团粒[图 8-7(f)]，这样巢穴入口附近始终有蚁丘存在，并在随后的降雨事件中增加泥沙产出。

植被对减少土壤侵蚀具有积极作用，结构松散的蚁丘在植被和枯落物覆盖度高的地区很少发生移动。当使用强效除草剂清除地表植被时，野火过后或在强降雨的陡坡上，蚁丘对土壤侵蚀的影响是不可忽视的。在黄土高原地区，过高的植被盖度和地上生物量导致严重干旱，形成了土壤干层，可能导致区域植被退化。鉴于蚂蚁对土壤侵蚀的负面影响，学者应该进行更多的研究来评估蚂蚁是否会在大尺度条件下对土壤侵蚀产生显著影响。

8.3 蚁丘对土壤蒸发的影响

在不同类型的土壤中经常出现相同的巢穴类型，这也表明了蚂蚁巢穴结构有很好的适应力。蚂蚁通过挖掘并移除土壤颗粒制造巢穴，而不是对土壤进行推进和挤压，并且大部分蚂蚁的挖掘过程遵循以下的顺序：抓取—整理—搬运。蚂蚁利用自己强有力的上颚移除土壤颗粒，并在腿部的帮助下将土粒转移到地表。

另外，蚂蚁搬运的土壤颗粒结构随土壤湿度的变化而变化。美洲收获蚁的挖掘行为受到土壤颗粒直径、蚂蚁上颚尺寸和含水量的显著影响，有研究得出结论：在粉土和黏土中，当土壤湿度较低时，蚂蚁会利用上颚和腿部将土粒组合成团聚体结构并搬运至地表。随着含水量的增加，细土中移除的颗粒聚集在一起形成更大更稳定的“小球”，这种湿润的“小球”直径可以达到 3mm。在水分接近饱和的粉土和黏土中，蚂蚁用上颚直接切取土壤，抓取的土壤呈扁平的小块状。抓取颗粒的大小取决于蚂蚁上颚的尺寸，它们可以搬运相当于蚂蚁头部大小的颗粒(一些种类的蚂蚁可以搬运尺寸为 2～5mm 的颗粒)。在六道沟小流域，日本弓背蚁是体型最大的蚂蚁，体长 10～12mm，它们利用较大的上颚将直径 1.6mm 左右(大于沙粒粒径，小于砾石粒径)的土壤团粒搬运至巢穴入口周围。类似于其他覆盖材料，在干旱季节，这些团粒在地表的积累可能会影响土壤的蒸发过程和温度变化。在降雨过程中，雨滴的打击会破坏这些土壤团粒结构。与未水解的团粒相比，这些水解的土壤团粒可能会对土壤蒸发和温度造成不同的影响。

8.3.1　蚂蚁筑巢行为对蒸发的限制作用

本小节采用 15 个底部密封的铁桶(20cm×20cm)作为小型蒸发器，定量研究团粒覆盖对土壤蒸发的影响。不同数量蚂蚁处理(CK、A1、A2、A3、A4、A5 和 A6)的蒸发过程见图 8-10。在连续 20d 的自然蒸发过程当中，土壤含水量随时间推移，以指数函数的变化趋势不断下降。在蒸发过程的初始阶段，蚂蚁未被引入铁桶内，每个处理的含水量均为 18.1%。前 2 天，土壤含水量由最初的 18.1%降低至 16.2%，各处理间的含水量没有表现出显著差异[图 8-10(a)]，并且和没有蚂蚁的处理相比，土壤蒸发减小量只有 6g[图 8-10(b)]。和有蚂蚁的处理相比，CK 处理土壤水分快速蒸发，土壤含水量保持在一个较低的水平。特别是 A6 处理，在整个蒸发过程中土壤含水量始终保持在一个较高的水平[图 8-10(a)]。根据蒸发速率的变化，将整个蒸发过程划分为两个阶段。蒸发的前 8 天为第一阶段，这一时段土壤含水量迅速减小，在接下来的第 18 天(第二阶段)，所有处理的土壤含水量趋于稳定。与 CK 处理相比，蚂蚁处理中土壤蒸发减小量随着蒸发时间的推移变化巨大。在第一阶段，当土壤含水量大于 4%的时候，表层团粒覆盖显著(P<0.05)减小蒸发速率。团粒覆盖层在减少土壤蒸发方面起到了积极作用(蒸发减小量>0)。快速的蒸发导致土壤水分的缺乏，在蒸发过程中，土壤团粒在减小土壤蒸发方面的作用逐渐消失，第二阶段蚂蚁处理比 CK 处理有更高的土壤蒸发速率[图 8-10(b)]。此外，土壤团粒覆盖层对土壤蒸发过程的影响随着团粒层厚度的增加而更加明显。A6 处理中，土壤蒸发减小量在蒸发过程开始的第 4 天达到了最大值(123g)。

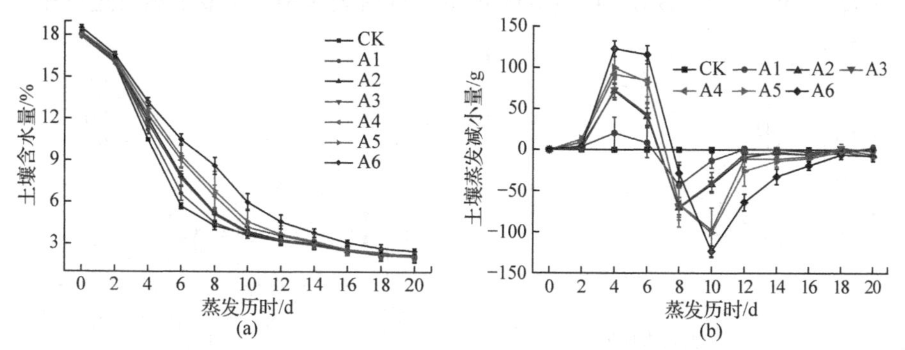

图 8-10　不同数量蚂蚁处理下 20d 连续蒸发过程中土壤含水量和蒸发减小量变化

CK、A1、A2、A3、A4、A5、A6 处理的蚂蚁数量分别为 0、10、30、50、100、150、200

分析结果显示，土壤表层堆积的团粒质量随着蚂蚁群落规模的增加而增加，两者之间有显著的回归关系(P<0.001)，如图 8-11 所示，蚂蚁运送到地表的土壤团粒质量与引入土壤的工蚁数量高度相关(R^2=0.8927)。蚂蚁的数量或者群落规模决定了其在土壤中的生存空间，继而影响了运送至土壤表面的团粒总量。蚂蚁通过将土壤团粒搬运至地表而间接影响蒸发过程。为了解释清楚覆盖层厚度对土壤蒸发的影响程度，测量不同覆盖厚度条件下土壤累积蒸发量和日蒸发量。

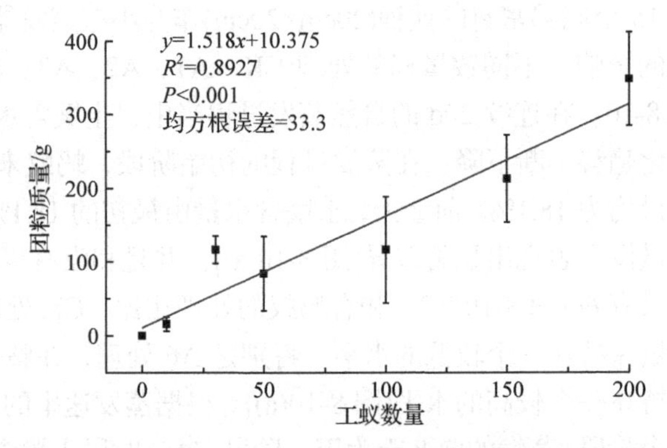

图 8-11 工蚁数量和蚂蚁运送至地表团粒质量之间的关系

不同厚度的团粒覆盖处理(M1 为 3mm 覆盖、M2 为 6mm 覆盖、M3 为 9mm 覆盖)、裸土对照处理(BS)和自由水面(FW)的累积蒸发过程随时间的变化见图 8-12(a)。经过自然条件下 16h 的连续蒸发，所有处理的累积蒸发量随时间的推移呈对数曲线变化。不同处理中土壤累积蒸发量随时间变化的回归方程见表 8-5，各处理的回归方程均表现出较高的拟合度。不同拟合方程间自变量系数的差异在一定程度上反映了团粒覆盖对土壤蒸发过程的影响。M3 处理的土壤蒸发速率最低，同时 M3 处理土壤蒸发的拟合方程自变量系数也最小(25.5)，其他处理的自变量系数分别为 92.7(FW)、62.2(BS)、43.7(M1)和 36.0(M2)(表 8-5)。在整个蒸发过程中，各

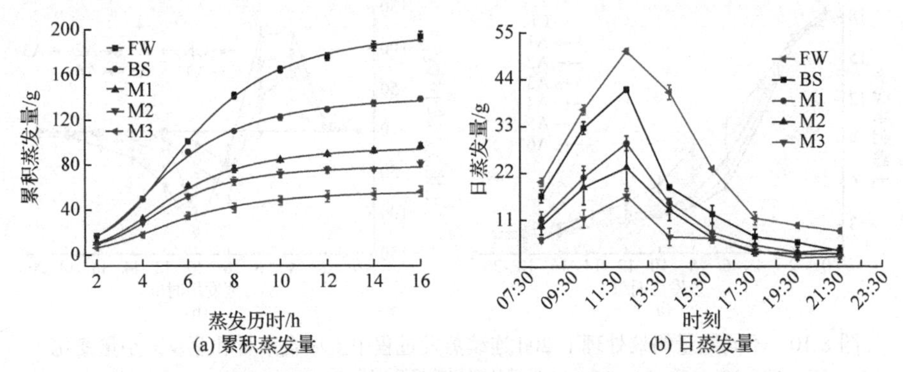

图 8-12 四种覆盖处理和自由水面的累积蒸发量和日蒸发量变化

处理的累积蒸发量排序为 FW>BS>M1>M2>M3。另外，当基础含水量为 12.6%的时候，BS 处理在 16h 蒸发过程中的累积蒸发量是 138g，M1、M2 和 M3 处理的累积蒸发量分别为 96g、81g 和 56g，分别占同时段自由水面蒸发量(194g)的 71.1%、49.5%、41.8%和 28.9%。

表 8-5　四种覆盖处理和自由水面累积蒸发量与时间的拟合方程

处理	拟合方程	决定系数(R^2)	均方根误差(RMSE)
自由水面(FW)	y=92.7ln$x$−58.9	0.975	9.807
裸土(BS)	y=62.2ln$x$−26.7	0.979	5.985
3mm 覆盖(M1)	y=43.7ln$x$−20.4	0.978	4.324
6mm 覆盖(M2)	y=36.0ln$x$−15.4	0.973	3.925
9mm 覆盖(M3)	y=25.5ln$x$−12.9	0.983	2.212

注：x 表示时间(h)；y 表示累积蒸发量(g)。

不同处理之间日蒸发量的对比见图 8-12(b)。在蒸发量的日变化过程中，自由水面的日蒸发量先增加后减小，最大值出现在 11:30～13:30 时间段内。与自由水面一样，其他处理的土壤日蒸发量也在这一时段内达到最大值。有团粒覆盖处理的土壤日蒸发量显著(P<0.001)小于 BS 和 FW 处理的日蒸发量。与裸土日蒸发量相比，不同团粒覆盖处理的日蒸发量减小量分别为 12.7g(M1)、18.4g(M2)和 25.0g(M3)。在前 2h 内，裸土的日蒸发量已经显著(P<0.001)大于覆盖处理的日蒸发量。11:30～13:30，裸土的日蒸发量显著大于其他时段内的土壤日蒸发量。13:30 以后，随着自由水面日蒸发量的减小，覆盖处理的日蒸发量减小量也降低。特别地，在 21:30～23:30，不同处理的土壤日蒸发量没有显著差别(图 8-12(b))。

根据覆盖处理与裸土蒸发速率之间的关系，将 20d 的连续蒸发过程划分为两个阶段。第一阶段，裸土的蒸发速率明显大于覆盖处理的土壤蒸发速率。团粒覆盖层在此阶段起到保护土壤水分的作用。随着土壤水分的蒸发，裸土内的土壤水分和蒸发速率很快降低到较低水平，但是有覆盖处理的土壤水分受到团粒层的保护，仍然保持在较高水平。当土壤含水量较低时，会在表层形成一个干燥层而减少土壤水分的蒸发，覆盖物阻止了这个干燥层的形成。也就是说，在整个蒸发过程中，蚂蚁挖掘并堆积在土壤表层的团粒结构起到了延缓土壤蒸发的作用。

土壤蒸发速率与土壤初始含水量高度相关，当土壤含水量很低的时候，土壤蒸发量也处于较低水平，覆盖处理对土壤蒸发的抑制作用不显著。本小节中不同含水量条件下土壤团粒对蒸发过程的限制也证明了这一点。当土壤含水量为 4.2%时，覆盖处理和无覆盖处理间的土壤蒸发过程没有显著差异。在更高土壤含水量的处理中，团粒覆盖在限制土壤蒸发方面显示了一定的作用。当土壤含水量达到

16.8%时，有团粒覆盖处理的土壤日蒸发量接近裸土的日蒸发量，并且不同覆盖厚度处理之间的日蒸发量没有显著差异。较高的土壤初始含水量可以给表层团粒提供水分使其保持湿润状态，削弱了团粒限制表层土壤蒸发的作用，但是湿润的团粒之间的孔隙仍然较大，团粒层仍然会阻止下层土壤水分通过毛管作用上升至地表。

在大气蒸发力的作用下，土壤水分通过毛细管作用上升到地表并进入空气中，这一过程受到大气蒸发力、土壤含水量和表层覆盖的影响。土壤表层覆盖的材料包括砾石、砂土和稻草等，通过保护表层土壤免受太阳直射而减少土壤蒸发。与土壤相比，覆盖层的热传导能力较差，可以存储更多的能量并使温度升高。由于覆盖物对太阳辐射能的阻滞吸收作用，覆盖物下的土壤温度显著低于裸土的表层土壤温度。因此，有覆盖条件下土壤水分蒸发在一定程度上得到了抑制。砾石尺寸和砾石厚度是影响土壤蒸发力的重要因素。覆盖层越厚，土壤水分在砾石间的蒸发路线越长。另外，土壤水汽在覆盖物孔隙结构中的积累会减缓土壤水分的蒸发。本小节中，蚂蚁将平均直径为 1.6mm 的土壤团粒运送至地表并形成一个新的覆盖层，类似于砾石覆盖，有较高的孔隙度，因此土壤团粒覆盖层同样具有减小土壤蒸发的作用。通过在铁桶内模拟蒸发过程，发现日间蒸发速率和日蒸发量随覆盖厚度的增加而减小，夜间的蒸发速率不受覆盖物的影响。

8.3.2 蚂蚁筑巢行为对土壤温度的影响

不同处理下 0cm、5cm 和 10cm 深度处土壤温度和空气温度(AT)的日变化规律如图 8-13 所示。土壤温度和空气温度的变化趋势类似，特别是表层土壤温度。表层土壤温度在 07:30～23:30 始终不低于空气温度；在 5cm 深度处，07:30～11:30 空气温度大于土壤温度；在 10cm 深度土层，07:30～13:30 空气温度大于土壤温度。表层土壤温度在 11:30 达到峰值[图 8-13(a)]，5cm 和 10cm 深度处的土壤温度峰值出现时间有所延迟(13:30)[图 8-13(b)和(c)]。

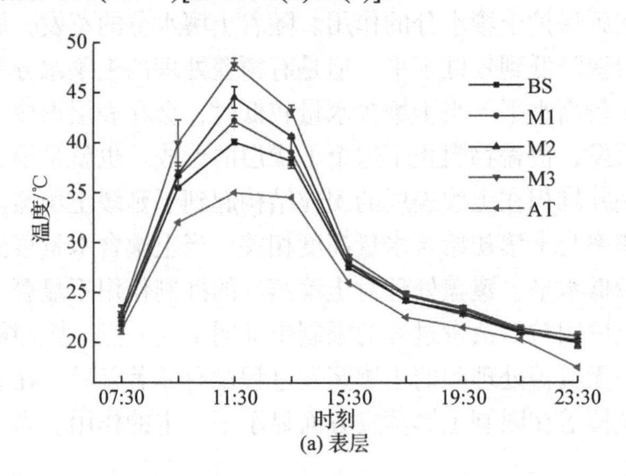

(a) 表层

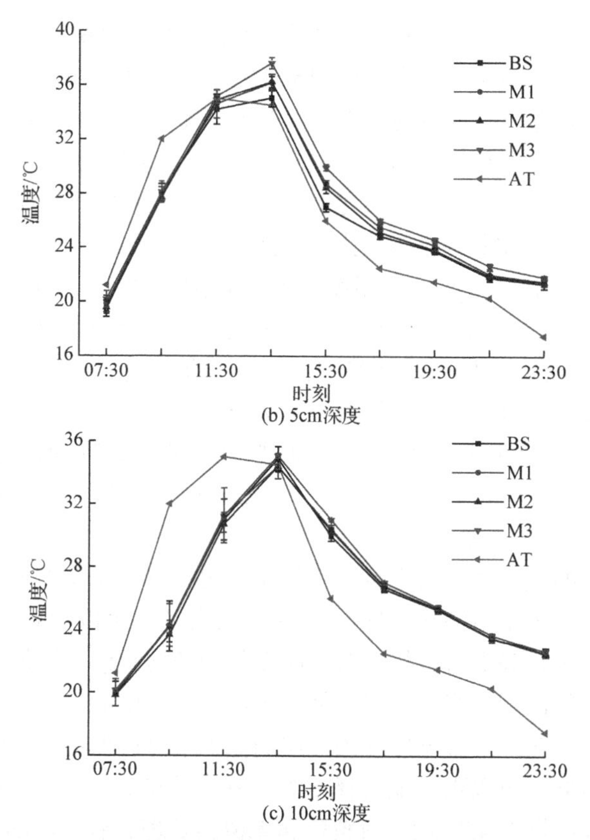

图 8-13　四种覆盖厚度处理的土壤温度和空气温度日变化

对比不同深度处的土壤温度变化，发现 07:30～13:30 表层土壤温度明显大于 5cm 和 10cm 深度处土壤温度；在 15:30～23:30，表层土壤温度较低。11:30 时，M3 处理的表层土壤温度(47.9℃)比裸土的表层土壤温度高 7.8℃。在 5cm 深度处，M3 处理的土壤温度峰值(37.6℃)只比 BS 处理的土壤温度峰值(35.0℃)高 2.6℃。在 10cm 深度处，不同处理间的土壤温度没有显著差别。

11:30～13:30，不同初始含水量条件下的土壤蒸发速率和自由水面蒸发速率的比值用于评估不同团粒覆盖对土壤蒸发和温度变化的影响。不同初始含水量条件(4.2%、8.4%、12.6%和 16.8%)下，土壤蒸发速率变化明显。当初始含水量为 8.4%、12.6%和 16.8%时，不同处理的土壤蒸发速率 BS>M1>M2>M3。当初始含水量为 4.2%时，不同处理的蒸发速率差异不显著(P>0.05)。在初始含水量为 4.2%的条件下，四个处理的蒸发速率仅为自由水面蒸发速率的 14.3%～15.6%，土壤蒸发速率被较低的土壤初始含水量限制。土壤蒸发速率随着初始含水量的增加而快速增加，特别是 BS 处理。当土壤含水量为 8.4%时，覆盖处理的蒸发速率与自由水面蒸发速率比值显著(P<0.001)小于裸土蒸发速率与自由水面蒸发速率比值，但是 M1 和

M2 两处理的蒸发速率没有显著差异。当初始含水量为 12.6%时，不同覆盖处理的蒸发速率差异显著。当初始含水量增加至 16.8%时，M1、M2 和 M3 处理之间的蒸发速率没有显著差异，三者与自由水面蒸发速率的平均比值达到了 66.4%。对于 BS 处理，这个比值达到了 93.3%，非常接近自由水面的蒸发速率。0cm、5cm 和 10cm 三个土层深度在不同初始含水量条件下 13:30 的土壤温度差异较大。明显地，土层深度和含水量是影响土壤温度的重要因素。忽视初始土壤含水量的变化，土壤团粒覆盖对表层土壤温度影响显著($P<0.001$)，表层土壤温度随着覆盖厚度的增加而增加。在 5cm 深度，当土壤初始含水量为 8.6%和 12.4%时，覆盖处理的土壤温度显著($P<0.05$)大于裸土的温度；当初始土壤含水量为 16.8%时，不同处理的土壤温度没有显著差异。在 10cm 深度，不同处理的土壤温度较为接近，除了土壤含水量为 4.2%时，四个处理间没有显著差异。相比之下，当初始含水量为 4.2%时，5cm 和 10cm 深度处，裸土的温度显著($P<0.05$)大于覆盖处理的土壤温度。

空气是很好的绝缘体，与土壤基质相比，团粒覆盖层有更大的孔隙度。大孔隙度的团粒层降低了土壤的热传导力，白天地表覆盖物可以拦截大量的太阳辐射；覆盖层以下的土壤在晚上可以接收覆盖层发射的长波辐射，增加显热通量，形成比裸土地表更高的温度。当空气温度低于土壤表层温度的时候，裸土地表的温度很快降低，而有覆盖的土壤温度在团粒层的保护下可以保持更高的温度。当土壤含水量较低的时候，可以更好地解释土壤、覆盖层和空气之间热量和温度的变化机制。当土壤含水量为 4.2%时，有覆盖和无覆盖处理有着相同的蒸发速率。在这个过程中，蒸发量较少，所以潜在热通量可以忽略，土壤温度主要受到显热通量的影响。团粒覆盖物的表层土壤温度总是大于裸土地表的土壤温度。5cm 和 10cm 深度处的土壤温度在不同含水量条件下有所不同。当土壤含水量大于 8.4%时，覆盖处理白天时 5cm 和 10cm 深度的土壤温度大于裸土的温度，但是当土壤含水量减小至 4.2%时，裸土的温度高于覆盖处理的土壤温度。在裸土处理中，更多的潜在热通量通过蒸发进入空气，阻止温度的升高。

水解后的土壤团粒不再显著影响土壤蒸发过程和温度的变化。07:00～23:30，土壤含水量由 12.5%降低到 9.2%，不同处理间不存在显著差异。表层土壤温度随着光照强度的增加而增加，至 11:30 到达高峰，接着呈降低趋势直至 23:30。温度最高为 40.2℃，最低为 19.8℃。无论在温度最高的时刻(11:30)，还是最低的时刻(23:30)，不同处理间的土壤温度都不存在显著差异。同样地，在 5cm 和 10cm 深度处，不同处理间的土壤温度和蒸发速率没有显著差异。蚂蚁挖掘并铺放在地表的土壤团粒对土壤蒸发过程和温度变化的影响与砾石和结皮的效果类似。与传统的覆盖材料不同的是，降雨过程中土壤团粒结构易水解。大孔隙度的砾石覆盖层允许雨水不断进入土壤，土壤团粒结构水解以后会分解成细小的土壤颗粒并随水流阻塞团粒层的孔隙，使得团粒结构层恢复到裸土的状态。太阳辐射不再受到覆盖物的截留，并且下层土壤的水分可以在毛管力的作用下达到水解层的表面，水解后的团粒结构层失去减缓蒸发的作用，也不再影响土壤温度的变化。蚂蚁挖掘至地表的土壤团粒是不稳定的，模拟降雨实验证明：经过 35 滴雨水打击之后，蚂蚁搬运至地表的所有团粒都会分解，尺寸 4～5mm 的团粒也不再表现出疏水性。

降雨之后，蚂蚁会将巢穴内部湿润的土粒搬运出地表以扩大巢穴。降雨过后，新的团粒层在地表形成，继续影响土壤蒸发和温度的变化。因此，降雨频率和降雨强度成为影响地表土壤团粒总量的重要因素。在野外条件下，团粒覆盖下土壤蒸发的年变化得研究。另外，不同种类的蚂蚁制造的团粒大小不同，体型较小的蚂蚁，如红林蚁(5.4～5.6mm)和草地铺道蚁(2.6～3.9mm)，制造的小团粒对土壤蒸发的影响可能会与日本弓背蚁不同。

日本弓背蚁蚁丘由土壤团粒组成，此类团粒直径显著大于六道沟小流域的沙粒直径。与土壤基质相比，松散堆积在土壤表面的蚂蚁团粒形成的蚁丘容重更小、孔隙度更大。尽管蚁丘通常比周围土壤干燥，但大孔隙度的蚁丘阻止毛管水上升，并且蚁丘中的水蒸气可以减少表面蒸发，并使底层的土壤水分较多(Li et al., 2017b)。此外，土丘孔隙中的水蒸气扩散较弱，使得土壤表面水分蒸发减少。在一定范围内，蚁丘减少表面蒸发的能力与蚁丘的孔隙度密切相关，更厚的蚁丘延长了水蒸气从蚁丘孔隙向空气扩散的路径。蚁丘也通过抑制土壤蒸发来影响土壤温度变化，有蚁丘覆盖的土壤比没有蚁丘覆盖的土壤散发的潜热更低，蒸发量更小，从而保持了土壤热量，使蚁丘保持较高的温度。本小节中，团粒层有助于保持地表覆盖物和土壤中的土壤水分和温度。

气候、地形、土壤、植被和外部干扰对蚁丘密度影响很大，人为干扰是影响地栖性蚂蚁密度和数量的重要因素之一。砍伐森林行为间接抑制了昆虫的增长，并对木蚁群落造成严重破坏。本书在苜蓿、柠条和撂荒生境中发现的蚁巢比在农田中发现的蚁巢多，后者受农业活动高度干扰。在农田中只发现 4 个蚂蚁巢穴，在坡地底部没有发现蚁巢或蚁丘。位于水蚀风蚀交错带中心的六道沟小流域，裸地或农作物斜坡上的强烈土壤侵蚀导致蚂蚁群落或蚂蚁巢穴缺失。与其他处理相比，苜蓿处理中较大的蚁丘密度可能是植被间区域稀疏所致。蚁丘的平均直径和体积分别为 34.8cm 和 754.5cm^3，远大于中华红林蚁(21.2cm 和 346.5cm^3)和草地铺道蚁(5.1cm 和 30.6cm^3)。中华红林蚁蚁丘的体积随着林龄的增加而增加，蚁丘大小并不取决于降雨量、海拔、坡度、坡向和植被类型等环境参数。本节四种处理之间的土丘大小差异不显著($P>0.05$)。

8.4 蚁丘对枯落物分解的影响

植物枯落物能够为土壤提供营养，并促进微生物的繁殖，同时枯落物分解在生态系统中起着关键作用。枯落物类型、温度、湿度、pH 和微生物等诸多因素都会对枯落物的分解产生重大影响。土壤动物是枯落物层分解的重要组成部分，因为其可以改变许多生态系统的分解速率和养分转化过程。例如，千足虫、蚯蚓和线虫通过压碎和消化枯落物来影响分解，从而提高微生物活性。虽然学者已经评估了蚂蚁活动对土壤理化性质的影响，但蚁丘对枯落物分解的影响还缺少定量研究。假设覆盖叶片枯落物的蚁丘会明显影响土壤蒸发和温度，从而间接地改变微生物活性，进而影响枯落物分解过程。

在明确了蚁丘对土壤蒸发和温度影响机制的基础上，利用土柱试验研究日本弓背蚁蚁丘土覆盖、中华红林蚁蚁丘土覆盖和日本弓背蚁蚁群对枯落物分解的影响。日本弓背蚁和中华红林蚁广泛分布于六道沟小流域。分别收集日本弓背蚁和中华红林蚁蚁丘土于自封袋内，各自混匀后取出部分自然风干，用于测定初始理化性质，另一部分低温保存，用于后续土壤酶和微生物的测定。四组试验处理分别为自然分解(CK)、日本弓背蚁蚁丘土覆盖(CAM)，中华红林蚁蚁丘土覆盖(FOR)和日本弓背蚁蚁群(ANT)。ANT 处理是将日本弓背蚁蚁群放入高 250mm 的 PVC 土柱内，为防止其逃逸，事先在 PVC 土柱上方涂抹滑石粉与乙醇的混合液，同时用橡皮筋将透气且密实的网布固定在土柱上方。为明确枯落物分解对土壤养分的影响，同时布设 4 个无枯落物的裸土作为对照处理。

覆盖处理类型对苜蓿枯落物养分释放量具有极显著影响，多重比较结果显示：同一覆盖处理下，枯落物养分含量随分解时间的延长均不同程度降低，但整体未达显著水平(表 8-6)；仅在日本弓背蚁蚁丘土覆盖处理中，枯落物碳含量随分解时间显著降低(图 8-14)。对无覆盖处理(CK)而言，随着分解试验的进行，枯落物碳含量较初始值显著降低，变化范围为 45.08～65.21g · kg^{-1}；枯落物氮含量有所下降，而枯落物磷含量不降反升。在分解第 50 天(2022.9.28)时，日本弓背蚁蚁丘土覆盖、中华红林蚁蚁丘土覆盖和日本弓背蚁蚁群的枯落物碳含量和氮含量无显著差异，较初始枯落物碳含量分别下降 45.02%、54.96%和 55.57%，较初始枯落物氮含量分别下降 50.07%、57.21%和 56.42%。对于枯落物磷含量而言，CAM 和 FOR 处理间释放量无显著差异(1.39g · kg^{-1} 和 1.19g · kg^{-1})，ANT 处理中枯落物磷释放量(1.08g · kg^{-1})显著小于 CAM 和 FOR。分解第 78 天(2022.10.26)，CAM、FOR 和 ANT 处理间枯落物碳含量无显著差异，枯落物氮含量和磷含量在 3 种处理间仍差异显著。试验结束时(2022.11.15)，CAM、FOR 和 ANT 处理间枯落物碳含量、氮含量、磷含量均无显著差异，但均显著低于 CK 处理。CK、CAM、FOR 和 ANT 枯落物碳含量较初始值分别下降了 15.06%、65.10%、70.06%和 35.15%；枯落物氮含量分别下降了 0.49%、61.14%、66.49%和 33.57%；枯落物磷含量分别下降了 −18.23%、49.94%、44.43%和 13.52%。比较分解过程中枯落物碳氮比、氮磷比和碳磷比，发现整个分解过程中，CK 和 ANT 处理的碳氮比均小于初始值；分解前期，CAM 和 FOR 处理的碳氮比整体偏大；分解后期，CAM 处理的碳氮比降至最小，约为 6。氮磷比和碳磷比在不同处理间变化相似，即 ANT 处理较小，CAM 和 FOR 处理次之，CK 最大，蚁丘土覆盖显著加快了枯落物养分的释放。

表 8-6　分解时间和覆盖处理对枯落物养分释放量的影响

影响因子	df	碳释放量		氮释放量		磷释放量		枯落物碳氮比		枯落物碳磷比		枯落物氮磷比	
		F	P	F	P	F	P	F	P	F	P	F	P
分解时间(T)	3	0.956	0.418	1.149	0.334	2.353	0.078	1.240	0.301	1.336	0.269	0.505	0.680
覆盖处理(M)	3	69.986	**<0.001**	88.232	**<0.001**	57.752	**<0.001**	1.196	0.317	7.786	**<0.001**	4.349	**0.007**
T × M	9	0.755	0.658	0.643	0.757	0.466	0.893	1.040	0.416	1.446	0.183	1.541	0.148

注：加粗部分表示对参数的影响达显著水平。

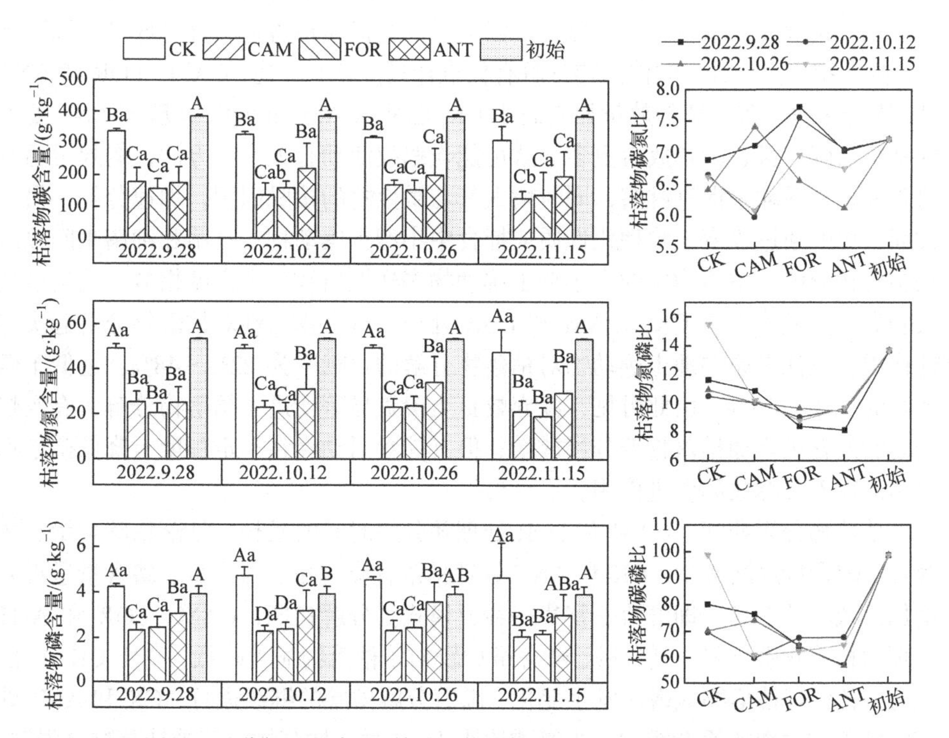

图 8-14　分解过程中不同蚁丘土覆盖处理下苜蓿枯落物养分变化

枯落物分解是一个复杂的过程，取决于温度、湿度、土壤生物和枯落物本身基质质量。分解试验结束时，与苜蓿枯落物初始碳含量、氮含量、磷含量相比，CAM、FOR 和 ANT 处理枯落物碳含量、氮含量、磷含量均显著降低。CK 处理的枯落物碳含量和氮含量虽有所下降，但碳和氮释放量远小于 CAM、FOR 和 ANT 处理，并且 CK 处理枯落物磷含量有所增加(图 8-14)。枯落物养分元素释放通常包括以下 3 种模式：淋溶—富集—释放、富集—释放、直接释放。微生物降解过程中，低基质质量的枯落物会从环境中固定养分，使养分元素释放的时间较长，从而出现枯落物磷元素含量富集现象，分解前期磷含量低的植物在分解过程中易发生磷富集。枯落物分解初期主要是基于物理淋溶作用，水溶性化合物快速分解，然而本节试验为土柱培养控水试验，通过预埋管进行补水，因此水分补给过程对上方枯落物的淋溶作用整体较小。同时，缺少大型土壤动物对枯落物的破碎作用，中小型土壤动物和微生物参与枯落物分解代谢速率减缓，上述原因共同导致 CK 处理枯落物碳氮释放缓慢。随着分解的进行，中小型土壤动物和微生物成为枯落物分解的主要贡献者，外界环境的变化会影响土壤生物对枯落物的分解速率。试验期间，气温从 20℃下降至 0℃，且昼夜温差较大，低温不仅减慢淋溶速率，而且降低土壤动物和微生物活性。CAM 和 FOR 处理的枯落物上方覆盖有蚁丘土，其可在一定程度上维持下方枯落物层温度，以此提高枯落物养分释放量。温度升高，微生物活性增强，对枯落物分解有促进作用。综上所述，CAM、FOR 和 ANT 处理枯落物碳、氮、磷释放量显著高于 CK 处理。CAM 和 FOR 处理较 ANT 处理的枯落物碳、氮、磷释放得更多，这可能与蚂蚁活动有关。一方面，蚂蚁可通过粉碎和采食活动来促进淋溶，同时增大其与微生物的接触面积，加速分解；另一方面，蚂蚁通过改变土壤理化性质或捕食中小型土壤动物、真菌和细菌来间接影响枯落物分解。枯落物层的中小型土壤动物多样性指数、丰富度指数、均匀度指数和类群数显著小于 CK、CAM 和 FOR 处理。微生物活性对枯落物分解起决定性作用，三江平原湿地土壤动物对枯落物分解的贡献率为 22%～48%，远低于微生物的 52%～78%。由此可见，废弃蚁丘土覆盖显著促进了枯落物分解，有蚂蚁活动的蚁丘虽增加枯落物养分释放量，但其捕食活动会在一定程度上降低微生物对枯落物养分释放的促进作用。

枯落物分解期间，CAM 和 FOR 处理随分解时间的延长，枯落物碳含量、氮含量、磷含量逐渐减少，CK 和 ANT 处理枯落物碳含量、氮含量、磷含量呈现先增加后减小的趋势，即淋溶—富集—释放模式。分解初期，CAM、FOR 和 ANT 处理的枯落物碳含量、氮含量、磷含量均较初始枯落物显著降低，高于 CK 处理。此时，各处理枯落物氮磷比发生变化，随着分解试验的继续进行，CK 和 ANT 处理的枯落物氮磷比逐渐增大。当氮磷比小于 10 时，枯落物分解受枯落物氮限制；当氮磷比大于 14 时，分解受枯落物磷限制。为模拟野外真实分解情况，同神木当地气候一致，在 2022 年 10 月 9 日～11 月 14 日对土柱进行干旱处理，仅在 10 月 25 日进行一次补水。此次补水后，各处理枯落物层和蚁丘土层土壤动物多样性指数均有所增加，ANT 处理增加显著。实际上，蚂蚁对枯落物的消耗只有部分被吸收，更多的“枯落物”是以粪便形式再次返回土壤中。蚂蚁也会捕食中小型土壤动物和微生物，ANT 和 CK 处理中甲螨亚目和中气门亚目占比较少，因此中小型土壤动物取食和破碎枯落物的能力及微生物的代谢能力大大削弱。淋溶通常会造成养分流失，微生物降解过程中，固定维持其群落生长繁殖的养分，分解一段时间内枯落物氮、磷含量一般会升高。蚂蚁不断挖掘搬运下方土壤，将枯落物和动物残体掩埋，形成“窒息作用”(赵一军等，2019)，这为微生物的生存创造了良好环境。蚂蚁活动会富集土壤中的有机质，并刺激微生物活性，这与分解后期蚂蚁蚁丘土内土壤微生物分布情况一致，即 ANT 处理蚁丘土中真菌和细菌均较多。CAM 和 FOR 处理因缺少节肢动物捕食者，随分解时间的延长，枯落物碳含量、氮含量、磷含量整体呈逐渐降低的趋势；ANT 处理因中小型土壤动物减少和蚂蚁粪便的再“回收”，部分时期枯落物分解缓慢，微生物群落结构丰富，枯落物释放养分加快。

8.5　本章小结

黄土高原北部的植被恢复可增加蚂蚁和蚁丘的密度。蚂蚁巢穴的存在可以显著地改变土壤水分运动过程，大型蚂蚁巢穴可以促进优先流的形成并增加水分入渗速率和土壤含水量。蚂蚁在径流变化和土壤侵蚀中分别发挥着积极和消极的作用。日本弓背蚁大直径的巢穴可以增加水分的入渗，降低径流速率。蚁丘提供了松散的易蚀团粒，并改变了地表微地形，从而有助于泥沙的产生。考虑到半干旱区土壤干层引起的植被退化，地栖性蚂蚁引起的土壤侵蚀风险应引起重视。

农田的强烈侵蚀对蚁丘的密度产生了负面影响，与土壤基质相比，蚁丘的容重较小，孔隙度较大。大孔隙度的蚁丘覆盖在枯落物上可防止毛管水上升，蚁丘孔隙中的水蒸气可减少表面蒸发，并维持底层较高的土壤含水量，蚁丘也可以通过抑制土壤蒸发来维持土壤温度。覆盖类型极显著影响枯落物层和蚁丘土覆盖层的土壤动物个体数和类群数，覆盖在落叶层上的蚁丘间接促进了枯落物的分解和枯落物养分的释放。蚂蚁的筑巢活动改善了土壤表层的微环境，可能对种子萌发起到重要作用。在半干旱生态系统中，蚂蚁可能在提高土壤质量方面发挥积极作用。研究蚂蚁活动对土壤性质和落叶层分解的间接影响，有助于深入了解土壤动物适应和改变半干旱地区生态系统的机制。

第9章　蚯蚓的生态作用

蚯蚓被称为“生态系统工程师”，蚯蚓的取食活动在很大程度上影响土壤发生、土壤结构发育、水分调节、养分循环、初级生产、土壤微生物群落、气候调节及土壤中污染物的降解转化等过程。蚯蚓可以增加土壤孔隙度，减少或增加容重，增加入渗量，减少地表水流量，防止土壤侵蚀。在温带气候条件下，引入蚯蚓 10a 后的土壤储水量增加了 25%，蚯蚓活动下的耕地灌溉入渗量增加 1.4～2 倍，土壤水分入渗程度与蚯蚓生物量直接相关。Capowiez 等(2014)观察到，土壤理化性质和蚯蚓数量可能对蚯蚓洞穴数量、结构和水分入渗有显著影响。蚯蚓对土壤大孔隙的形成作用已经被很多研究证实。在潮湿气候区，蚯蚓活动常产生土壤大孔隙。蚯蚓挖掘形成的孔隙直径较大、深度较深而且连通性好，对水分和溶质的下渗非常有利。在适合的自然环境下，蚯蚓活动能够形成直径为 2～12mm 的孔隙。土壤大孔隙的形状与蚯蚓种类也有一定关系。在美国威斯康星州的森林土剖面，在 0.91～1.10m 深度的底心层中仍可发现蚯蚓及其洞穴。有的蚯蚓洞穴在过冷或过热时甚至可达到 1.8m 的深度。一方面，蚯蚓洞穴本身提高了土壤的孔隙结构，改善了土体的通气透水能力；另一方面，蚯蚓可以将地表的枯落物拉入洞穴内部，为土壤有机质的形成增加来源。蚯蚓的排泄物本身有机质含量较高，可以增加其洞穴内部的总体有机质含量，进而促进更多次生孔隙的形成。

蚯蚓在土壤表面或土壤剖面内排泄大量粪便，蚯蚓粪不仅能增加土壤有机质，而且具有良好的水稳性。有研究发现，蚯蚓粪可提高土壤微生物活性和土壤持水能力，从而影响土壤养分循环。蚯蚓通过取食和挖洞行为重新分配有机质，并影响土壤中的溶质运移过程。蚯蚓活动增加了土壤有机质周转(碳、氮矿化)和土壤结构，加速了土壤生物理化过程。因此，蚯蚓在未来的农业可持续性方面具有比蚂蚁、白蚁更为突出的作用。已有研究在蚯蚓影响自然生态系统的土壤结构、水分入渗和养分循环等方面进行了大量工作。

按照活动范围，将蚯蚓分为 3 个类群：表栖、内栖和深栖。由于生境和取食习性有所差异，不同类群的蚯蚓表现出不同的生态功能。蚯蚓粪中含有丰富的腐殖质，有利于土壤团聚体的形成(Li et al., 2021)。蚯蚓可以通过改善土壤团聚体来改变土壤结构，在提高大团聚体(粒径>2mm)含量的同时增加水稳性团聚体含量。接种不同生态型的蚯蚓对团聚体的影响差异明显，在形成土壤团聚体过程中，内栖类和深栖类蚯蚓发挥的作用比表栖类更重要。表栖类蚯蚓对团聚体粒径组成没有显著影响，内栖类蚯蚓显著降低土壤微团聚体和黏粒的含量，提高大团聚体含量。

蚯蚓可以通过多种途径影响有机碳的形成与分解：①蚯蚓活动形成的生物孔隙影响土壤团聚体粒径组成,团聚体的形成与分散又影响有机碳的矿化分解速率；②蚯蚓通过取食、排便、搅动等方式影响土壤微生物数量、组成、活性和功能，进而间接影响团聚体有机碳的分布。蚯蚓每天吞食相当于自身体重 1～2 倍的土壤以摄取营养，同时产生大量的粪便。蚯蚓对土壤的混合、挤压及有机质对土壤颗粒的胶结作用，使蚯蚓粪比基质土的稳定性更强。土壤有机碳的含量与土壤团聚体稳定性呈正相关关系，大团聚体的保护作用能让其中的有机质更稳定。也有学者认为，蚯蚓通过取食有机质促进了 CO_2 的排放，降低了土壤碳含量。蚯蚓对土壤碳库的影响还存在不确定性，研究不同粒径团聚体有机碳含量和团聚体稳定性可以为解决这一问题提供重要参考。

蚯蚓活动可以促进养分循环，在植物生长过程中发挥重要作用。在桉树林下接种蚯蚓对桉树根系生物量、根系结构和根系活力产生了显著的影响，蚯蚓活动促进根系的生长，诱导产生大量直径小于 1mm 的新根。蚯蚓能显著地增加作物地上部生物量、地下部生物量和总的生物量。蚯蚓可能通过五条途径促进植物生长：①改善土壤结构；②产生植物生长调节物质；③刺激与植物共生的微生物；④抑制病虫害；⑤提高养分利用率。其中，对土壤结构的影响最为直接，在施用腐熟牛粪和腐熟牛粪+食用菌渣条件下，蚯蚓增加土壤粒径为 0.25～2mm 的团聚体含量、土壤速效氮含量和微生物活性。接种 *Pontoscolex corethrurus* 种植 6 茬作物后，土壤大团聚体含量从 25.4%增加到了 31.2%，进而间接影响植物根系。蚯蚓活动对土壤性质的影响与蚯蚓品种、蚯蚓生物量、土壤类型和施用有机物料的性质都有着极大的联系。

9.1　蚯蚓巢穴结构特征

大型土壤动物普遍地存在于陆地生态环境中，如蚂蚁、白蚁和蚯蚓等。其中，蚯蚓通过进食和掘洞行为改变土壤结构。蚯蚓属于寡毛纲后孔寡毛目，全球已记录的陆栖蚯蚓有 12 科 181 属约 4000 种，我国已记录的有 9 科 28 属 306 种。蚯蚓可以促进土壤生物孔隙的发展，降低土壤容重，对土壤团聚体、总孔隙度和孔径分布有很大影响。它们可以通过改变生物和非生物土壤条件来减缓农业气候变暖的不利影响。蚯蚓排出粪便，并在粪便上挖出洞穴。地下蚯蚓粪产生于地表或洞穴中，形成一个特殊的“管状洞穴”，这增加了土壤的中孔隙和大孔隙数量。蚯蚓粪可增加土壤大孔隙度，但其结构不稳定。X 射线断层扫描技术已被用于准确和直接观察土壤大孔隙，Capowiez 等(2015)通过使用 X 射线断层扫描技术观察了六种常见内栖和深栖蚯蚓的总洞穴体积、生物扰动体积、分支数量、弯曲度和连续性。Amossé 等(2015)研究了不同类型内栖蚯蚓洞穴随时间的变化特征，土壤大孔隙的特征和水分运动过程受蚯蚓的影响显著。很少有研究关注蚯蚓种群与土壤含水量之间的关系。因此，本节旨在使用 X 射线 CT 技术调查不同蚯蚓密度的土壤大孔隙特征和蚯蚓掘洞行为对土壤含水量的影响。

蚯蚓大孔隙在土壤中形成一种特殊的水流运动模式，并改变土壤水的入渗过程，从而影响土壤储水量。土壤储水量因蚯蚓种类和土壤性质而异。随着内栖型和深栖型蚯蚓进行挖掘活动，表土和底土的土壤储水量减少。相反，也有研究认为蚯蚓可以增加土壤水渗透率和土壤储水量，减少土壤侵蚀。蚯蚓洞穴和水分入渗能力是由土壤理化性质和蚯蚓密度决定的，尤其是水分运动过程受到洞穴的形态特征影响，如洞穴的直径、弯曲度和连通性。蚯蚓可使土壤持水量增加 7%～16%，垂直洞穴的长度强烈影响水分入渗过程(Li et al.，2017a)。

已有研究发现，蚯蚓活动会增加土壤中连续的垂直大孔隙数量，改善水分的渗透性，降水强度可以影响蚯蚓的筑巢行为，特别是强降雨会使蚯蚓洞穴数量增加。蚯蚓形成的大孔隙直径在 2～11mm，呈圆形管状，内壁光滑。每平方米蚯蚓可达 100～500 条，可以产生几百个管状孔隙，扭曲度在 1.1～1.2，并且可以从表面连通到心土层，最大深度可达 1.4m，被形象地称为土壤内部的“高速公路”。蚯蚓独特的筑巢活动产生的大孔隙在水分传输中主要依赖三维几何结构和拓扑学特征，形成了洞道内部特殊的水流模式，主要的土壤孔隙结构特征参数为常规洞道特征(直径、长度、数量和方向)和三维洞道特征(密度、连续性、弯曲度和洞穴间的连通性、空间排列特征)。发现除了单独蚯蚓孔洞特征外，蚯蚓洞道的整体空间布局也是影响土壤水分运动的重要因素。随着蚯蚓个体的增长，土壤中直径<0.5mm 生物孔隙不断增加，进而影响植被根系土壤理化特征和微生物活动(Sebastian et al.，2015)。Pelosi 等(2017)对比免耕和传统耕种条件下蚯蚓洞道的发育特征，发现免耕使土壤大孔隙系统结构更加稳定，有利于土壤中的水气传输。Joana 等(2019)等研究发现，在作物留茬条件下，蚯蚓活动产生的水稳性大团聚体增加了 2.5～30cm 深度土层的土壤孔隙度。

此外，蚯蚓活动对土壤团聚体也具有一定的影响。一方面，蚯蚓通过取食和筑巢将地表枯落物拉入洞穴内部，增加了土壤有机质的含量，而且其排泄物本身也具有高含量的有机质，改变土壤团聚体结构，促进土壤中大团聚体的形成，使粒径>10mm 土壤团聚体占比增加 7.6%，粒径<2mm 土壤团聚体占比减少 7.1%。接种蚯蚓后，土壤中粒径>2mm 的大团聚体占比显著增加 17.6%，粒径<0.053mm 的黏砂砾占比显著减少 19.7%。蚯蚓活动使得土壤中粒径>2mm 的大团聚体占比从 25.4%增加到 31.2%，粒径<0.5mm 的团聚体占比从 35.4%降低到 27.4%。另一方面，蚯蚓通过分泌黏液、排泄粪便、取食微生物、提高土壤有机质含量等间接作用，影响土壤中微团聚体结构，增强土壤团聚体的稳定性。蚯蚓通过取食土壤颗粒，破坏团聚体间的胶结力，降低团聚体的稳定性，但其生物化学过程会增加团聚体稳定性。王笑等(2017)对威廉腔环蚓(*Metaphire guillelmi*)和赤子爱胜蚓(*Eisenia foetida*)两种生态型蚯蚓下的土壤性质和微生物群落特征进行了研究，发现两种蚯蚓均提高了土壤孔隙度和土壤团聚体的稳定性。可见，蚯蚓洞道系统的结构和空间布局及土壤团聚体结构特征是改变土壤结构的重要影响因素。

9.1.1 不同蚯蚓密度条件下的土壤大孔隙特征

在西北农林科技大学水土保持研究所布设土柱试验，挑选精力充沛和性成熟的蚯蚓接种到土柱中。在每个土柱中引入不同密度的蚯蚓，即没有蚯蚓(CK，0 条)、低密度蚯蚓(LDE，3 条)和高密度蚯蚓(HDE，10 条)。接种蚯蚓后 33d，采用电击法将蚯蚓从土柱中驱逐。在杨凌示范区医院用飞利浦 MX16 CT 仪扫描柱子，获得 CT 图像，然后存储数据用于后续的图像分析。

接种蚯蚓条件下，土壤大孔隙度、大孔隙直径、成圆率和大孔隙数量明显不同于无蚯蚓处理(CK)。不同蚯蚓密度处理下的土壤大孔隙特征如图 9-1 和表 9-1

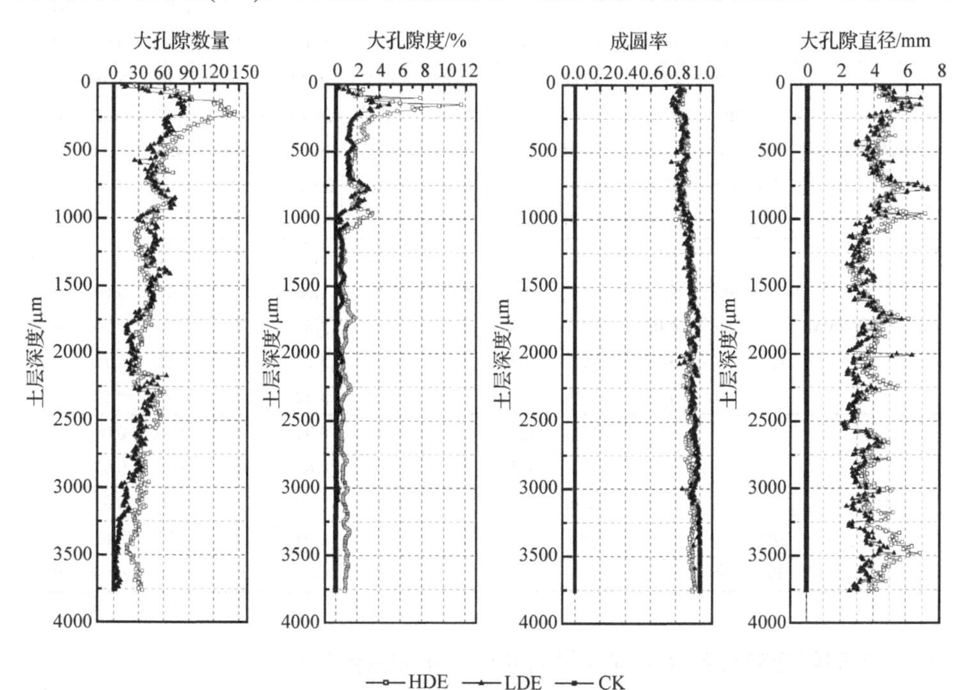

图 9-1 不同蚯蚓密度处理下的土壤大孔隙数量、大孔隙度、成圆率、大孔隙直径

所示。蚯蚓密度越大的土柱，土壤大孔隙越多，大孔隙密度越大，大孔隙直径越大。HDE 处理的土壤大孔隙数量平均值是 LDE 处理的 1.3 倍。HDE 处理的大孔隙度为 1.35%，是 LDE 处理(0.61%)的 2.2 倍。土壤大孔隙直径为 2.12～7.30mm(图 9-1)，HDE 处理的平均大孔隙直径(4.20mm)大于 LDE 处理(3.70mm)。随着土层深度的增加，平均成圆率从 0.76 增加到 1.00，平均成圆率随着土层深度的增加而增加(表 9-1)，但随着蚯蚓密度变化的变化不显著。土壤表面的大孔隙度和大孔隙数量最大，是蚯蚓的主要活动区域。在 HDE 处理下，0～80mm 土层的大孔隙度是 280～380mm 土层的 3 倍。在不考虑蚯蚓密度的情况下，HDE 和 LDE 处理下均显示表层土壤中洞穴数量显著大于深层土壤(P<0.05)。

表 9-1　不同蚯蚓密度下 0～80mm、80～180mm、180～280mm 和 280～380mm 土层的大孔隙特征

孔隙特征	土层深度/mm	HDE 处理					LDE 处理				
		平均值	最大值	最小值	标准差	变异系数	平均值	最大值	最小值	标准差	变异系数
大孔隙度/%	0～380	1.35	11.60	0.43	1.26	0.93	0.61	4.94	0	0.85	1.39
	0～80	2.77	11.60	0.70	2.02	0.73	1.81	4.94	0.15	0.96	0.53
	80～180	1.21	3.45	0.43	0.73	0.60	0.65	2.67	0.03	0.56	0.86
	180～280	0.75	1.39	0.47	0.21	0.28	0.17	0.72	0.03	0.14	0.82
	280～380	0.93	1.30	0.66	0.16	0.17	0.41	0.28	0.002	0.06	0.15
大孔隙数量	0～380	45.30	145.00	15.50	23.87	0.53	35.37	91.00	1.50	20.99	0.60
	0～80	78.03	145.00	25.00	29.89	0.38	56.49	91.00	10.50	17.27	0.31
	80～180	42.82	72.00	25.50	9.92	0.23	46.56	74.00	14.50	12.50	0.27
	180～280	37.42	61.00	23.00	10.66	0.28	30.54	64.00	15.00	10.40	0.34
	280～380	28.83	42.50	15.50	6.11	0.21	10.74	33.50	1.50	8.41	0.78
大孔隙直径/mm	0～380	4.20	7.16	2.34	0.91	0.22	3.70	7.30	2.12	0.93	0.25
	0～80	4.71	6.62	3.69	0.64	0.14	4.66	6.62	3.69	0.64	0.14
	80～180	4.02	7.16	2.48	1.03	0.26	3.67	5.74	2.39	0.75	0.20
	180～280	3.77	5.53	2.34	0.71	0.19	3.24	6.38	2.12	0.70	0.22
	280～380	4.43	6.88	3.12	0.89	0.20	3.42	5.30	2.38	0.57	0.17
成圆率	0～380	0.91	0.98	0.79	0.04	0.04	0.92	1.00	0.76	0.06	0.06
	0～80	0.86	0.91	0.76	0.03	0.03	0.84	0.90	0.76	0.03	0.04
	80～180	0.91	0.96	0.80	0.33	0.36	0.91	0.99	0.80	0.39	0.43
	180～280	0.92	0.96	0.86	0.02	0.02	0.95	0.99	0.83	0.03	0.03
	280～380	0.94	0.98	0.89	0.02	0.02	0.98	1.00	0.86	0.03	0.03

9.1.2　不同蚯蚓密度条件下洞穴的内部可视化和三维量化

不同蚯蚓密度下的土柱三维图像如图 9-2 所示。蚯蚓增加了土壤的大孔隙，且 HDE 处理下土壤深层呈现更多的大孔隙。HDE 处理下洞穴的长度大于 LDE 处理(图 9-2)。三维大孔隙的分支密度、节点密度和连通度见表 9-2。HDE 处理的大孔隙分支密度为 0.15 个 · cm^{-3}，是 LDE 处理(0.06 个 · cm^{-3})的 2.5 倍。HDE 处理的节点密度(0.15 个 · cm^{-3})也远大于 LDE 处理的节点密度(0.03 个 · cm^{-3})。HDE 和 LDE 处理下的大孔隙连通度分别为 0.05 和 0.01。

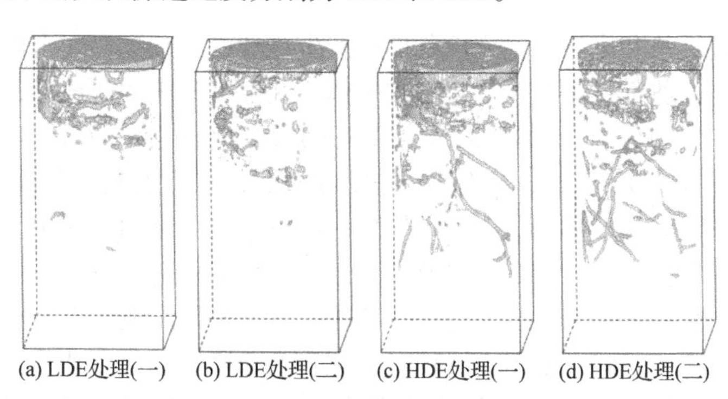
(a) LDE处理(一)　(b) LDE处理(二)　(c) HDE处理(一)　(d) HDE处理(二)

图 9-2　不同蚯蚓密度条件下的土柱三维图像

表 9-2　高密度蚯蚓(HDE)和低密度蚯蚓(LDE)处理下的大孔隙分支密度、节点密度和连通度

处理	分支密度/(个 · cm^{-3})	节点密度/(个 · cm^{-3})	连通度	容重/(g · cm^{-3})
HDE	0.15	0.15	0.05	1.35
LDE	0.06	0.03	0.01	1.39
CK	0.00	0.00	0.00	1.40

蚯蚓在土壤中活动，取食土壤而形成垂直洞道。在土柱实验中，蚯蚓活动增加了总孔隙数和大孔隙数。蚯蚓洞穴数量取决于蚯蚓密度，蚯蚓密度越大，大孔隙数和大孔隙度越大。通过计算机断层扫描(CT)和 Image-J 软件获得大孔隙特征。与常规方法相比，CT 可以直接准确地获得土壤微观孔隙结构的三维图像。蚯蚓的洞穴中充满了蚯蚓粪，使图 9-2 中的洞穴较短且不连续。此外，蚯蚓有更好的分支洞穴和 HDE 处理下的连接系统。HDE 处理下，大孔隙的连通度是 LDE 处理的五倍。洞穴的数量随着深度的增加而减少(图 9-2)。不同蚯蚓种类的洞穴形态特征也不同。例如，深栖类蚯蚓从地表到核心土层建造垂直的洞穴，内生性的穴居动物洞穴则呈现狭窄的分支弯曲(Capowiez et al.，2014)。其他洞穴系统特征也随着时间和蚯蚓密度增加而显著增加。此外，蚯蚓在土壤表面或洞穴内排泄大量的粪便，这些蚯蚓粪有较多的毛细孔，这会增加土壤的孔隙度。相比蚁巢(直径 4.1～6.6mm)(Li et al.，2017a)，内栖类蚯蚓的大孔隙直径(2.12～7.30mm)要大得多，但小于鼠妇的洞穴直径(Li et al.，2018)。内栖类蚯蚓的最大洞穴长度可延伸至地下 1.2～1.4m(Cey et al.，2009)，远大于鼠妇的洞穴长度(46.3cm)(Li et al.，2018)。孔

隙越多，土壤容重越小，通过改善土壤孔隙条件，上层土壤容重从 1.40g · cm^{-3} 下降到 1.35g · cm^{-3}。蚯蚓洞穴对耕作层土壤结构有正向影响。

9.2 蚯蚓对坡面水土过程的影响

蚯蚓通过筑巢和排泄，在土壤剖面中产生连续的大孔隙，在土壤内部和表面产生蚯蚓粪，这些都显著改变了土壤团聚体、孔隙度和表面微地形，进而影响土壤水分入渗和土壤侵蚀。土壤水分运动受蚯蚓洞穴特征(洞穴直径、弯曲度和连通度等)的影响。*Nicodrilus giardi* 的洞穴深度可达 0.4m，有的甚至超过 1m。与土壤表面相连的洞穴有利于降雨进入深层土壤，特别是在强降雨事件中。由于蚯蚓对地表枯落物的取食行为，大量的蚯蚓可能会增加坡面径流量和土壤流失量。Wang 等(2021)对亚热带森林蚯蚓的蚯蚓粪产量进行了监测，发现研究地点的年地表蚯蚓粪产量为 8.3t · hm^{-2}。蚯蚓粪沉积在土壤表面和挖掘形成的破碎土块改变了土壤结构和地表微地形。降雨期间，雨滴和地表径流会破坏新鲜蚯蚓粪的物理结构，进而增加土壤侵蚀的土壤颗粒来源。

土壤侵蚀是一个全球性的环境问题，是土壤退化最严重的威胁之一。土壤侵蚀会导致土壤流失、土壤肥力下降、水体污染和水库淤积。坡面水流剪切应力、土壤抗侵蚀能力和坡面水流速度是决定坡面土壤侵蚀的三个主要因素，主要影响因素包括坡度、降雨强度、土壤特征等。坡度对土壤侵蚀的演变过程和侵蚀强度起着重要作用，在一定程度上决定着径流的侵蚀和输送能力。降雨和径流是土壤侵蚀的主要因素，在恒定强度的实验条件下，侵蚀峰与径流峰之间存在明显的正相关关系。考虑到气候变化导致极端降水的频率增加，土壤侵蚀的风险和强度可能会增强。降低地表径流的流速，增加入渗能力、土地覆盖和土壤表面粗糙度，可以缓解土壤侵蚀。初始含水量是中低强度暴雨期间控制径流的重要因素，对土壤抗径流侵蚀能力有非常重要的影响。研究人员已经发现，土壤动物对土壤侵蚀有很大的影响(Li et al.，2018)。蚯蚓的产粪活动极大地促进了土壤侵蚀，但蚯蚓在土壤剖面中筑巢，增强了水分垂直输送，改变土壤水分分布格局，减少地表径流和土壤侵蚀。虽然已有几项研究调查了蚯蚓与土壤侵蚀之间的关系，但蚯蚓是促进还是减弱土壤侵蚀尚不清楚，蚯蚓洞穴促进了土壤水分的渗透，定量评价蚯蚓活动对径流和土壤侵蚀影响的研究很少。

9.2.1 蚯蚓活动对地表径流的影响

本小节试验选取一种我国广泛分布、适应干燥环境的蚯蚓优势种——威廉腔环蚓，将 150 条左右的蚯蚓引种到栽种苜蓿的土槽中，苜蓿长至 30cm 左右时进行刈割。在水土保持研究所模拟降雨大厅开展模拟降雨试验。试验前，将对照和蚯蚓处理的土槽坡度分别调整为 5°、10°和 15°。在土壤中安装三根管子(长 100cm，直径 2.8cm)，测定土壤剖面含水量，量化蚯蚓活动对不同坡度下土壤水分、径流特征和土壤侵蚀速率的影响。

降雨强度为 80mm · h^{-1} 时，6 个土槽发生地表径流，有蚯蚓和无蚯蚓(对照)处理的地表径流开始时间无显著差异。坡度为 5°、10°和 15°时，有蚯蚓处理的平均径流速率分别为 0.28mm · min^{-1}、0.65mm · min^{-1} 和 0.46mm · min^{-1}，无蚯蚓处理的平均径流速率分别为 0.92mm · min^{-1}、0.75mm · min^{-1} 和 0.75mm · min^{-1}(表 9-3 和图 9-3(a)～(c))。与对照处理相比，蚯蚓处理在 5°、10°和 15°坡度下的平均径流速率分别降低了 70%、13%和 39%。在有蚯蚓的 10°土槽中有最大的平均径流速率，无蚯蚓处理的最大平均径流速率出现在 5°以下的土槽中。坡度为 5°、10°和 15°时，有蚯蚓处理的植被覆盖度分别为 74%、63%和 67%，无蚯蚓处理的植被覆盖度分别为 57%、68%和 58%。

表 9-3　有蚯蚓和无蚯蚓处理不同坡度的径流速率、含沙量和土壤侵蚀速率

测定指标	处理	坡度		
		5°	10°	15°
平均径流速率/(mm · min^{-1})	有蚯蚓	0.28	0.65	0.46
	无蚯蚓	0.92	0.75	0.75
平均含沙量/(kg · m^{-3})	有蚯蚓	2.5	12.8	8.5
	无蚯蚓	2.3	6.4	3.8
平均土壤侵蚀速率/(g · m^{-2} · min^{-1})	有蚯蚓	0.71	5.96	3.83
	无蚯蚓	1.42	4.21	2.63

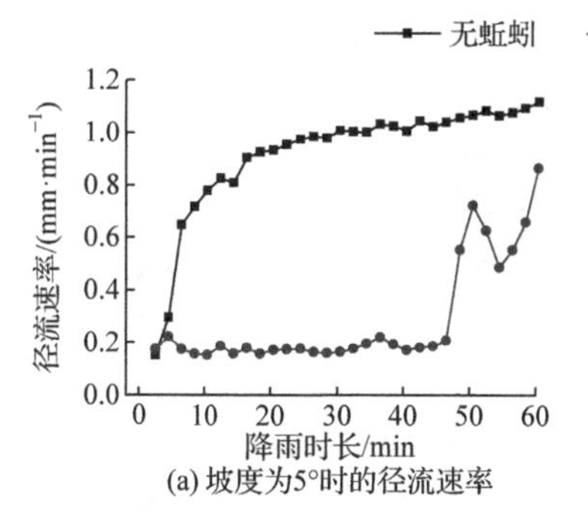

(a) 坡度为5°时的径流速率

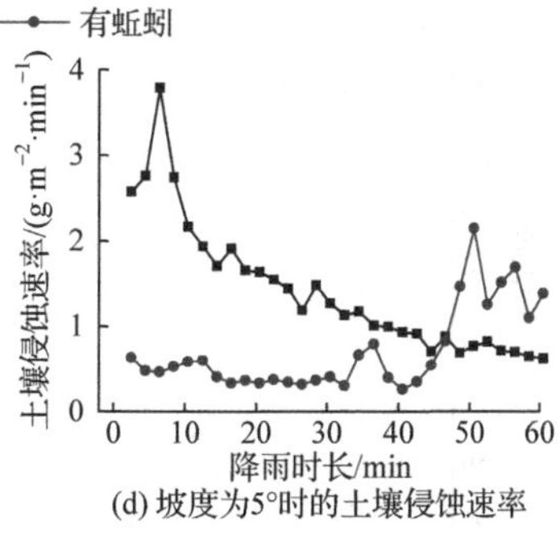

(d) 坡度为5°时的土壤侵蚀速率

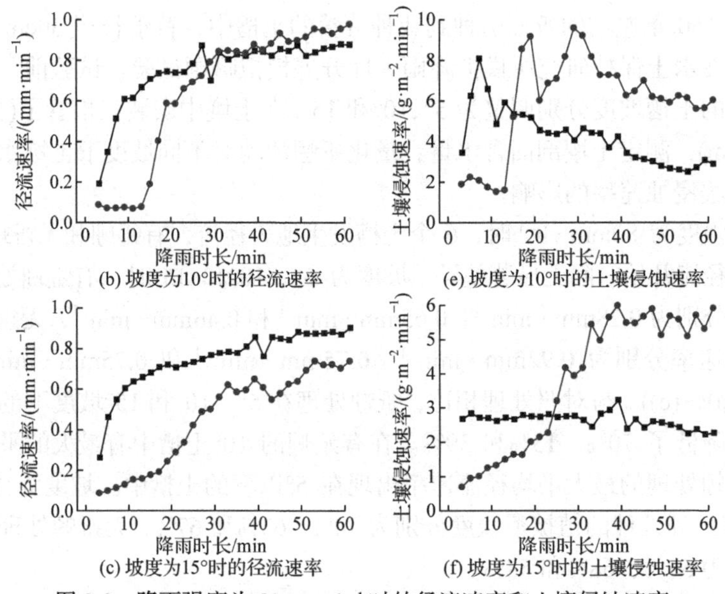

图 9-3　降雨强度为 80mm · h^{-1} 时的径流速率和土壤侵蚀速率

9.2.2　蚯蚓活动对土壤水分的影响

利用 0～90cm 土层的 SWC 分布和土壤储水量(SWS)来评价蚯蚓活动对土壤水分的贡献(图 9-4 和表 9-4)。模拟降雨后，与降雨前相比，SWC 显著增加(P<0.05)，尤其是 0～20cm 土层。模拟降雨后 24h，土壤水分继续向土层深层渗透。在土壤水分入渗、土壤表面蒸发和苜蓿吸水的共同作用下，有蚯蚓处理 0～30cm 土层剖面 SWC 下降，无蚯蚓处理 0～20cm 土层剖面 SWC 下降。有蚯蚓处理 50～90cm 土层 SWC 增量显著(P<0.05)大于无蚯蚓处理(图 9-4)。因此，有蚯蚓处理较无蚯蚓处理显著促进了土壤水分入渗。5°、10°和 15°下，有蚯蚓处理的 SWS 增量分别

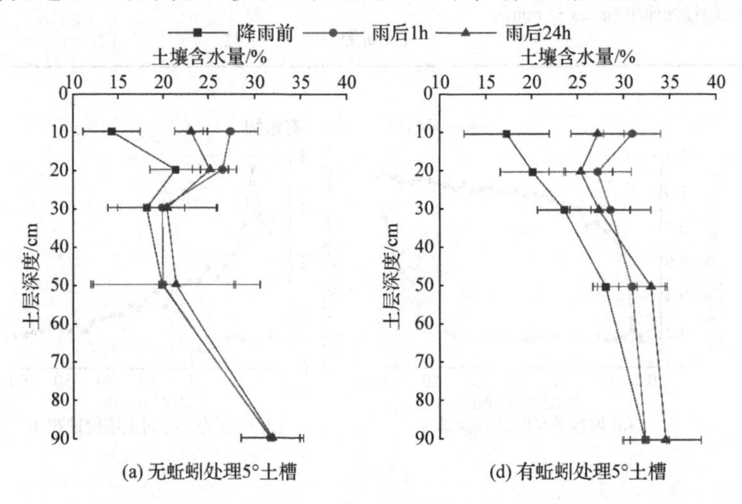

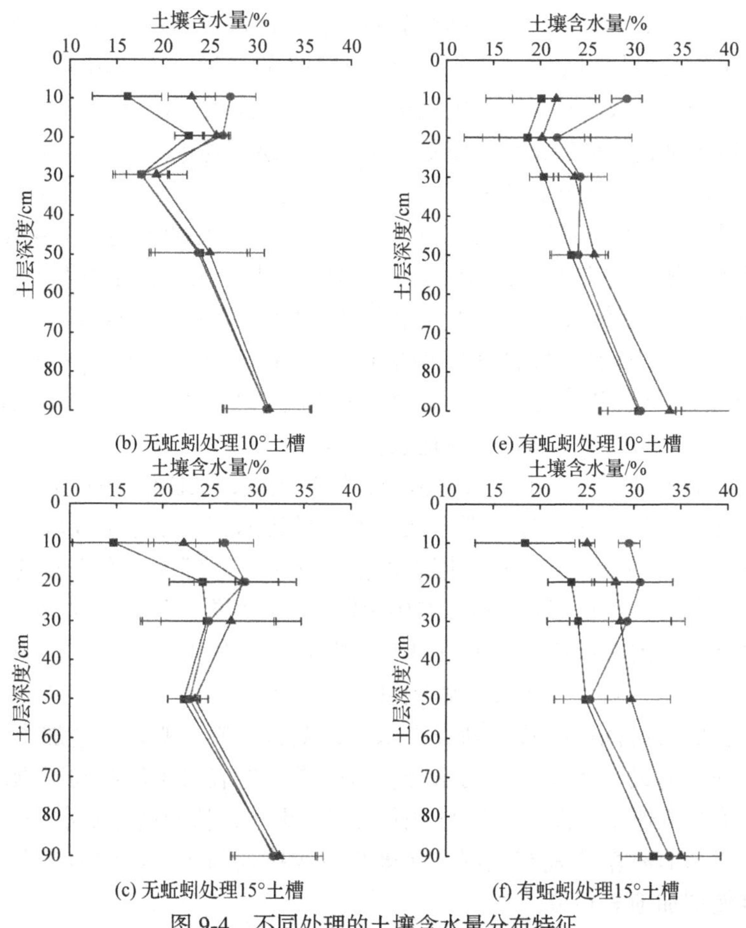

(b) 无蚯蚓处理10°土槽　(e) 有蚯蚓处理10°土槽

(c) 无蚯蚓处理15°土槽　(f) 有蚯蚓处理15°土槽

图 9-4　不同处理的土壤含水量分布特征

为 41.2mm、24.0mm 和 34.9mm，分别比无蚯蚓处理(21.2mm、16.0mm 和 20.4mm)大 93%、51%和 70%。有蚯蚓和无蚯蚓处理下，SWS 的增量在 5°处最大，在 10°处最小。

表 9-4　坡度为 5°、10°和 15°情况下不同处理的土壤储水量　(单位：mm)

处理	5°			10°			15°		
	降雨前	降雨后	增量	降雨前	降雨后	增量	降雨前	降雨后	增量
有蚯蚓	236.7	277.9	41.2	214.3	238.3	24.0	239.2	274.1	34.9
无蚯蚓	201.6	222.8	21.2	216.0	232.0	16.0	223.2	243.6	20.4

蚯蚓洞穴的连续大孔隙极大改变了土壤孔隙度，雨水可以快速流入土壤。本小节有蚯蚓处理与无蚯蚓处理降雨后土壤水分分布的差异表明，蚯蚓洞穴对水分入渗有显著影响。当土壤表面被密封时，蚯蚓洞穴是水分通过土壤剖面优先转移的唯一途径。蚯蚓重复使用的紧实洞穴是稳定的，它们可以作为大孔通道多年保

持结构。虽然蚯蚓洞穴的入口可能被粪便覆盖，但这些洞穴并不是完全封闭的，在降雨时仍然可以作为水流的优先通道。降雨期间，蚯蚓粪受到雨滴打击后破碎，暴露出更多的洞口或孔区。蚯蚓的洞道深度可达 0.4m，有些甚至超过 1m。深洞穴蚯蚓可以为优先流创造条件，蚯蚓洞越深，水越容易进入深层土壤。不同种类的蚯蚓挖的洞道大小不同，蚯蚓洞穴入口直径大，孔隙网络连续，对水分入渗和土壤侵蚀具有积极作用(Ma et al.，2021)。本小节所有蚯蚓(平均体重 4.4g±0.8g)在 0.5h 内钻入土壤，并在土壤表面留下至少 150 个洞，洞口直径约为 5mm。Li 等(2019b)研究了蚂蚁巢穴对土壤水文过程的影响，发现蚁洞较大的针毛收获蚁(*Messor aciculatus*)(洞口直径 0.33cm)和日本弓背蚁(*Camponotus japonicas*)(洞口直径 0.56cm)的巢穴促进水分入渗，减少地表径流。较大的洞穴入口可以促进水分入渗，使水进入深层土壤从而减少地表径流。

蚯蚓对地表径流表现出复杂的影响，包括筑巢、取食枯落物和在地表产粪。与无蚯蚓处理相比，有蚯蚓处理降低了地表径流速率。蚯蚓不仅取食土壤，还消耗大量的地表枯落物，并在土壤表面留下粪便。蚯蚓粪含有丰富的有机物，具有良好的保水性和透气性。Li 等(2020)发现，蚯蚓粪可以减少水分蒸发，提高土壤保水能力。内源性蚯蚓每天可以产生质量大约为自身质量 5 倍的粪便，本小节大部分孔洞被蚯蚓粪覆盖，蚯蚓继续在土壤表面产粪。新生产的蚯蚓粪含水量较高，随着时间的推移逐渐失去水分，变得干燥。蚯蚓粪增加了土壤与雨滴的接触面，有助于吸收更多的水分。蚯蚓粪在地表对水流起到了物理拦截作用，降低了径流速率，促进大量的水进入深层土壤，从而增加了水分入渗速率。另外，几乎所有枯落物是在土壤表面被吃掉或拉入洞穴，这增加了土壤暴露程度，也可能增加地表径流。

9.2.3 蚯蚓活动对土壤侵蚀的影响

虽然蚯蚓的活动降低了径流速率，但增加了径流的平均含沙量。在坡度为 5°、10°和 15°的土槽中，径流的平均含沙量分别为 $2.5\text{kg}\cdot\text{m}^{-3}$、$12.8\text{kg}\cdot\text{m}^{-3}$ 和 $8.5\text{kg}\cdot\text{m}^{-3}$，比对照区(分别为 $2.3\text{kg}\cdot\text{m}^{-3}$、$6.4\text{kg}\cdot\text{m}^{-3}$ 和 $3.8\text{kg}\cdot\text{m}^{-3}$)的数值高 9%、100%和 124%(表 9-3)。无论是否有蚯蚓，平均含沙量在坡度为 10°时最大，在坡度为 5°时最小(图 9-5)。在无蚯蚓的土槽中，其含沙量在降雨期间下降，最终趋于稳定。而在蚯蚓处理土槽中，除了坡度为 10°的土槽中产流后 20min 时段外，降雨过程中含沙量相对稳定(图 9-5)。

本小节中，蚯蚓和坡度对土壤侵蚀均有影响。坡度为 10°和 15°时，有蚯蚓处理的平均土壤侵蚀速率分别为 $5.96\text{g}\cdot\text{m}^{-2}\cdot\text{min}^{-1}$ 和 $3.83\text{g}\cdot\text{m}^{-2}\cdot\text{min}^{-1}$，比无蚯蚓处理($4.21\text{g}\cdot\text{m}^{-2}\cdot\text{min}^{-1}$ 和 $2.63\text{g}\cdot\text{m}^{-2}\cdot\text{min}^{-1}$)分别大 42%和 46%。坡度为 5°时，有蚯蚓处理的平均土壤侵蚀速率仅为 $0.71\text{g}\cdot\text{m}^{-2}\cdot\text{min}^{-1}$，比无蚯蚓处理($1.42\text{g}\cdot\text{m}^{-2}\cdot\text{min}^{-1}$)小

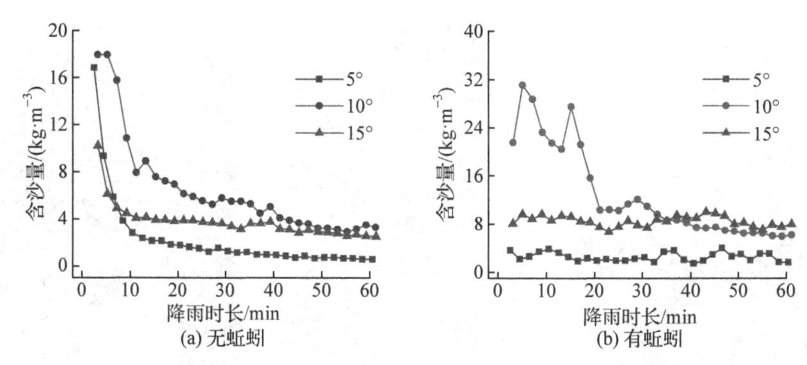

图 9-5 坡度为 5°、10°和 15°、降雨强度为 80mm · h^{-1} 时有无蚯蚓处理的含沙量

50%(图 9-3 和表 9-3)。虽然坡度为 5°处有蚯蚓处理的平均侵蚀速率小于无蚯蚓处理，随着降雨时长的增加，侵蚀速率在 46min 左右超过了无蚯蚓处理，在坡度为 10°和 15°处也出现了这种趋势(图 9-3)。无论蚯蚓是否存在，平均侵蚀速率都在坡度为 10°时最大，在坡度为 5°时最小。

土壤侵蚀过程由多种因素决定，如土壤、地形、植被和保护措施等。土壤表面的土壤颗粒数量影响土壤侵蚀过程，本小节坡度为 5°和 10°的初始土壤侵蚀速率较大，说明降雨前土壤表面存在较多易受侵蚀的土壤颗粒。6 个土槽中苜蓿的平均覆盖度为 65%±6%，土壤表面覆盖了一层苜蓿枯落物[图 9-6(a)]。在降雨过程中，苜蓿及其枯落物保护了土壤表面不被雨滴直接打击，从而减少了土壤侵蚀[图 9-6(b)]。蚯蚓在 2 周内对植被覆盖度没有明显影响，但几乎所有的枯落物都被吃掉或从土壤表面拉入洞穴。蚯蚓对这些枯落物的取食行为降低了植被恢复的土壤维持能力，增加了土壤暴露程度和土壤侵蚀风险。不同坡度下蚯蚓对土壤侵蚀的影响不同，蚯蚓对陡坡(10°和 15°)的土壤侵蚀有较大贡献，而在 5°处蚯蚓对径流的作用更多是负面的。有蚯蚓处理使 5°处的平均径流速率降低了 70%，显著降低了土壤侵蚀速率。

(a) 放入蚯蚓前的土壤表面

(b) 未放入蚯蚓地块的土壤表面(降雨后拍摄)

(c) 蚯蚓在土壤表面的洞穴入口

(d) 蚯蚓粪
(降雨前拍摄)

(e) 洞道蚯蚓粪
(在自然栖息地拍摄)

(f) 蚯蚓粪
(降雨后5min拍摄)

图 9-6　土壤表面和蚯蚓粪

将蚯蚓引入土槽后不断产生蚯蚓粪[图 9-6(d)、(e)]，在模拟实验条件下，蚯蚓粪覆盖整个土壤表面。旧蚯蚓粪比新蚯蚓粪的水稳性更好，对雨滴的抵抗能力更强。几乎所有的蚯蚓粪在降雨过程中发生了崩解[图 9-6(f)]，因此产生了易受降雨或径流影响的土壤材料，没有出现整个蚯蚓粪被地表径流搬运、分离的现象，这些粪便促进了土壤颗粒和养分的流失。蚯蚓粪增加了土壤表面的粗糙度，当降雨开始时，干燥蚯蚓粪吸收水分，蚯蚓粪饱和以后易发生崩解，进而加速侵蚀。降雨期间，蚯蚓粪只以颗粒的形式转移。在越南北部，蚯蚓在地上的排泄活动可以通过减少地表径流来降低土壤侵蚀的风险，而且蚯蚓排泄行为不会加速土壤侵蚀。蚯蚓对土壤的影响因蚯蚓数量和群落组成而异，蚯蚓可以增加入渗，减少地表径流，但同时蚯蚓以枯落物为食，降低植被对土壤的保护能力。蚯蚓的取食和排泄行为增加了地表侵蚀过程的复杂程度。

与蚯蚓产生的土壤团聚体类似，蚂蚁巢穴会促进水分入渗，蚂蚁形成的土壤团聚体很容易解体，并提供松散的土壤颗粒，加剧土壤侵蚀(Li et al.，2019a)。蝼蛄在取食过程中在地表形成水平洞道，破坏地表完整性，也会将新鲜土壤从深层带到地表，在强降雨期间，松散土壤很容易被径流冲走(Li et al.，2018)。穴居啮齿类土壤动物，如高原鼢鼠或中华鼢鼠，可以增强水分入渗，从而减少侵蚀。土壤侵蚀模型应考虑土壤生物因素，但是土壤动物作为侵蚀过程的因子的基本作用还没有得到足够的重视。鉴于全球暴雨频率增加，应该更多地关注蚯蚓等土壤动物对土壤侵蚀的影响。

9.3　本 章 小 结

本章分析了蚯蚓洞道的巢穴结构及其对坡面水土过程的影响，结论如下。

(1) 蚯蚓的活动增强了土壤孔隙特征(大孔隙度、大孔隙直径、大孔隙数量和连通度)。蚯蚓可以增加土壤大孔隙直径，降低土壤容重。这些大孔隙和管状通道改变了水分运移过程，从而影响土壤水分分布。鉴于蚯蚓洞道结构的稳定性特征，在蚯蚓生物量高的区域，蚯蚓活动对土壤大孔隙结构和土壤水分分布的影响不容忽视。

(2) 蚯蚓洞道增加了土壤水分入渗，减少了地表径流，但是由于蚯蚓对土壤和枯落物的取食消化，在土壤表面产生大量的蚯蚓粪，增加了土壤表面的粗糙度，改变了地表微地形，增加了径流中的含沙量，加速了土壤侵蚀。蚯蚓粪在降雨过程中破碎并为侵蚀提供了泥沙来源，蚯蚓粪的产生和分散使地表径流和侵蚀过程复杂化。蚯蚓在土壤侵蚀中的作用不容忽视，特别是在强降雨条件下，应该更加注意蚯蚓和其他土壤动物对侵蚀的影响。

第 10 章　蝼蛄巢穴结构特征及其对土壤水分入渗的影响

蝼蛄作为体型较大的土壤动物，可以形成直径更大的孔隙，成年蝼蛄洞穴通道直径可达 17mm，洞穴深度为 37～67cm，直径、深度的大小取决于蝼蛄的体型。蚂蚁的巢穴结构不仅和蚂蚁的体型有关，还取决于其群落规模，规模越大巢穴越深，结构越复杂(Li et al.，2016a)。白蚁巢穴结构类似于蚂蚁，但是与蚂蚁巢穴相比，白蚁通道更为密集。土壤大型动物，如鼠类，制造的洞穴更为庞大，其直径可以达到数十厘米。

土壤大型无脊椎动物产生的大孔隙，形成小尺度的优先流，从而增加水的入渗，减少地表径流(Li et al.，2017a)。由于生物孔隙具有一定的水稳性，所以巢穴通道在强降雨时达到饱和，并有效提高了水分入渗率。特别是在地表有结皮的土壤中，大型无脊椎动物挖掘的通道延伸到土壤表面，拦截降雨，显著改善了土壤的入渗和深层水分(Yang et al.，2020；Li et al.，2014)，这些都促进了植被的生长和演替。与常见的蚯蚓、蚂蚁、蜣螂、白蚁等“土壤工程师”相比，蝼蛄有较大的身体宽度，往往形成较大的巢穴入口。草食性蝼蛄往往在接近土壤表面形成大量的水平洞道，蝼蛄也可以被视为一种“土壤工程师”。随着六道沟小流域蝼蛄数量的增加，特别是农田土壤蝼蛄数量的显著增加，蝼蛄群落的生态功能应当受到更多的关注，然而人们对蝼蛄巢穴水文功能的研究较少。

蝼蛄科包括 100 多个物种，分布在世界各地。蝼蛄为觅食、保护和交配而挖掘通道，并且大部分的时间在地下度过。草食性蝼蛄以根、叶和新长出的嫩芽为食，从而破坏农作物。草食性蝼蛄挖掘了大量的水平通道，这些通道有利于蝼蛄取食浅层的土壤根系。蝼蛄作为一种地栖性昆虫，具有坚硬的前腿，以便于挖掘。蝼蛄可以产生自身宽度两到三倍的分支通道。蝼蛄是独居土壤动物，它们根据自己的生命阶段发展出各自的通道。蝼蛄的种类和取食行为也影响洞道结构。草食性蝼蛄喜欢挖深洞，肉食性蝼蛄则喜欢挖浅洞，蝼蛄在野外的洞道深度达到 70cm。

蚯蚓可以在土壤表面积累水稳性团聚体，因此可以通过增加水的渗透和表面粗糙度来减少地表径流和土壤侵蚀。另外，蚂蚁可以增加水分入渗，减少侵蚀，特别是在植物被移除的土壤和烧毁的森林中。新鲜的蚯蚓粪、蚂蚁制造的土壤颗粒(Li et al.，2017b)、白蚁产生的蚁丘都容易水解，导致这些土壤颗粒在大雨中发生分离。相比之下，蝼蛄将土壤颗粒从地下移到地面，并通过创造水平洞道来疏松表层土壤。虽然植被覆盖度增加可以控制土壤侵蚀，但是长期的土壤干燥会导致植被的死亡。土壤动物如草食性蝼蛄和啮齿动物，以匍匐植物和禾本科植物的根为食，这将抑制洞穴周围植物的生长，减少植被的覆盖度。在坡地，应深入研究蝼蛄的挖掘活动对土壤水文和侵蚀过程的影响。

分析蝼蛄巢穴结构对理解其对土壤性质的影响具有重要意义。虽然开挖法可以很容易地研究蝼蛄巢穴结构，但这种方法并不直观。有研究人员使用石膏制作了一个三维立体结构研究巢穴结构。此外，CT 法已被用于蚯蚓、白蚁和蚂蚁的巢穴结构研究(Capowiez et al.，2016；Rab et al.，2014)。利用 CT 法在野外对巢穴结构进行重构并没有得到广泛的应用。本章以稀释的牙科石膏浆充填蝼蛄巢穴，以研究其真实结构。

10.1　蝼蛄巢穴结构特征

华北蝼蛄巢穴由水平洞道和垂直洞道两部分组成，水平洞道靠近土壤表面，疏松表面土壤，并相互交叉。在裸地和结皮土地中，成年蝼蛄形成的水平洞道面积(179.7cm^2 和 189.1cm^2)显著大于未成年蝼蛄(100.5cm^2 和 95.1cm^2)(P<0.01)。成年蝼蛄的水平洞道分支比未成年蝼蛄的更复杂(图 10-1)。地表条件对水平洞道面积的影响不显著(P>0.05)。垂直洞道与水平洞道连接良好。大部分垂直洞穴由单一的洞道组成[图 10-1(a)和(b)]，有些巢穴偶尔有两个入口[图 10-1(c)]；有些巢穴呈倒置的 Y 字形，表面只有一个入口[图 10-1(d)]。

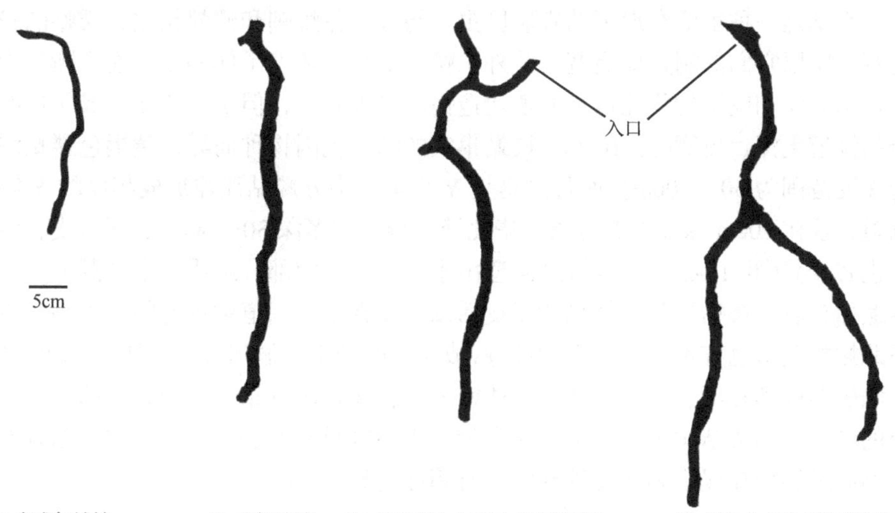

(a) 未成年蝼蛄典型垂直洞道　(b) 成年蝼蛄典型垂直洞道　(c) 具有两个入口的非典型结构　(d) 具有分支的非典型结构

图 10-1　蝼蛄的典型垂直洞道结构和非典型结构

成年蝼蛄和未成年蝼蛄的洞道长度、直径、体积和表面积等方面差异显著(表 10-1)。洞道的平均直径约为其体宽的 2.9 倍。裸土处理和结皮处理下，成年蝼蛄形成的垂直洞道直径分别为 1.6cm 和 1.5cm，明显大于未成年蝼蛄(1.0cm 和 0.9cm)(P<0.01)。成年蝼蛄比未成年蝼蛄更容易形成较深的洞道(P<0.05)。如不考虑地表条件，成年蝼蛄巢深(46.3cm)约为未成年蝼蛄巢深(30.0cm)的 1.54 倍。垂直洞道的体积和表面积与长度和直径显著相关。成年蝼蛄在裸土和结皮处理土壤中挖穴的土量分别是未成年蝼蛄的 1.74 倍和 1.47 倍。成年蝼蛄和未成年蝼蛄在裸土、结皮处理下的洞道内表面积分别为 220.5cm^2 和 116.2cm^2、198.5cm^2 和 112.7cm^2。在有无结皮的情况下，垂直通道特征的差异不显著。

表 10-1　裸土和有结皮土壤中未成年蝼蛄和成年蝼蛄的水平洞道结构对比

指标	裸土处理		结皮处理	
	未成年蝼蛄	成年蝼蛄	未成年蝼蛄	成年蝼蛄
水平洞道面积/cm^2	100.5±11.3^a	179.7±29.7^b	95.1±4.9^a	189.1±20.3^b
垂直洞道直径/cm	1.0±0.14^a	1.6±0.2^b	0.9±0.1^a	1.5±0.2^b
垂直洞道长度/cm	29.1±3.2^a	49.3±6.1^b	31.0±3.9^a	43.3±5.3^b
垂直洞道体积/cm^3	49.1±15.2^a	85.4±23.8^a	51.9±15.6^a	76.4±21.1^a
垂直洞道内表面积/cm^2	116.2±18.5^a	220.5±29.8^b	112.7±20.9^a	198.5±24.3^b

注：同一指标不同字母标注表示差异显著(P<0.05)，后同。

蝼蛄是一种生活在地下的穴居昆虫。与大多数蚯蚓和蚂蚁相比，蝼蛄的身体更宽，所以它们的洞穴要更宽。此外，蝼蛄的巢穴随着个体的生长而不断发生变化。未成年和成年的华北蝼蛄洞道建造情况基本相似，但是成年比未成年蝼蛄建造的洞道更深、更宽(表 10-1)。蝼蛄巢穴的结构也因物种而异，黄褐色蝼蛄洞道的深度范围为 50～70cm，而且总是呈 Y 字形。南方蝼蛄往往形成相反的 Y 字形洞道，且在 10cm 深度处有分支。华北蝼蛄洞道大多深 30～60cm，无分支，但偶尔也有变异(图 10-2)。东方蝼蛄洞道由水平和垂直两部分组成。水平洞道是为了躲避捕食者，蝼蛄越冬、休息和蜕皮活动都是在垂直洞道中进行的。本小节中，华北蝼蛄洞道也有水平和垂直的部分，成年蝼蛄的水平洞道数量多于未成年蝼蛄。土壤的湿度和硬度、环境条件、个体密度和食物资源分布几个因素共同决定了洞道的结构。洞道结构也受到土壤含水量、土壤容重和地表盖度的影响。据观测，蝼蛄洞道结构在裸土和结皮处理中没有明显差异。

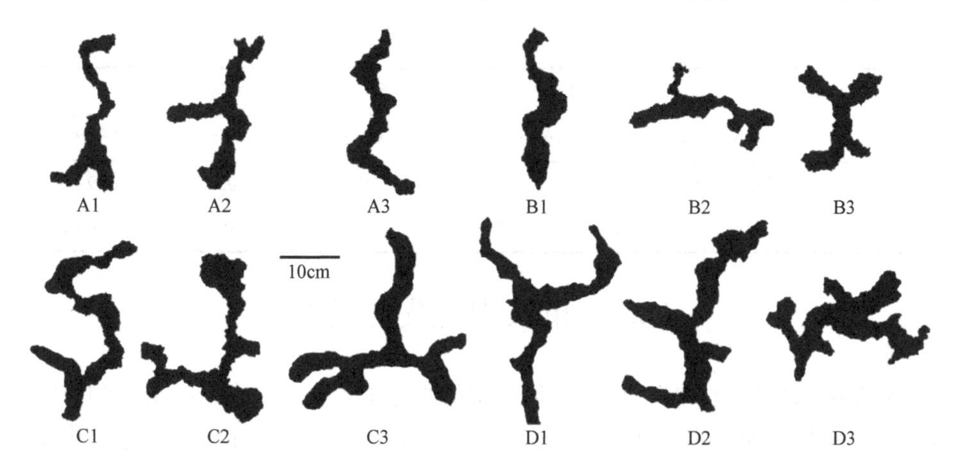

图 10-2　裸土和有结皮土壤中未成年蝼蛄和成年蝼蛄的水平洞道结构

A1～A3 为裸土处理的未成年蝼蛄水平洞道结构；B1～B3 为结皮处理的未成年蝼蛄水平洞道结构；C1～C3 为裸土处理的成年蝼蛄水平洞道结构；D1～D3 为结皮处理的成年蝼蛄水平洞道结构

10.2　蝼蛄对土壤表面径流和泥沙流失的影响

表 10-2 显示了在裸土和结皮处理下成年蝼蛄、未成年蝼蛄巢穴和无巢穴的土壤表面径流开始时间、径流量和产沙量。巢穴的存在对地表水文过程有明显的影响，水平通道截留了雨水，减少了径流。在裸土和结皮处理下，成年蝼蛄巢穴土壤的径流开始时间明显晚于无巢穴土壤(P<0.05)(表 10-2)。在无巢穴的裸土处理下，平均径流量为 881.4g，占总降雨量 1130.4g 的 78%；成年和未成年蝼蛄巢穴土壤的径流量为 521.5g 和 682.6g，相比没有巢穴的土壤径流量分别减少了 40.8%和 22.6%。同样地，蝼蛄巢穴也促进了结皮土壤中径流量的减少。结皮处理下有成年蝼蛄巢穴和未成年蝼蛄巢穴的平均径流量(549.3g 和 703.9g)显著低于无巢穴的平均径流量(1039.6g)(P<0.05)。此外，有成年蝼蛄巢穴和未成年蝼蛄巢穴的土壤中，其径流量也有显著性差异(P<0.05)。覆盖水平洞道的松散土可以显著(P<0.01)影响降雨期间土壤损失量。无巢穴的裸土平均产沙量为 5.0g，无巢穴的结皮土壤产沙量为 0。在裸土和结皮处理下，有巢穴土壤的产沙量显著高于无巢穴土壤，成年蝼蛄巢穴土壤的产沙量(35.3g 和 29.1g)明显高于未成年蝼蛄巢穴(22.1g 和 19.4g)。蝼蛄在筑巢和取食过程中产生的松散土壤越多，土壤流失的可能性就越大。

表 10-2　裸土和结皮处理下有无蝼蛄巢穴土壤坡面径流开始时间、径流量和产沙量

指标	裸土处理			结皮处理		
	对照(无巢穴)	未成年蝼蛄巢穴	成年蝼蛄巢穴	对照(无巢穴)	未成年蝼蛄巢穴	成年蝼蛄巢穴
径流开始时间/s	21 ± 2^{a}	27 ± 3^{ab}	33 ± 4^{b}	17 ± 4^{a}	24 ± 4^{ab}	30 ± 6^{b}

续表

指标	裸土处理			结皮处理		
	对照(无巢穴)	未成年蝼蛄巢穴	成年蝼蛄巢穴	对照(无巢穴)	未成年蝼蛄巢穴	成年蝼蛄巢穴
径流量/g	881.4±90.9[a]	682.6±61.7[b]	521.5±55.3[c]	1039.6±99.1[a]	703.9±61.2[b]	549.3±68.3[c]
产沙量/g	5.0±1.5[a]	22.1±4.7[b]	35.3±6.2[c]	0[a]	19.4±3.9[b]	29.1±4.5[c]

10.3　巢穴内优先流特征

蝼蛄的水平洞道截留了雨水，使更多的水分进入土壤，在蝼蛄巢穴的土壤剖面上观察到优先流。由图 10-3 和表 10-3 可以看出，有巢穴土壤的染色面积和染色深度明显大于无巢穴土壤(P<0.05)。裸土中，成年蝼蛄巢穴和未成年蝼蛄巢穴土壤染色面积分别为 240.1cm^2 和 152.1cm^2，分别是无巢穴土壤染色面积(123.4cm^2)的 1.9 倍和 1.2 倍。在结皮处理下，成年蝼蛄巢穴、未成年蝼蛄巢穴和无巢穴土的染色面积分别为 238.4cm^2、132.0cm^2 和 82.1cm^2，三种处理的染色面积差异显著(P<0.05)。结皮处理无巢穴土壤的染色面积(82.1cm^2)明显小于裸土处理(123.4cm^2)。蝼蛄巢穴显著(P<0.01)提高了入渗深度，裸土和结皮处理下无巢穴土壤的染色深度分别为 10.2cm 和 6.6cm，明显小于有巢穴土壤(>30cm)。有成年蝼蛄巢穴的土壤染色深度较大，裸土和结皮处理下的染色深度分别为 47.6cm 和 47.0cm，

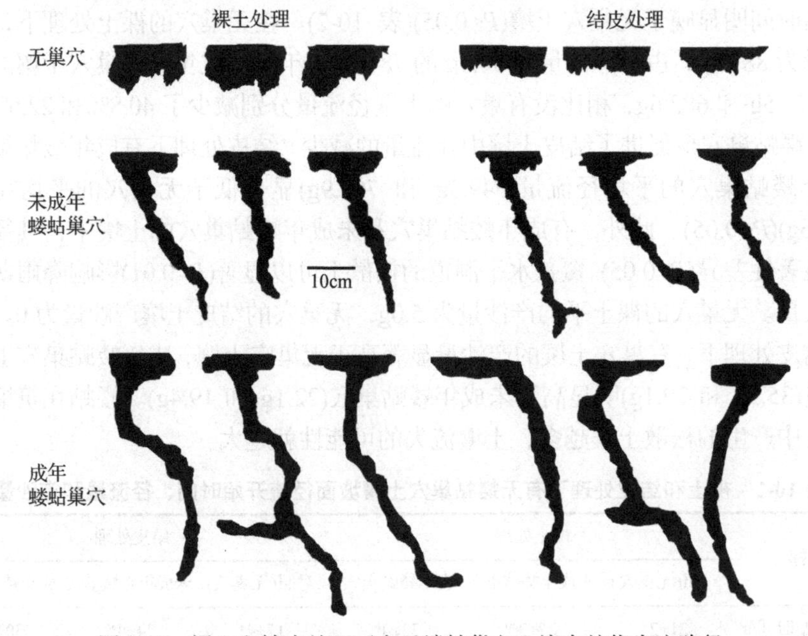

图 10-3　裸土和结皮处理下有无蝼蛄巢穴土壤中的优先流路径

有未成年蝼蛄巢穴土壤的染色深度明显较小($P<0.01$)，裸土和结皮处理下的染色深度分别为 31.1cm 和 32.9cm。由于巢穴的存在，水流优先到达较深的土壤。有巢穴土壤的染色宽度显著小于无巢穴土壤的染色宽度($P<0.01$)，成年蝼蛄巢穴和未成年蝼蛄巢穴土壤的染色宽度差异不显著($P>0.05$)(表 10-3)。由此表明，蝼蛄巢穴明显改变了水分在土壤剖面上的再分布。

表 10-3　裸土和结皮处理下有无蝼蛄巢穴土壤中的优先流特征

指标	裸土处理			结皮土处理		
	对照(无巢穴)	未成年蝼蛄	成年蝼蛄	对照(无巢穴)	未成年蝼蛄	成年蝼蛄
染色面积/cm²	123.4±10.3ᵃ	152.1±12.1ᵇ	240.1±31.4ᶜ	82.1±11.7ᵃ	132.0±15.5ᵇ	238.4±33.9ᶜ
染色深度/cm	10.2±0.3ᵃ	31.1±2.2ᵇ	47.6±3.3ᶜ	6.6±0.2ᵃ	32.9±3.9ᵇ	47.0±1.9ᶜ
染色宽度/cm	12.1±1.2ᵃ	4.9±0.3ᵇ	5.0±0.5ᵇ	13.4±2.1ᵃ	4.1±0.8ᵇ	5.1±0.7ᵇ

10.4　蝼蛄巢穴对土壤水分分布的影响

裸土和结皮处理下 0～60cm 土层的土壤剖面水分分布情况如图 10-4 所示。浅层(0～5cm)土壤含水量明显高于深层土壤，有成年蝼蛄巢穴、未成年蝼蛄巢穴和无巢穴土壤含水量差异不显著($P>0.05$)。裸土处理下，无巢穴土壤含水量在 5～10cm 土层急剧下降(从 22.2%下降到 12.6%)，有巢穴土壤含水量变化较小。结果

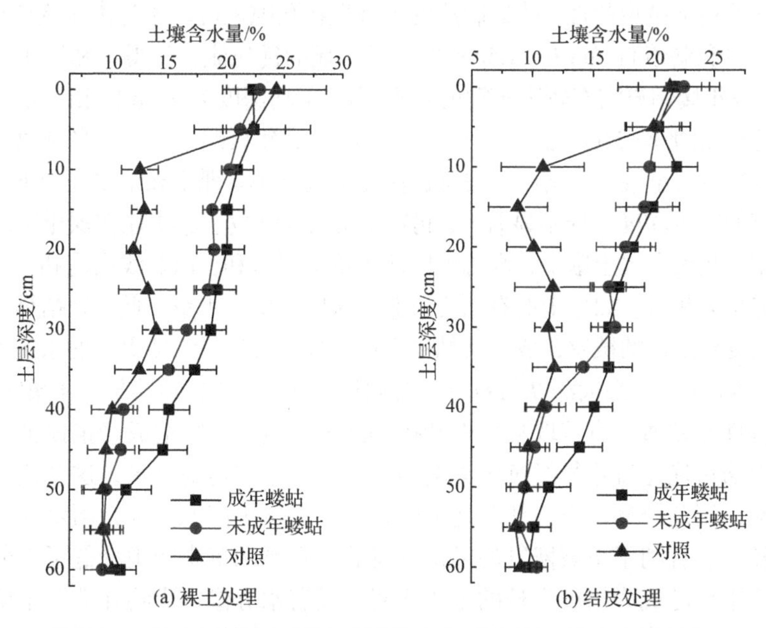

图 10-4　裸土和结皮处理下有无蝼蛄巢穴情况的土壤含水量对比

表明，有巢穴与无巢穴土壤含水量在 10cm 深度处差异最大。成年蝼蛄巢穴和未成年蝼蛄巢穴土壤含水量分别比无巢穴土壤高 8.4%和 7.7%[图 10-4(a)]。成年蝼蛄巢穴和未成年蝼蛄巢穴都增加了深层土壤的含水量，未成年蝼蛄巢穴有助于提高 10～30cm 土层的土壤含水量，较成年蝼蛄巢穴(10～45cm)浅。此外，在 40cm 和 45cm 深度处，成年蝼蛄巢穴土壤含水量显著高于未成年蝼蛄巢穴和无巢穴土壤含水量，50～60cm 土层的土壤含水量不受蝼蛄巢穴的影响。结皮处理下蝼蛄巢穴对土壤水分分布的影响与裸土相似。

栖息在土壤中的昆虫会挖掘土壤并放到巢穴入口处，暴露在太阳辐射下，土壤表面的松散颗粒很容易干燥(Li et al.，2017)，土壤含水量可以低至 1.4%。蚯蚓粪在降雨期间具有水稳性，与蚯蚓粪不同，蝼蛄在土壤表面产生的土壤颗粒很容易变湿，在强降雨期间被径流冲走。成年蝼蛄巢穴在水平洞道上覆盖的松散土量明显(P<0.01)大于未成年蝼蛄巢穴，其泥沙损失量也显著高于未成年蝼蛄巢穴。水平洞道可以作为收集雨水的通道，雨水又可以填满垂直洞道。大孔隙是强降雨后大部分水进入深层土壤的优先通道，可以帮助减少径流，研究较多的是蚯蚓、蚂蚁和白蚁的生物孔隙。蝼蛄巢穴也限制了地表径流，尤其是在结皮土壤中。成年蝼蛄巢穴土壤的径流量明显(P<0.05)小于未成年蝼蛄巢穴土壤。在成年蝼蛄巢穴中，水平洞道的面积越大，垂直洞道的面积也越大。生物孔隙充填水时，洞道壁对水的渗透起着重要作用。此外，蝼蛄巢穴对径流的影响在结皮土壤中比在裸土中更明显，一个可能的原因是生物土壤结皮的出现增加了径流量，并减少了土壤水分入渗。

与其他地下昆虫相似，蝼蛄制造的土壤生物孔隙也可以作为优先流通道。较大的巢穴入口和洞道直径(1.0～1.5cm)形成了明显的优先流，使得水和溶质到达更深的土壤。成年蝼蛄巢穴有较宽较深的垂直洞道(平均深度为 47cm)，相比未成年蝼蛄巢穴染色深度(平均 32cm)更大。可能的原因是，成年蝼蛄巢穴中水平洞道的面积更大。无蝼蛄巢穴土壤中，结皮使得染色深度大大减小。裸土和结皮处理下，土壤中垂直洞道的染色深度差异不显著。华北蝼蛄巢穴在结皮土壤中比在裸土中起着更重要的作用。在无巢穴土壤中，水流可以使土壤深层饱和，而非浅层饱和，这与本小节的研究结果相符。如果土壤有结皮，那么深层土壤含水量较低。蝼蛄巢穴可以减少地表结皮对雨水的截留，成年蝼蛄巢穴比未成年蝼蛄巢穴使更多的水进入更深的土壤。本小节巢穴的最大深度为 60cm，降雨后的水分入渗深度明显大于巢穴的深度。

草食性蝼蛄通过直接取食树根和挖掘地下洞道对植物造成严重损害。农药和肥料可以通过优先流路径经过土壤剖面，有时甚至到达地下水，这会造成很大的污染风险，因此蝼蛄是农田和草地上的害虫。在黄土高原北部，雨水在土壤中的蓄积量较大，有利于植被恢复的可持续发展，夏季的集中降雨降低了水分入渗效率，土壤干燥已成为植被生长的主要障碍。随着水分渗入生物孔隙，土壤表层的养分进入深层土壤。土壤养分和水分的积累可能有助于在巢穴中形成“肥岛”，这可能增加土壤养分的空间异质性，并影响幼苗的生长和植物群落的空间分布。蝼蛄的水平洞道可以为其他许多生物提供重要的地下栖息地，如蚂蚁、蜘蛛和甲虫。适当的地下土壤动物密度可以提高陆地生态系统的生物多样性。在坡度大于8°的地区，土壤侵蚀率大于容许侵蚀率。此外，高密度的植被会形成严重的土壤干旱和形成干土层，这可能导致区域植被消失。草食性蝼蛄和啮齿动物会抑制洞穴周围的植物发育，并减少植被覆盖度，植被退化会增加边坡水土流失的风险。为了研究地下巢穴对土壤侵蚀过程的影响，需要进行大范围、长周期的试验。在某些环境中，土壤动物似乎在调节生态系统功能方面发挥了重要作用。在半干旱地区，适度提高地下动物及其巢穴的密度，有利于植被恢复的可持续发展。同时，水土流失风险也不容忽视。在陆地生态系统中，穴居动物对土壤环境和植物群落结构的潜在正、负效应有待进一步研究。

10.5　本章小结

蝼蛄是黄土高原常见的大型土壤动物，个体较大，蝼蛄巢穴在一定程度上改变了土壤结构和水文过程。本章主要分析了野外和室内条件下蝼蛄巢穴结构特征及生态功能，获得主要结论如下。

蝼蛄巢穴洞道直径和体积主要取决于蝼蛄体型。室外调查结果表明，土壤质地、土壤含水量、土壤容重均是影响巢穴结构的重要因素。土壤表面的水平洞道可以拦截降雨并减少径流，从而增加水分入渗。成年蝼蛄具有更大的体型，可能对土壤结构和水分运动产生更大的影响。土壤结皮对蝼蛄巢穴结构没有显著影响。在结皮土壤中，蝼蛄巢穴对土壤水文过程的影响比裸土更为显著。蝼蛄将地下土壤带到地表，而且水平洞道的挖掘破坏了地表的完整性，暴雨期间，这种松散的土壤很容易被径流冲走。

第 11 章　鼢鼠对坡面水土过程的影响

退耕还林(草)工程实施以后，黄土高原水蚀风蚀交错区植被覆盖度显著增加，大面积坡耕地转化为林草地，其气候条件更适宜草本植物的生长，草地成为该地区主要土地利用类型。草地生态系统经常爆发鼠害，草地土壤和植被遭受强烈扰动甚至退化。受植被条件变化、不利自然因素及农牧并存的复杂人为活动的综合影响，黄土高原水蚀风蚀交错区鼠类群落不断发展，鼠类数量显著增加，鼠害问题严峻。

鼢鼠适应性强，主要以植物地下部分为食，对农作物和树木危害很大。鼢鼠缺乏天敌(蛇或鼬鼠)，形成黄土高原主要的鼠害。为了保证农作物安全和植被恢复效益，农民经常使用化学毒物和捕鼠器杀死鼢鼠。根据全国 140 个农区鼠害监测点统计数据，2019 年甘肃、陕西农田鼢鼠密度分别为 8 只 · hm^{-2} 和 10 只 · hm^{-2}，六盘山森林中华鼢鼠的密度为 25～50 只 · hm^{-2}，在没有人类干扰的森林和草地，鼢鼠密度很大。在约 4000 万公顷的黄土高原上至少有 3.2 亿～4 亿只鼢鼠，它们对农业和农林复合造成巨大破坏。

鼢鼠作为典型的地栖性啮齿动物，其独特的堆土造丘行为对草地生态系统扰动明显。鼢鼠挖掘取食过程中将新鲜的土壤推至地表，覆盖草地原有植被，并形成次生裸地。1 只成年鼢鼠 1 年内挖掘的土量可达 1t，同时在地表产生 240 多个鼠丘，黄土高原水蚀风蚀交错区撂荒苜蓿地鼢鼠鼠丘密度为 800～2400 个 · hm^{-2}。鼠丘本身具有较高的土壤侵蚀风险，其土壤疏松、高于地表，在水力和风力作用下极易发生流失。另外，在坡面尺度上，鼠丘群体使坡面草地变得破碎、不平整，进而改变地表水流路径，鼠丘群体引起的坡面地表情况变化导致的坡面土壤侵蚀风险不容忽视。鉴于水蚀风蚀交错区强烈的土壤侵蚀强度和严重的鼠害问题，亟须对该区鼢鼠鼠丘的土壤侵蚀效应进行综合评估，为理解复杂地表环境下的坡面土壤侵蚀过程提供科学依据。

本章将中华鼢鼠饲养在长 2m、宽 0.5m、深 1.0m 的土槽中，在 5°、10°和 15°不同坡度下进行了室内模拟降雨实验，试验用的中华鼢鼠来自甘肃岷县。找到鼢鼠挖掘痕迹后对土壤进行开挖，并把自动捕鼠笼放入地下洞道。捕鼠结束后将鼢鼠带回水土保持研究所，放入种植苜蓿的土槽中，土槽上部焊接铁丝笼防止鼢鼠逃出。待鼢鼠洞道稳定后，进行模拟降雨，采用均匀降雨强度(80mm · h^{-1}，为研究区夏季常见的高强度低频率降雨强度)，产生径流后的降雨持续时间为 60min。

在每个土槽的土壤中用 PR2-6 探头测量 10cm、20cm、30cm、50cm 和 90cm 深度处的土壤含水量。土槽填充土壤后，种植苜蓿，行距约为 15cm(共 12 行)，苜蓿行垂直于水槽的长度方向。苜蓿出苗后，对幼苗进行疏苗，苜蓿的最终密度控制在与田间相似的水平(最终覆盖度约为 90%)。土槽放置在室外，接受降雨和太阳辐射。当自然降雨不足时，用花洒补充适量的水，以确保苜蓿的生长。苜蓿按照农民在田间的习惯进行管理和收割，第二年进行实验室模拟降雨。每个坡度使用两个土槽(有鼢鼠和无鼢鼠)，共 6 个土槽。在将鼢鼠放入土槽之前，使用 PR2-6 探管测量水箱中的土壤剖面含水量，并在模拟降雨 24h 后再次测量土壤剖面含水量。记录产生径流的时间，然后用 5L 水桶收集径流样本，测量径流量。在整个降雨过程中，每隔 2min 测量一次，每个土槽共收集 30 个样品。样品放置 24h，使土壤颗粒沉淀。然后，去除上清液，将湿土在 105℃下烘干并称重，计算土壤侵蚀率。

鼢鼠被放入土槽后立即开始挖洞并建造庇护所。鼢鼠在地面上产生了土丘，在土丘中发现破碎的苜蓿根系。在 3 个无鼢鼠干扰的 5°、10°和 15°土槽中，苜蓿的覆盖度分别为 87%、90%和 92%；在饲养鼢鼠的 5°、10°和 15°土槽中，苜蓿的覆盖度分别为 32%、45%和 43%。鼢鼠形成的土丘覆盖了苜蓿，部分苜蓿被鼢鼠吃掉。降雨期间，土丘部分被侵蚀，洞道系统的部分出入口暴露。土丘土壤容重为(0.82±0.02)g · cm^{-3}，比土壤基质(1.35g · cm^{-3})小 39%，土丘土壤相对疏松，孔隙度较大(69%)。横向洞道开挖过程中，特别是靠近地表表面的洞道开挖过程中，产生的土脊破坏了地表完整性。洞道拱相对稳定。部分洞道坍塌，受损的横向洞道形成小水坑，降雨时可能发展成相互连接的地表沟渠，在坡上形成挡水沟，从而可以截留径流。

野外观测结果表明，洞道系统主要由地面土丘、草食洞道、交通洞道、盲洞道和巢穴组成。草食洞道直径小，内壁粗糙，表面形成扭曲的裂隙土梁，用于觅食植物。交通洞道是连接巢穴和草食洞道的通道，可分为临时交通洞道和永久交通洞道，直径为 8～12cm，内壁光滑。临时交通洞道位于距离地表 18～25cm 处，永久交通洞道位于地表以下 30cm 处。在降雨的情况下，雨水可以进入洞道系统，沿着地下洞道系统渗入深层土壤。

11.1　鼢鼠对坡面地表径流和土壤流失的影响

所有土槽在 80mm · h^{-1} 降雨强度下均产生了径流，径流产生时间并无显著差异(图 11-1)。不同坡度下，对照处理的产流速率分别为 0.32mm · min^{-1}、0.35mm · min^{-1}、0.29mm · min^{-1}，分别约比鼢鼠处理的产流速率(0.04mm · min^{-1}、0.20mm · min^{-1}、0.23mm · min^{-1})大 706%、70%、29%。在鼢鼠处理的土槽，产流速率随坡面坡度

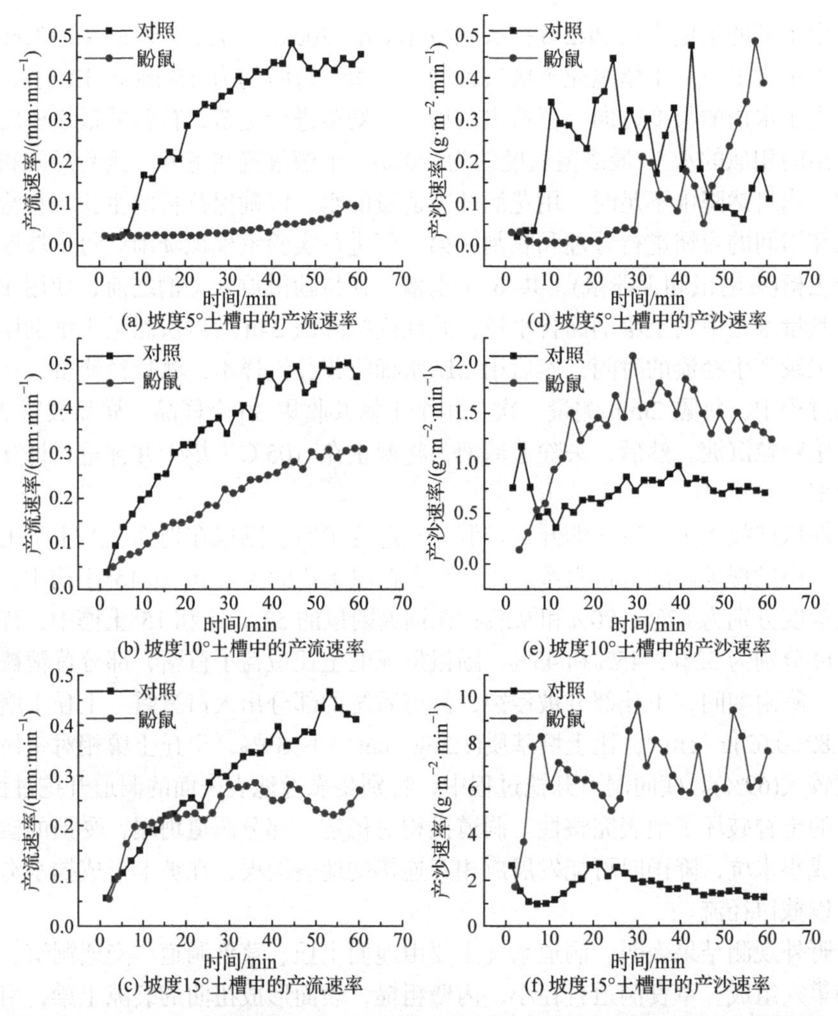

(a) 坡度5°土槽中的产流速率　(d) 坡度5°土槽中的产沙速率

(b) 坡度10°土槽中的产流速率　(e) 坡度10°土槽中的产沙速率

(c) 坡度15°土槽中的产流速率　(f) 坡度15°土槽中的产沙速率

图 11-1　80mm · h^{-1} 降雨强度下 5°、10°和 15°坡度土槽中的产流速率和产沙速率

的增加而增加。在对照土槽，产流速率先增加后减少。在模拟降雨试验开始时，有无鼢鼠的土槽之间产流速率没有显著差异。随着降雨试验的进行，产流速率逐渐增大。除了坡度为 15°的部分时间外，对照处理的产流速率总是大于鼢鼠处理的土槽。虽然鼢鼠的挖掘活动降低了径流量，但增加了土壤侵蚀率。在坡度为 10°和 15°时，鼢鼠处理的土壤产沙速率分别为 1.32g · m^{-2} · min^{-1} 和 6.64g · m^{-2} · min^{-1}，比对照处理(0.73g · m^{-2} · min^{-1} 和 1.71g · m^{-2} · min^{-1})分别大 81%和 288%。在坡度为 5°时，由于基本没有产生径流，鼢鼠处理的产沙速率很低，仅为 0.11g · m^{-2} · min^{-1}，甚至低于对照处理(0.21g · m^{-2} · min^{-1})。坡度对土壤产沙速率有明显影响，不管有没有鼢鼠，土壤产沙速率随坡度的增加而增加。径

流含沙量也随着坡度的增加而增加，鼢鼠进一步促进了径流含沙量的增加。在坡度为 5°、10°和 15°的有鼢鼠土槽中，径流平均含沙量分别为 $2.24kg \cdot m^{-3}$、$6.91kg \cdot m^{-3}$和 $29.95kg \cdot m^{-3}$，分别比对照处理($0.85kg \cdot m^{-3}$、$3.04kg \cdot m^{-3}$ 和 $7.06kg \cdot m^{-3}$)大164%、127%和 324%(图 11-2)。

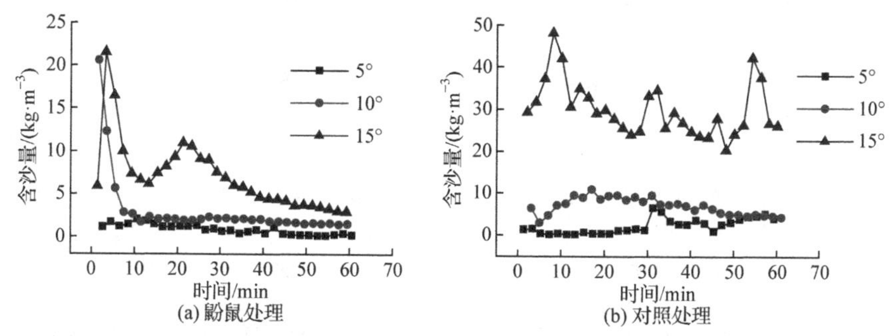

图 11-2　$80mm \cdot h^{-1}$ 降雨强度下有无鼢鼠处理不同坡度土槽中的含沙量变化

11.2　鼢鼠对坡面土壤水分分布的影响

利用 0～90cm 土层土壤水分分布和土壤储水量来评价鼢鼠活动对土壤水分的影响。模拟降雨后，土壤含水量较降雨前显著(P<0.01)增加，且浅层土壤含水量较深层显著增加。鼢鼠处理下的土壤含水量与对照处理相比显著(P<0.05)增加(图 11-3)。降雨后，各土槽的 SWS 显著(P<0.01)增加，鼢鼠处理的土槽 SWS 增加量显著(P<0.01)大于对照处理，特别是在坡度较低的土槽中。在坡度为 5°、10°和15°的鼢鼠土槽中，SWS 的平均增量分别为 63.8mm、54.4mm 和 52.8mm，显著大于对照处理(29.2mm、38.7mm 和 36.5mm)。当坡度较低时，土丘和洞道系统对 SWS 的影响显著。坡度对 SWS 的影响不显著，在鼢鼠处理下，SWS 的平均增量随着坡度的增加而减小，而在对照处理下，SWS 的平均增量呈先增大后减小的趋势。

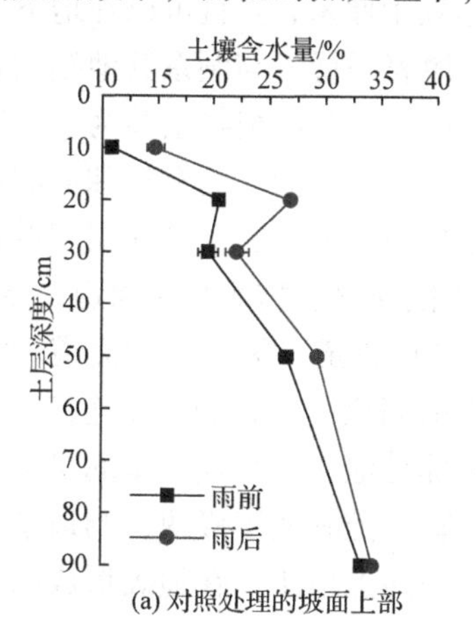

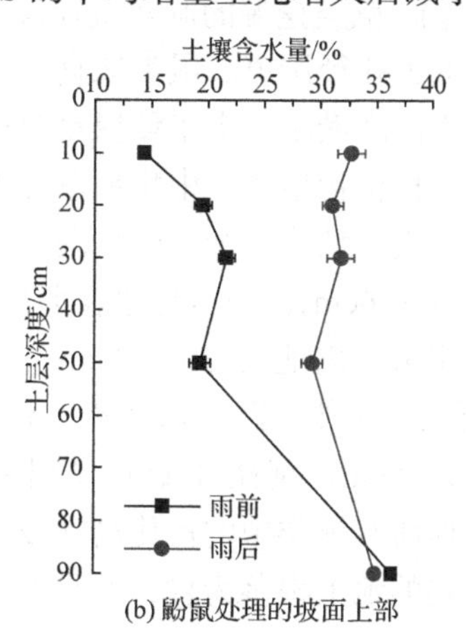

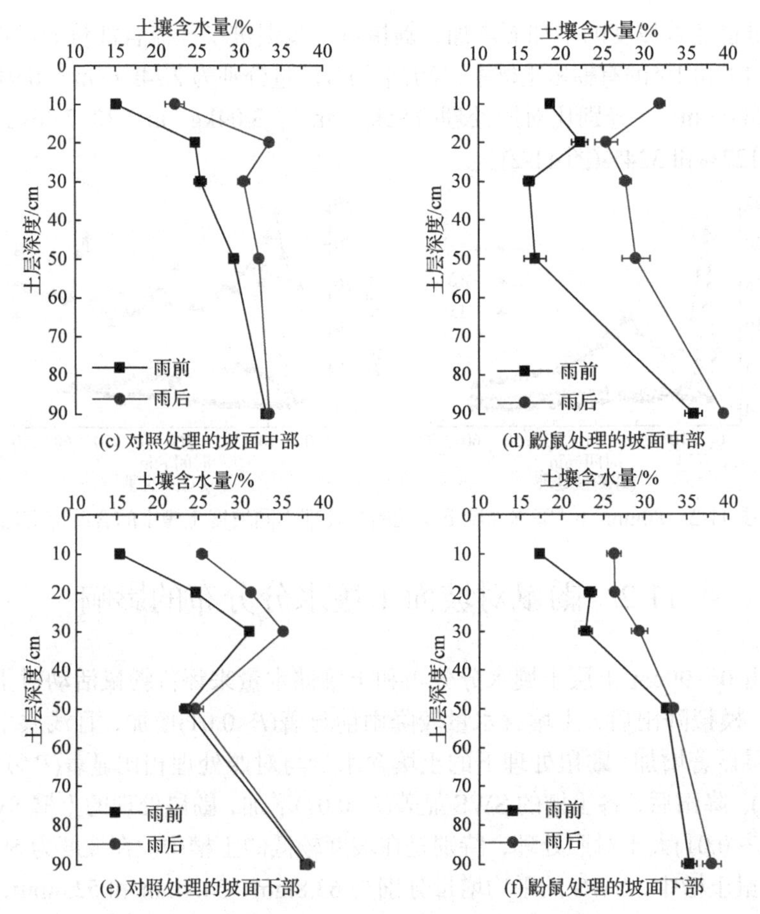

图 11-3 对照处理和鼢鼠处理 5°土槽坡面上部、中部、下部的土壤水分特征

鼠类是陆地生态系统的重要组成部分，与其他土壤动物相比(蚯蚓、蚂蚁、马陆、蝼蛄等)，鼠类挖掘的洞穴直径尺寸高达数十厘米，并且可以在地下形成具有高连通性的大孔径洞道。鼠类取食道一般与地表平行，与洞系其他结构相比，取食道距地表深度最小。中华鼢鼠是典型地下鼠，主要以植物根茎为食，通过挖掘洞道接近目标植物根系。中华鼢鼠几乎终生在地下生活，具有特殊的洞道系统，洞道规模庞大、结构复杂。中华鼢鼠的洞道分为三个层次：第一层“取食道”离地表最近(5～16cm)，基本与地表平行，是鼢鼠搜寻食物的临时通道，专供取食；第二层“主道”离地表 30～50cm，通往各个取食道；第三层“窝道”深度超过1m，主要用于居住、繁殖和过冬。不同层次的洞道由垂直洞道相连接。每只鼢鼠洞道长度约 50m，洞径 12cm。黄土高原北部是地面鼠和地下鼠的交叉分布区，鼢鼠在当地所有鼠类中的占比高达 26.3%。鼢鼠挖洞速度极快，洞道系统复杂；主要以植物的地下根茎为食，并且取食过程中向上顶压，在地表形成凸起的松软

土脊，而且在外界干扰(人、畜踩踏和雨水冲刷)下易下陷形成小沟渠，直接破坏地表完整性，进而可能拦蓄坡面径流，使得水分通过垂直洞道快速进入深层土壤。

中华鼢鼠可以根据土壤质地制订特定的挖掘策略。如果土壤相对疏松，这些啮齿动物不会在地面上形成土丘，而是会利用坚硬的鼻子和强大的肌肉力量在侧壁上压实土壤。当土壤坚硬时，这些啮齿动物会在地上形成土堆。挤压压实可以改善洞道的力学性能，使洞道更坚固，降低洞道侧壁的透水性，并使流入洞道系统的水流沿洞道流向深层土壤。在非交配期，鼢鼠单独居住，营造各自的洞穴。靠近地表的大量横向洞道是为了取食植物根系而挖掘的。当洞穴周边食物缺乏时，鼢鼠会放弃旧的洞穴，另寻食物丰富的地方新建洞穴。鼢鼠繁殖力强，缺乏天敌，在黄土高原已经成为破坏林草的一大害鼠。鼢鼠终年生活在地下，可以将地表植被拖入地下储存，从而可以将大量有机物带入土壤深层，加速了土壤养分的交换。同时，由于鼢鼠特定的习性，会建造单独的腔室作为厕所，这能够在土壤中形成肥岛，改变土壤性质，增加土壤养分及水分异质性，从而影响植物的分布。

本章中，鼢鼠在被放入土槽后开始挖掘隧道。当它们在土里时，土坑的入口被松散的土壤堵住。所有鼢鼠在土壤表面都产生了 7～15cm 高的土堆，与实地调查中的“小土堆”类似。鼢鼠在模拟降雨后仍然活跃，并进一步挖掘土壤形成土丘。高原鼢鼠在高寒草甸的土壤表面每年可沉积至少 1024kg 的土壤，土丘形成一年后，形态特征稳定，土丘高度大多为 7～8cm。青藏高原鼢鼠产生的土丘土壤容重远小于周围土壤，本章试验中也出现了这种现象。横向食草洞道是鼢鼠为了寻找食物而建造的，靠近地表并在地表形成褶皱，当人类和动物践踏或发生强降雨时，食草洞道坍塌，表土进入深层土壤。在本章这项试验中，观察到食草洞道在降雨期间坍塌。

植被在水分入渗和水土保持中起着重要作用，鼢鼠破坏了植被的均匀性，降低了植被覆盖度，增加了裸露地面，从而增加了水土流失的风险。当鼢鼠找到苜蓿根部时，将苜蓿地上部分拖进洞道。经过 3d 的采食，3 个土槽中苜蓿的覆盖度迅速下降，平均有 $0.5m^2$ 苜蓿被破坏。高原鼠兔或鼢鼠等地下啮齿动物是青藏高原草地退化的主要原因，Li 等(2019b)在降雨强度为 $80mm \cdot h^{-1}$、坡度为 15°条件下测量了裸地的产流速率($0.67mm \cdot min^{-1}$)和产沙速率($23.49g \cdot m^{-2} \cdot min^{-1}$)，裸地的产流速率比降雨强度为 $80mm \cdot h^{-1}$、坡度为 15°的苜蓿产流速率($0.29mm \cdot min^{-1}$)大 131%。与裸地相比，植被覆盖降低了产流速率和产沙速率，鼢鼠破坏并取食苜蓿，从而降低了植被覆盖度，促进了侵蚀。

鼢鼠的挖掘活动增加了水分入渗量，改变径流路径，从而减少了径流。随着降雨的进行，土壤入渗速率随地表湿润或饱和而降低，而鼢鼠土堆比较松散且渗透性能良好。更多的水分进入洞道，然后进入深层土壤。土堆抬高了土壤表面，改变了地表微地形。食草洞道形成的地表凸起阻断了径流，延长了径流路径，进一步增强了入渗能力。当食草洞道坍塌时，形成相互连接的地表沟渠，加速了地表水的收集，然后水流沿着洞道迅速进入深层土壤。降雨期间，鼢鼠洞道可能成为地下管道，并允许地表水进入深层土壤层。研究人员还发现，有蚁巢地区的入渗率大约是无蚁巢地区的 20 倍(Li et al.，2017a)。蝼蛄的水平洞穴类似于鼢鼠的食草洞道，也可以拦截降雨，促进径流减少和渗透(Li et al.，2018)。本章试验中，鼢鼠的干扰增加了地表非均质性，使径流过程复杂化。当然，植被也是减少径流的重要因素。

地下啮齿动物挖出土壤是土壤侵蚀的主要来源之一，土丘的容重较小，促进了土壤侵蚀。洞道开挖和土堆堆积使土壤运移过程从线性变为非线性，严重偏离侵蚀模型的预期结果。鼢鼠土丘可以为土壤侵蚀提供泥沙来源，土丘受到不同程度的侵蚀，雨滴将土丘表面压实。鼢鼠的干扰破坏了地表的完整性，增加了地表非均质性，使侵蚀过程复杂化。塌陷洞道系统促进了表层土进入深层，加剧了表层土的流失。洞道坍塌会在地表形成连续的排水沟，雨水顺着沟道汇集并进入土壤深层。在坡地上，鼢鼠地表土丘在雨水冲刷下向坡下移动。在卢森堡阿登地区树木茂密的斜坡上，穴居动物(田鼠和鼹鼠)直接或间接地负责大部分物质运输。虽然动物的活动并不直接引起侵蚀，但它们破坏了土壤表面结构，减少了植被覆盖度，从而加剧了土壤侵蚀。坡度也是影响土壤侵蚀的重要因素，径流含沙量和侵蚀速率随着坡度的增大而显著增加。由于黄土高原植被覆盖度显著提高，鼢鼠的数量可能会大幅增加，鼢鼠等地栖啮齿动物对土壤侵蚀的影响应引起足够的重视，尤其是在陡坡情况下。

11.3　本 章 小 结

大型土壤动物在径流变化和土壤侵蚀中分别发挥着积极和消极的作用。较大直径的鼢鼠巢穴可以增加水分入渗，降低产流速率。鼢鼠筑巢和取食行为的附属产物提供了松散的易蚀土壤颗粒，并改变了地表微地形，从而有助于泥沙的产生。与裸土相比，苜蓿覆盖起到了明显的保护作用，产流速率和产沙速率明显较低。同时，鼢鼠取食地表枯落物增加了地表裸露程度，鼢鼠对植物的取食和破坏行为均削弱了植被对土壤的保护作用。考虑到半干旱区土壤干层引起的植被退化，鼢鼠引起的土壤侵蚀风险应引起重视。

参 考 文 献

白燕娇. 干旱绿洲区枸杞林地土壤动物多样性与土壤健康评价[D]. 银川: 宁夏大学, 2022.

褚海燕, 刘满强, 韦中, 等, 2020. 保持土壤生命力, 保护土壤生物多样性[J]. 科学, 72(6): 4, 38-42.

德海山, 2016. 放牧强度对短花针茅荒漠草原土壤动物群落的影响[D]. 呼和浩特: 内蒙古农业大学.

丁翔, 张月, 朱永恒, 等, 2017. 土壤动物种群空间分布及影响因素研究进展[J]. 湖南农业科学, (1): 119-122.

付晓宇, 2023. 中国温带地带性森林中小型土壤动物格局分异及其与土壤微生物耦联关系研究[D]. 哈尔滨: 哈尔滨师范大学.

傅声雷, 2018. 利用新方法和野外实验平台加强土壤动物多样性及其生态功能的研究[J]. 生物多样性, 26(10): 1031-1033.

傅声雷, 张卫信, 邵元虎, 等, 2019. 土壤生态学–土壤食物网及其生态功能[M]. 北京: 科学出版社.

郭永强, 2020. 黄土高原植被覆盖变化归因分析及其对水储量的影响[D]. 杨凌: 西北农林科技大学.

何振, 2018. 南方不同森林类型土壤节肢动物多样性研究[D]. 北京: 中国林业科学研究院.

胡婵娟, 郭雷, 2012. 植被恢复的生态效应研究进展[J]. 生态环境学报, 21(9): 1640-1646.

金生英, 2014. 三江源区退化高寒草甸恢复与重建中土壤动物群落结构的研究[D]. 西宁: 青海大学.

李妙宇, 2021. 黄土高原生态系统碳储量现状及固碳潜力评估[D]. 杨凌: 中国科学院教育部水土保持与生态环境研究中心.

李相儒, 金钊, 张信宝, 等, 2015. 黄土高原近 60 年生态治理分析及未来发展建议[J]. 地球环境学报, 6(4): 248-254.

李晓强, 殷秀琴, 孙立娜, 2014. 松嫩草原不同演替阶段大型土壤动物功能类群特征[J]. 生态学报, 34(2): 442-450.

刘丹丹, 武海涛, 于洪贤, 等. 2023. 长白山地土壤甲螨和跳虫多样性的海拔梯度格局[J]. 地理科学, 43(7): 1299-1309.

刘国彬, 上官周平, 姚文艺, 等, 2017. 黄土高原生态工程的生态成效[J]. 中国科学院院刊, 32(1): 11-19.

罗鼎晖, 2019. 大金山岛不同植物群落下土壤动物群落特征[D]. 上海: 华东师范大学.

罗益镇, 崔景, 1995. 土壤昆虫学[M]. 北京: 中国农业出版社.

聂立凯, 于政达, 孔范龙, 等, 2019. 土壤动物对土壤碳循环的影响研究进展[J]. 生态学杂志, 38(3): 882-890.

邵元虎, 张卫信, 刘胜杰, 等, 2015. 土壤动物多样性及其生态功能[J]. 生态学报, 35(20): 6614-6625.

孙彩彩, 2022. 高寒草地土壤节肢动物群落结构及其季节动态对放牧方式的响应[D]. 西宁: 青海大学.

孙新, 2021. 吉林省生物多样性・动物志・弹尾纲[M]. 长春: 吉林教育出版社.

王笑, 王帅, 滕明姣, 等, 2017. 两种代表性蚯蚓对设施菜地土壤微生物群落结构及理化性质的影响[J]. 生态学报, 37(15): 5146-5156.

王云强, 邵明安, 刘志鹏, 2012. 黄土高原区域尺度土壤水分空间变异性[J]. 水科学进展, 23(3): 310-316.

谢宝妮, 2016. 黄土高原近 30 年植被覆盖变化及其对气候变化的响应[D]. 杨凌: 西北农林科技大学.

徐帅博, 2020. 宝天曼自然保护区中小型土壤动物群落时空动态及其影响因素研究[D]. 开封: 河南大学.

徐艺逸, 曹敏, 徐国瑞, 2020. 云南省三种典型气候带下凋落物层弹尾类多样性分布格局研究[J]. 生态学报, 40(14): 5008-5017.

闫修民, 2015. 全球变暖对松嫩西部草原中小型土壤动物多样性的影响[D]. 长春: 中国科学院东北地理与农业生态研究所.

杨析, 邵明安, 李同川, 等, 2018. 黄土高原北部日本弓背蚁巢穴结构特征及其影响因素[J]. 土壤学报, 55(4): 868-878.

杨旭, 林琳, 张雪萍, 等, 2016. 松嫩平原典型黑土耕作区中小型土壤动物时空分布特征[J]. 生态学报, 36(11): 3253-3260.

杨阳, 窦艳星, 王宝荣, 等, 2023. 黄土高原土壤有机碳固存机制研究进展[J]. 第四纪研究, 43(2): 509-522.

殷秀琴, 蒋云峰, 陶岩, 等, 2011. 长白山红松阔叶混交林土壤动物生态分布[J]. 地理科学, 31(8): 935-940.

殷秀琴, 宋博, 董炜华, 等, 2010. 我国土壤动物生态地理研究进展[J]. 地理学报, 65(1): 91-102.

尹文英, 2000. 中国土壤动物[M]. 北京: 科学出版社.

尹文英, 2001. 土壤动物学研究的回顾与展望[J]. 生物学通报, 36(8): 1-3.

喻佳洛, 2021. 黄土高原坡面尺度土壤微生物代谢限制机制研究[D]. 杨凌: 中国科学院教育部水土保持与生态环境研究中心.

袁访, 邓承佳, 唐静, 等, 2023. 不同土地利用方式下土壤动物对凋落物的分解作用及影响因素[J]. 土壤学报, 60(2): 568-576.

张家明, 2013. 植被发育斜坡非饱和带土体大孔隙对降雨入渗影响研究[D]. 昆明: 昆明理工大学.

张武, 顾成林, 李富, 等, 2014. 大兴安岭不同冻土环境湿地土壤动物群落特征[J]. 东北林业大学学报, 42(5): 101-104.

赵一军, 赵敏, 毛文娅, 等, 2019. 蚂蚁对草地动植物及土壤作用的研究进展[J]. 云南农业大学学报(自然科学), 34(5): 889-895.

朱永官, 陈保冬, 付伟, 2022. 土壤生态学研究前沿[J]. 科学导报, 40(3): 25-31.

朱永官, 褚海燕, 2023. 土壤生物学[M]. 北京: 高等教育出版社.

ADIS J, HARVEY M S, 2000. How many Arachnida and Myriapoda are there world-wide and in Amazonia?[J]. Studies on Neotropical Fauna and Environment, 35(2): 139-141.

AMOSSÉ J, TURBERG P, ROXANE K M, et al., 2015. Effects of endogeic earthworms on the soil organic matter dynamics and the soil structure in urban and alluvial soil materials[J].Geoderma, (243-244): 50-57.

AYOUB S M, 1980. Plant nematology: An Agricultural Training Aid[M]. Sacramento: Nema Aid Publication.

BAILEY D L, HELD D W, KALRA A, et al., 2015. Biopores from mole crickets (*Scapteriscus* spp.) increase soil hydraulic conductivity and infiltration rates[J]. Applied Soil Ecology, 94: 7-14.

BAR-ON Y M, PHILLIPS R, MILO R, 2018. The biomass distribution on Earth[J]. Proceedings of the National Academy of Sciences, 115(25): 6506-6511.

BELLITÜRK K, FANG L, GORRES J H, 2023. Effect of post-production vermicompost and thermophilic compost blending on nutrient availability[J]. Waste Management, 155: 146-152.

BROWN J, SCHOLTA C H, JANEAU J L, et al., 2010. Dung beetles (Coleoptera Scarabaeidae) can improve soil hydrological properties[J]. Applied Soil Ecology, 46: 9-16.

CAPOWIEZ Y, BOTTINELLI N, SAMMARTINO S, et al., 2015. Morphological and functional characterisation of the burrow systems of six earthworm species (Lumbricidae)[J]. Biology and Fertility of Soils, 51:869-877.

CAPOWIEZ Y, SAMMARTINO S, MICHEL E, 2014. Burrow systems of endogeic earthworms: Effects of earthworm abundance and consequences for soil water infiltration[J]. Pedobiologia. Journal of Soil Biology, 57(4-6): 303-309.

CAPOWIEZ Y, SAMMARTINO S, MICHEL E, 2016. Using X-ray tomography to quantify earthworm bioturbation non-destructively in repacked soil cores[J]. Geoderma, 162: 124-131.

CERDÀ, JURGENSEN M F, 2011. Ant mounds as a source of sediment on citrus orchard plantations in eastern Spain. A three-scale rainfall simulation approach[J]. Catena, 85: 231-236.

CEY E E, RUDOLPH D L, 2009. Field study of macropore flow processes using tension infiltration of a dye tracer in partially saturated soils[J]. Hydrological Processes, 23(12): 1768-1779.

DIAS T, MARTINS-LOUÃÇO M A, SHEPPARD L, et al., 2012. The strength of the biotic compartment in retaining nitrogen additions prevents nitrogen losses from a Mediterranean maquis[J]. Biogeosciences, 9(1): 193-201.

ESPINOZA D N, SANTAMARINA J C, 2010. Ant tunneling: A granular media perspective[J]. Granular Matter, 12(6): 607-616.

FENG X M, FU B J, PIAO S, et al., 2016. Revegetation in China's Loess Plateau is approaching sustainable water resource limits[J]. Nature Climate Change, 6(11): 1019-1022.

FU B J, WANG S, LIU Y, et al., 2017. Hydrogeomorphic ecosystem responses to natural and anthropogenic changes in the Loess Plateau of China[J]. Annual Review of Earth and Planetary Sciences, 45(1): 223-243.

GEISEN S, 2014. Soil Protists diversity, distribution and ecological functioning[D]. Cologne: Universität zu Köln.

JOANA F, RON G M, DE GOEDE Y C, et al., 2019. Soil structure formation and organic matter distribution as affected by earthworm species interactions and crop residue placement[J]. Geoderma, 338: 453-463.

LAVELLE P, SPAIN A. 2001. Soil Ecology[M]. Berlin: Springer Science & Business Media.

LI J J, LI Z, LÜ Z M, 2016a. Analysis of spatiotemporal variations in land use on the Loess Plateau of China during 1986-2010[J]. Environmental Earth Sciences, 75(11): 997.

LI T C, SHAO M A, JIA Y H, 2016b. Application of X-ray tomography to quantify macropore characteristics of loess soil under two perennial plants [J]. European Journal of Soil Science, 2016, 67: 266-275.

LI T C, SHAO M A, JIA Y H, 2017a. Effects of activities of ants (*Camponotus japonicus*) on soil moisture cannot be neglected in the northern Loess Plateau[J]. Agriculture, Ecosystems & Environment, 239: 182-187.

LI T C, SHAO M A, JIA Y H, 2017b. Characteristics of soil evaporation and temperature under aggregate mulches created by burrowing ants (*Camponotus japonicus*)[J]. Soil Science Society of America Journal, 81: 259-267.

LI T C, SHAO M A, JIA Y H, et al., 2018. Small-scale observation on the effects of the burrowing activities of mole crickets on soil erosion and hydrologic processes[J]. Agriculture, Ecosystems & Environment, 2018, 261:136-143.

LI T C, SHAO M A, JIA Y H, et al., 2019a. *Camponotus japonicas* burrowing activities exacerbate soil erosion on bare slopes[J]. Geoderma, 348: 158-167.

LI T C, SHAO M A, JIA Y H, et al., 2019b. Small-scale observation on the effects of burrowing activities ants on soil hydraulic processes[J]. European Journal of Soil Science, 70: 236-244.

LI X R, GAO Y H, SU J Q, et al., 2014. Ants mediate soil water in arid desert ecosystems: Mitigating rainfall interception induced by biological soil crusts?[J] Applied Soil Ecology, 78: 57-64.

LI Y P, MA L, WANG J, et al., 2021. Soil faunal community composition alters nitrogen distribution in different land use types in the Loess Plateau, China[J]. Applied Soil Ecology, 163: 103910.

LI Y P, SHAO M A, WANG J, et al., 2020. Effects of earthworm cast application on water evaporation and storage in loess soil column experiments[J]. Sustainability, 12(8): 3112.

LIU M Q, HU Z K, YAO J N, et al., 2022. After-life legacy effects of enchytraeids increase the functional capability of arable soil following stress[J]. Biology and Fertility of Soils, 58: 721-732.

LÖVEI G L, SUNDERLAND K D, 1996. Ecology and behavior of ground beetles (Coleoptera: Carabidae)[J]. Annual Review of Entomology, 41: 231-256.

MA L, SHAO M A, FAN J, et al., 2021. Effects of earthworm (*Metaphire guillelmi*) density on soil macropore and soil water content in typical Anthrosol soil[J]. Agriculture, Ecosystems and Environment, 311: 107338.

MORA C, TITTENSOR D P, ADL S, et al., 2011. How many species are there on earth and in the ocean?[J]. PLoS Biology, 9(8): e1001127.

PAUSAS J G , RIBEIRO E, 2017. Fire and plant diversity at the global scale[J]. Global Ecology and Biogeography, 26: 889-897.

PELOSI C, GRANDEAU G , CAPOWIEZ Y, 2017. Temporal dynamics of earthworm-related macroporosity in tilled and non-tilled cropping systems[J]. Geoderma, 289: 169-177.

RAB M A, HALING R E, AARONS S R, et al., 2014. Evaluation of X-ray computed tomography for quantifying macroporosity of loamy pasture soils[J]. Geoderma, 213: 460-470.

SEBASTIAN K, PAGENKEMPER M A, DANIEL U, et al. 2015. The effect of earthworm activity on soil bioporosity investigated with X-ray computed tomography and endoscopy [J]. Soil and Tillage Research, 146: 79-88.

SONG L H, LIU J, YAN X M, et al., 2016. Euedaphic and hemiedaphic *Collembola* suffer larger damages than epedaphic species to nitrogen input[J]. Environmental Pollution, 208: 413-415.

SUN W Y, SONG X Y, MU X M, et al., 2015. Spatiotemporal vegetation cover variations associated with climate change and ecological restoration in the Loess Plateau[J]. Agricultural and Forest Meteorology, (209-210): 87-99.

TUMA J, EGGLETON P, FAYLE T M, 2020. Ant-termite interactions: An important but under-explored ecological linkage[J]. Biological Reviews, 95(3): 555-572.

URBANOWSKI C K, HORODECKI P, KAMCZYC J, et al., 2021. Does litter decomposition affect mite communities (Acari, Mesostigmata)? A five-year litterbag experiment with 14 tree species in mixed forest stands growing on a post-industrial area[J]. Geoderma, 391: 114963.

WALL D H, ADAMS G, PARSONS A N, 2001. Global Biodiversity in a Changing Environment[M]. New York: Springer.

WALL D H, BARDGETT R D, BEHAN-PELLETIER V, et al., 2013. Soil Ecology and Ecosystem Services[M]. Oxford: Oxford University Press.

WANG B R, AN S S, LIANG C, et al., 2021. Microbial necromass as the source of soil organic carbon in global ecosystems[J]. Soil Biology and Biochemistry, 162: 108422.

WANG Y Y, DENG L, WU G L, et al., 2018. Large-scale soil organic carbon mapping based on multivariate modelling: The case of grasslands on the Loess Plateau[J]. Land Degradation & Development, 29(1): 26-37.

WU X T, WEI Y P, FU B J, et al., 2020. Evolution and effects of the social-ecological system over a millennium in China's Loess Plateau[J]. Science Advances, 6(41): eabc0276.

YANG X, SHAO M A, LI T C, et al., 2020. A preliminary investigation of the effect of mole cricket (*Gryllotalpa unispina* Saussure; *Orthoptera*: *Gryllotalpidae*) activity on soil evaporation in semiarid Loess Plateau of northwest China[J]. Geoderma, 363: 114144.

YUE K, PENG Y, PENG C, et al., 2016. Stimulation of terrestrial ecosystem carbon storage by nitrogen addition: A meta-analysis[J]. Scientific Reports, 6(1): 19895.

ZHANG X X, SONG J X, WANG Y R, et al., 2022. Threshold effects of vegetation coverage on runoff and soil loss in the Loess Plateau of China: A meta-analysis[J]. Geoderma, 412: 115720.

ZHU Y, WANG Y F, CHEN L D, 2020. Effects of non-native tree plantations on the diversity of understory plants and soil macroinvertebrates in the Loess Plateau of China[J]. Plant and Soil, 446: 357-368.

ZHU Y J, JIA X X, QIAO J B, et al., 2019. What is the mass of loess in the Loess Plateau of China?[J] Science Bulletin, 64(8): 534-539.

附表 1　黄土高原草地土壤动物群落组成

土壤动物群落		密度/(只 · m^{-2})	占比/%	多度	功能类群
环节动物门 Annelida					
寡毛纲 Oligochaeta					
正蚓目 Lumbricida					
	正蚓科 Lumbricidae	11.97	0.06	+	Sa
软体动物门 Mollusca					
腹足纲 Gastropoda					
柄眼目 Stylommatophora					
	钻头螺科 Subulinidae	5.13	0.02	+	Ph
	坚齿螺科 Camaenidae	10.39	0.05	+	Ph
节肢动物门 Arthropoda					
蛛形纲 Arachnida					
蜘蛛目 Araneae					
	地蛛科 Atypidae	1.45	0.01	+	Pr
	管蛛科 Trachelidae	1.71	0.01	+	Pr
	石蛛科 Dysderidae	1.45	0.01	+	Pr
	逸蛛科 Zoropsidae	0.39	<0.01	+	Pr
	长尾蛛科 Dipluridae	2.24	0.01	+	Pr
	跳蛛科 Salticidae	0.66	<0.01	+	Pr
	圆颚蛛科 Corinnidae	0.39	<0.01	+	Pr
	蟹蛛科 Thomisidae	1.32	0.01	+	Pr
	漏斗蛛科 Agelenidae	2.76	0.01	+	Pr
	卵形蛛科 Oonopidae	0.39	<0.01	+	Pr
	巨蟹蛛科 Sparassidae	0.39	<0.01	+	Pr
	隐石蛛科 Titanoecidae	1.45	0.01	+	Pr
	红螯蛛科 Cheiracanthiidae	0.39	<0.01	+	Pr
	管巢蛛科 Clubionidae	0.39	<0.01	+	Pr

续表

土壤动物群落	密度/(只 · m^{-2})	占比/%	多度	功能类群
狼蛛科 Lycosidae	0.79	<0.01	+	Pr
平腹珠科 Gnaphosidae	0.39	<0.01	+	Pr
盲蛛目 Opiliones				
长奇盲蛛科 Phalangiidae	0.26	<0.01	+	Pr
甲螨亚目 Oribatida				
阿斯甲螨科 Astegistidae	321.27	1.55	++	Sa
奥甲螨科 Oppiidae	1234.52	5.95	++	Pr
上罗甲螨科 Epilohmanniidae	902.95	4.36	++	Sa
洼甲螨科 Camisiidae	342.41	1.65	++	Sa
大翼甲螨科 Galumnidae	605.94	2.92	++	Sa
单翼甲螨科 Haplozetidae	616.90	2.98	++	Fu
缝甲螨科 Hypochthoniidae	99.91	0.48	+	Pr
懒甲螨科 Nothridae	916.39	4.42	++	Sa
盖头甲螨科 Tectocepheidae	26.40	0.13	+	Sa
礼服甲螨科 Trhypochthoniidae	82.06	0.40	+	Sa
罗甲螨科 Lohmanniidae	266.40	1.28	++	Fu
真卷甲螨科 Euphthiracaridae	113.82	0.55	+	Sa
珠甲螨科 Damaeidae	77.41	0.37	+	Sa
山足甲螨科 Oripodidae	13.82	0.07	+	Sa
滑珠甲螨科 Damaeolidae	117.81	0.57	+	Sa
若甲螨科 Oribatulidae	55.26	0.27	+	Fu
沙足甲螨科 Eremobelbidae	48.20	0.23	+	Sa
垂盾甲螨科 Scutoverticidae	527.74	2.55	++	Pr
无气门亚目 Astigmata				
蒲口螨科 Histiostomatidae	61.75	0.30	+	Fu
粉螨科 Acaridae	987.02	4.76	++	Fu
前气门亚目 Prostigmata				
矮蒲螨科 Pygmephoridae	193.16	0.93	+	Fu
巨须螨科 Cunaxidae	195.75	0.94	+	Pr
隐爪螨科 Nanorchestidae	113.55	0.55	+	Fu

续表

土壤动物群落	密度/(只·m^{-2})	占比/%	多度	功能类群
长须螨科 Stigmaeidae	357.37	1.72	++	Pr
跗线螨科 Tarsonemidae	696.10	3.36	++	Ph
叶螨科 Tetranychidae	3.77	0.02	+	Ph
瘿螨总科 Eriophyoidea	2.50	0.01	+	Ph
微绒螨科 Microtrombidiidae	224.70	1.08	++	Pr
绒螨科 Trombidiidae	36.36	0.18	+	Pr
肉食螨科 Cheyletoidea	77.15	0.37	+	Pr
真足螨科 Eupodoidea	8.29	0.04	+	Fu
中气门目 Mesostigmata				
厚历螨科 Pachylaelapidae	1137.49	5.49	++	Pr
历螨科 Laelapidae	577.36	2.78	++	Pr
胭螨科 Rhodacaridae	2547.81	12.29	+++	Pr
囊螨科 Ascidae	423.25	2.04	++	Pr
尾足螨科 Uropodidae	3.25	0.02	+	Pr
维螨科 Veigaiidae	26.54	0.13	+	Pr
二爪螨科 Dinychidae	107.11	0.52	+	Pr
植绥螨科 Phytoseiidae	389.55	1.88	++	Pr
美绥螨科 Ameroseiidae	54.65	0.26	+	Pr
巨螯螨科 Macrochelidae	106.49	0.51	+	Pr
穴螨科 Zerconidae	52.72	0.25	+	Pr
蠊螨科 Blattisociidae	206.49	1.00	++	Fu
土革螨科 Ologamasidae	287.44	1.39	++	Pr
孔洞螨科 Trematuridae	10.53	0.05	+	Pr
寄螨科 Parasitidae	78.62	0.38	+	Pr
多盾螨科 Polyaspididae	39.47	0.19	+	Pr
伪蝎目 Pseudoscorpiones	8.95	0.04	+	Pr
软甲纲 Malacostraca				
等足目 Isopoda				
鼠妇虫科 Porcellionidae	1.45	0.01	+	Sa
卷甲虫科 Armadillidiidae	1.71	0.01	+	Sa

续表

土壤动物群落		密度/(只 · m^{-2})	占比/%	多度	功能类群
倍足纲 Diplopoda					
姬马陆目 Julida					
	姬马陆科 Julidae	1.58	0.01	+	Ph
山蛩目 Spirobolida					
	山蛩科 Spirobolidae	0.66	<0.01	+	Ph
球马陆目 Glomerida					
	球马陆科 Glomeridae	13.29	0.06	+	Ph
唇足纲 Chilopoda					
地蜈蚣目 Lithobiomorpha					
	地蜈蚣科 Geophilidae	3.95	0.02	+	Pr
石蜈蚣目 Lithobiomorpha					
	石蜈蚣科 Lithobilidae	4.34	0.02	+	Pr
蚰蜒目 Scutigeromorpha					
	蚰蜒科 Scutigeridae	0.39	<0.01	+	Pr
蜈蚣目 Scolopendromorpha		0.13	<0.01	+	Pr
综合纲 Symphyla					
综合目 Symphyla					
	幺蚰科 Scutigerellidae	0.26	<0.01	+	Sa
	幺蚣科 Scolopendrellidae	9.87	0.05	+	Sa
蠋蜓纲 Pauropoda					
	蠋蜓科 Pauropodidae	1.05	0.01	+	Pr
内口纲 Entognatha					
弹尾目 Collembola					
	等节䖴科 Isotomidae	1884.17	9.09	++	Sa
	长角䖴科 Entomobryidae	513.20	2.48	++	Sa
	短角䖴科 Neelidae	396.97	1.91	++	Sa
	棘䖴科 Onychiuridae	562.76	2.71	++	Fu
	球角䖴总科 Hypogastruridae	426.97	2.06	++	Fu
	伪圆䖴科 Dicyrtomidae	187.94	0.91	+	Sa
	圆䖴科 Sminthuridae	272.76	1.32	++	Ph

续表

土壤动物群落	密度/(只·m^{-2})	占比/%	多度	功能类群
土蛛科 Tullbergiidae	218.64	1.05	++	Fu
绿圆蛛科 Sminthurus viridis	292.98	1.41	++	Ph
双尾目/棒亚目 Rhabdura	0.53	<0.01	+	Om
双尾目/钳亚目 Dicellurata				
铗趴科 Japygidae	6.45	0.03	+	Om
昆虫纲 Insecta				
等翅目 Isoptera	0.13	<0.01	+	Om
直翅目 Orthoptera				
草螽科 Conocephalidae	0.13	<0.01	+	Ph
蝗科 Acrididae	0.26	<0.01	+	Ph
驼螽科 Rhaphidophoridae	0.39	<0.01	+	Ph
蚱科 Tetrigoidea	0.26	<0.01	+	Ph
虫齿目 Psocoptera				
虱虫齿科 Liposcelididae	4.87	0.02	+	Om
半翅目 Hemiptera				
蝉科 Cicadidae	2.89	0.01	+	Ph
蝽科 Pentatomidae	6.32	0.03	+	Ph
龟蝽科 Plataspidae	0.53	<0.01	+	Ph
红蝽科 Pyrrhocoridae	2.11	0.01	+	Ph
姬蝽科 Nabidae	0.39	<0.01	+	Ph
角蝉科 Membracidae	0.13	<0.01	+	Ph
猎蝽科 Reduviidae	0.26	<0.01	+	Ph
盲蝽科 Miridae	0.26	<0.01	+	Ph
奇蝽科 Enicocephalidae	0.26	<0.01	+	Ph
土蝽科 Cydnidae	3.03	0.01	+	Ph
网蝽科 Tingidae	9.74	0.05	+	Ph
长蝽科 Lygaeidae	3.55	0.02	+	Ph
异蝽科 Urostylidae	0.26	<0.01	+	Ph
绵蚧科 Monophlebidae	68.42	0.33	+	Om
绵蚜科 Pemphigidae	13.55	0.07	+	Om

续表

土壤动物群落		密度/(只 · m⁻²)	占比/%	多度	功能类群
	蚜科 Aphididae	5.66	0.03	+	Om
	粉蚧科 Pseudococcidae	10.92	0.05	+	Om
缨翅目 Thysanoptera					
	管蓟马科 Phlaeothripidae	38.68	0.19	+	Ph
革翅目 Dermaptera					
	球螋科 Forficulidae	1.45	0.01	+	Om
	蠼螋科 Labiduridae	0.13	<0.01	+	Om
鞘翅目成虫 Coleoptera adult					
	隐翅虫科 Staphylinidae	5.39	0.03	+	Pr
	叶甲科 Chrysomelidae	1.32	0.01	+	Ph
	鳃金龟科 Melolonthidae	1.05	0.01	+	Ph
	球蕈甲科 Leiodidae	1.18	0.01	+	Sa
	步甲科 Carabidae	11.45	0.06	+	Pr
	花金龟科 Cetoniidae	2.50	0.01	+	Ph
	金龟甲科 Scarabaeidae	2.50	0.01	+	Ph
	拟步甲科 Tenebrionidae	2.76	0.01	+	Ph
	蜣螂科 Geotrupidae	0.26	<0.01	+	Sa
	象甲科 Curculionidae	2.11	0.01	+	Ph
	隐翅甲科 Staphylinidae	0.79	<0.01	+	Pr
	天牛科 Cerambycidae	0.13	<0.01	+	Ph
	长角象甲科 Anthribidae	0.39	<0.01	+	Ph
鞘翅目幼虫 Coleoptera larvae		48.82	0.24	+	Ph
鳞翅目幼虫 Lepidoptera larvae		24.74	0.12	+	Ph
双翅目幼虫 Diptera larvae		66.32	0.32	+	Sa
膜翅目 Hymenoptera					
	蚁科 Formicidae	154.74	0.75	+	Om

注：+++表示优势类群(>10%)；++表示常见类群(1%～10%)；+表示稀有类群(<1%)；Sa 表示腐食性；Ph 表示植食性；Pr 表示捕食性；Om 表示杂食性；Fu 表示菌食性。

附表 2　黄土高原农田土壤动物群落组成汇总

土壤动物群落		捕获土壤动物个数	占比/%	平均密度/(只 · m^{-2})	多度	功能类群
中小型土壤动物类群		16532	91.35	38688	+++	
节肢动物门 Arthropoda		16532	91.35	38688	+++	
蛛形纲 Arachnida		15493	85.61	36248	+++	
中气门螨目 Mesostigmata		5286	29.21	13036	+++	
	囊螨科 Ascidae	3238	17.89	8113	+++	Pr
	派盾螨科 Parholaspididae	204	1.13	428	++	Pr
	双革螨科 Digamasellidae	278	1.54	728	++	Pr
	胭螨科 Rhodacaridae	382	2.11	950	++	Pr
	土革螨科 Ologamasidae	266	1.47	639	++	Pr
	甲胄螨科 Oplitidae	60	0.33	156	+	Pr
	厉螨科 Laelapidae	227	1.25	578	++	Pr
	二爪螨科 Dinychidae	367	2.03	774	++	Pr
	蠊螨科 Blattisociidae	132	0.73	361	+	Pr
	巨螯螨科 Macrochelidae	9	0.05	24	+	Pr
	穴螨科 Zerconidae	117	0.65	274	+	Pr
	植绥螨科 Phytoseiidae	6	0.03	11	+	Pr
疥螨目 Sarcoptiformes		9551	52.77	21718	+++	
	罗甲螨科 Lohmanniidae	3325	18.37	7874	+++	Sa
	阿斯甲螨科 Astegistidae	990	5.47	2094	++	Sa
	短缝甲螨科 Brachychthoniidae	446	2.46	943	++	Fu
	上罗甲螨科 Epilohmanniidae	407	2.25	1098	++	Sa
	懒甲螨科 Nothridae	711	3.93	1546	++	Sa
	洼甲螨科 Camisiidae	109	0.60	261	+	Sa
	粉螨科 Acaridae	84	0.46	156	+	Fu

续表

土壤动物群落	捕获土壤动物个数	占比/%	平均密度/(只·m^{-2})	多度	功能类群
奥甲螨科 Oppiidae	1226	6.77	3035	++	Pr
薄口螨科 Histiostomatidae	634	3.50	1372	++	Fu
盖头甲螨科 Tectocepheidae	277	1.53	541	++	Sa
盾珠甲螨科 Suctobelbidae	52	0.29	111	+	Pr
礼服甲螨科 Trhypochthoniidae	22	0.12	56	+	Sa
尖棱螨科 Ceratozetidae	135	0.75	315	+	Fu
单翼甲螨科 Haplozetidae	69	0.38	180	+	Fu
大翼甲螨科 Galumnidae	10	0.06	19	+	Fu
小赫甲螨科 Hermanniellidae	151	0.83	322	+	Sa
卷甲螨科 Phthiracaridae	289	1.60	580	++	Sa
缝甲螨科 Hypochthoniidae	153	0.85	294	+	Pr
矮赫甲螨科 Nanhermanniidae	196	1.08	402	++	Fu
无爪螨科 Alicorhagiidae	250	1.38	491	++	Pr
滑珠甲螨科 Damaeolidae	15	0.08	28	+	Fu
绒螨目 Trombidiformes	638	3.53	1453	++	
似虱螨科 Tarsonemidae	133	0.73	331	+	Fu
巨须螨科 Cunaxidae	55	0.30	126	+	Pr
矮蒲螨科 Pygmephoridae	78	0.43	157	+	Fu
长须螨科 Stigmaeidae	198	1.09	448	++	Pr
肉食螨科 Cheyletidae	42	0.23	85	+	Pr
真足螨科 Eupodidae	32	0.18	65	+	Fu
盾螨科 Scutacaridae	100	0.55	241	+	Fu
伪蝎目 Pseudoscorpiones	18	0.10	41	+	Pr
弹尾纲 Collembola	1039	5.74	2440	++	
长角跳目 Entomobryomorpha	484	2.67	1072	++	
长角跳科 Entomobryidae	35	0.19	83	+	Fu
等节跳科 Isotomidae	449	2.48	989	++	Fu
原跳目 Poduromorpha	477	2.64	1177	++	

续表

土壤动物群落		捕获土壤动物个数	占比/%	平均密度/(只·m^{-2})	多度	功能类群
	土虫兆科 Tullbergiidae	63	0.35	144	+	Fu
	棘虫兆科 Onychiuridae	414	2.29	1033	++	Fu
短角虫兆目 Neelipleona		78	0.43	191	+	
	短角虫兆科 Neelidae	78	0.43	191	+	Fu
大型土壤动物类群		1566	8.65	175	++	
节肢动物门 Arthropoda		1443	7.97	161	++	
蛛形纲 Arachnida		2	0.01	0	+	
蜘蛛目 Araneae		2	0.01	0	+	
	跳珠科 Salticidae	2	0.01	0	+	Pr
双尾纲 Diplura		125	0.69	14	+	
双尾目 Diplura		125	0.69	14	+	
	铗蚂科 Japygidae	125	0.69	14	+	Pr
综合纲 Symphyla		100	0.55	11	+	
	蠋蜷科 Pauropodiae	82	0.45	9	+	Om
	幺蚣科 Scolopendrellidae	18	0.10	2	+	Om
昆虫纲 Insecta		983	5.43	109	++	
膜翅目 Hymenoptera		332	1.83	37	++	
	蚁科 Formicidae	332	1.83	37	++	Om
鞘翅目 Coleoptera		516	2.85	57	++	
	鞘翅目幼虫 Coleoptera larvae	377	2.08	42	++	Om
	金龟甲科 Scarabaeidae	139	0.77	15	+	Om
双翅目幼虫 Diptera larvae		97	0.54	11	+	Om
缨翅目 Thysanoptera		38	0.21	4	+	
	蓟马科 Thripidae	38	0.21	4	+	Ph
倍足纲 Diplopoda		14	0.08	2	+	
山蛩目 Spirobolida		14	0.08	2	+	
	山蛩科 Spirobolidae	14	0.08	2	+	Om
软甲纲 Malacostraca		70	0.39	8	+	

续表

土壤动物群落		捕获土壤动物个数	占比/%	平均密度/(只 · m^{-2})	多度	功能类群
等足目 Isopoda		70	0.39	8	+	
	鼠妇虫科 Porcellionidae	70	0.39	8	+	Om
唇足纲 Chilopoda		149	0.82	17	+	
地蜈蚣目 Lithobiomorpha		149	0.82	17	+	
	地蜈蚣科 Geophilidae	149	0.82	17	+	Pr
软体动物门 Mollusca		59	0.33	7	+	
腹足纲 Gastropoda		59	0.33	7	+	
柄眼目 Stylommatophora		59	0.33	7	+	Ph
环节动物门 Annelida		64	0.35	7	+	
寡毛纲 Oligochaeta		64	0.35	7	+	
正蚓目 Lumbricida		64	0.35	7	+	Sa
总计		18098	100	38863		

注：+++表示优势类群(>10%)；++表示常见类群(1%～10%)；+表示稀有类群(<1%)；Sa 表示腐食性；Ph 表示植食性；Pr 表示捕食性；Om 表示杂食性；Fu 表示菌食性。